Beitrag zum Trag- und Verformungsverhalten von Rahmeninnenknoten aus Stahlbeton

Vom Fachbereich
Architektur / Raum- und Umweltplanung / Bauingenieurwesen
der Technischen Universität Kaiserslautern
zur Verleihung des akademischen Grades

DOKTOR-INGENIEUR (Dr.-Ing.)

genehmigte

DISSERTATION

von

Dipl.-Ing. Ian Quirke

aus Castlebar (Irland)

Dekan:	Prof. Dr.-Ing. habil U. Wittek
1. Berichterstatter:	Prof. Dr.-Ing. W. Ramm
2. Berichterstatter:	Prof. Dr.-Ing. J. Schnell
Tag der mündlichen Prüfung:	08.12.2003

Kaiserslautern 2003

(D 386)

Ian Quirke

BEITRAG ZUM TRAG- UND VERFORMUNGSVERHALTEN VON RAHMENINNENKNOTEN AUS STAHLBETON

ibidem-Verlag
Stuttgart

Bibliografische Information Der Deutschen Bibliothek

Die Deutsche Bibliothek verzeichnet diese Publikation in der Deutschen Nationalbibliografie; detaillierte bibliografische Daten sind im Internet über <http://dnb.ddb.de> abrufbar.

∞

Gedruckt auf alterungsbeständigem, säurefreien Papier
Printed on acid-free paper

ISBN: 3-89821-344-7

Printed in Germany

To my parents Dr. John F. and Mary Quirke
and my brothers Colin and David.

Vorwort

Die vorliegende Doktorarbeit entstand während meiner Tätigkeit als wissenschaftlicher Mitarbeiter im Fachgebiet Massivbau und Baukonstruktion der Technischen Universität Kaiserslautern.

Dem Fachgebietsleiter Prof. Dr.-Ing. W. Ramm danke ich herzlich für die Übernahme des Referates, für die Anregung zu dieser Arbeit sowie für seine großzügige Unterstützung während dieser Zeit.

Mein Dank gilt ebenso Prof. Dr.-Ing. J. Schnell für die Übernahme des Koreferates, für die sehr wertvollen Gespräche und Hinweise sowie für die Förderung in der Endphase meiner Tätigkeit an der Universität.

Ebenso möchte ich Prof. Dr.-Ing. G. Koehler für die Übernahme des Vorsitzes der Prüfungskommission herzlich danken.

An dieser Stelle sei auch allen Kollegen des Fachgebietes Massivbau und Baukonstruktion und des Fachgebietes Stahlbau, vor allen den ehemaligen Mitarbeitern Dr.-Ing. Andreas Leffer und Prof. Dr.-Ing. Christoph Odenbreit gedankt, die durch ihr Interesse und ihre Gesprächsbereitschaft ebenfalls zum Gelingen dieser Arbeit beigetragen haben. Für die wissenschaftlichen Hilfsassistenten des Lehrstuhls möchte ich stellvertretend Frau cand. ing. Nina Mader für die Korrektur des Manuskriptes und die Unterstützung danken. Insbesondere meine Kollegen im Fachgebiet Dipl.-Ing. Christian Kohlmeyer und Dipl.-Ing. Torsten Weil bleiben durch ihre fachliche und freundschaftliche Verbundenheit unvergessen.

Besonderen Dank schulde ich meiner Familie, die mich während unserer gemeinsamen Zeit in Deutschland stets moralisch unterstützt und dadurch diese Arbeit erst ermöglicht hat.

Stuttgart, im Dezember 2003

Ian Quirke

Zusammenfassung

In der vorliegenden Arbeit wird über das Trag- und Verformungsverhalten von Rahmeninnenknoten bereits ausgesteifter Stahlbetonskelettkonstruktionen berichtet. Die Untersuchung dient einerseits der Bestimmung des Einflusses einer Belastung der horizontal verlaufenden Bauteile auf die Tragfähigkeit des Knotenbereichs. Andererseits erfolgt die Bestimmung des Einflusses der Belastungsreihenfolge von Deckenkonstruktion und Stütze sowie der Größe der Stützenbelastung auf die Rotationsfähigkeit der horizontal verlaufenden Bauteile.

Auf der Basis von insgesamt 16 Bauteilversuchen wird das Trag- und Verformungsverhalten experimentell untersucht. Die Belastungsreihenfolge und -intensität auf dem Riegel und auf der Stütze werden dabei variiert. Im theoretischen Teil der Arbeit werden ein FE-Modell erstellt und eine Parameterstudie durchgeführt. Die Knotengeometrie, der Bewehrungsgrad und das Verhältnis zwischen den Betonfestigkeiten im Knoten und in der Stütze sind hierbei die wichtigsten Parameter, die untersucht werden.

Unter Berücksichtigung der wichtigsten Einflussfaktoren wird ein Ingenieurmodell erstellt. Das Modell ermöglicht eine einheitliche und übersichtliche Bemessung des Knotenbereichs für den Fall der Rahmeninnenknoten.

Abstract

This thesis deals with the load-bearing and deformation behaviour of reinforced concrete interior beam-column joints in laterally braced multi-storey structures. The first point of interest is the influence of the magnitude of horizontal member loading on the column load bearing capacity of the joint. The second point of interest is the influence of the beam and column loading sequence and the magnitude of the column load on the rotational capacity of the beam.

Based on the results of 16 tests on specimens representing a portion of the concrete frame, the load-bearing and deformation behaviour of beam-column joints is investigated. The loading sequence is the main parameter varied in the experimental work. In the theoretical part of the thesis a finite-element model of the reinforced concrete frame is developed. A parameter study is carried out using this model. The joint geometry, beam reinforcement ratio and ratio between column and joint concrete strength are the main parameters investigated.

An engineering model is developed, taking the most important influences into consideration. The model allows a uniform and simplified design of interior beam-column joints.

Inhalt

Verzeichnis der verwendeten Bezeichnungen

Große lateinische Buchstaben:

A	....	Querschnittsfläche
A_c	....	Betonquerschnittsfläche
A_s	....	Betonstahlquerschnittsfläche
D	....	Druckkraft
E_c	....	Elastizitätsmodul des Betons
E_s	....	Elastizitätsmodul des Stahls
F	....	Kraft
G	....	Schubmodul
L	....	Probenkörperlänge
L_d	....	Länge der Schädigungszone
N	....	Normalkraft
M	....	Moment
Q	....	Querdruckspannung
P	....	Stützenbelastung
P_u	....	Stützentraglast
R_c^{EF}	....	Effektive Druckfestigkeit (im Programmsystem ATENA)
R_t^{EF}	....	Effektive Zugfestigkeit (im Programmsystem ATENA)
V	....	Querkraft
W	....	Bruchenergie
Z	....	Zugkraft

Kleine lateinische Buchstaben:

a	....	Abstand, Verhältnis σ_1 / σ_2
b	....	Breite
c	....	Stützenbreite
d	....	Statische Nutzhöhe
f_c	....	Betondruckfestigkeit
f'_c	....	Betondruckfestigkeit (9-% Fraktilwert nach ACI-Norm)
$f_{c,cyl}$	....	Betonzylinderdruckfestigkeit
f_{ck}	....	Charakteristischer Wert der Betondruckfestigkeit
f_{cd}	....	Bemessungswert der Betondruckfestigkeit
f_{ct}	....	Betonzugfestigkeit
$f_{c,Effektiv}$	....	Effektive Betondruckfestigkeit
$f'_{c,\ Effektiv}$	....	Effektive Betondruckfestigkeit (9-% Fraktilwert nach ACI-Norm)
f_t	....	Zugfestigkeit der Betonstahlbewehrung
f_y	....	Streckgrenze der Betonstahlbewehrung

h	....	Knotenhöhe, Deckenhöhe
l_{ch}	....	Charakterische Länge
l_{pl}	....	Plastische Länge
n	....	Verhältnis E_s / E_c, Anzahl
r_g	....	Schubübertragungskoeffizient (im Programmsystem ATENA)
Δu	....	Verkürzung
w	....	Rissweite, Verschiebung
x	....	Druckzonenhöhe

Griechische Buchstaben:

α	....	Beiwert
β	....	Beiwert, Abminderungsfaktor
β_w	....	Betonwürfeldruckfestigkeit nach DIN 1045 (7/88)
χ	....	Krümmung
χ_{pl}	....	plastische Krümmung
δ	....	Umlagerungsfaktor
ε	....	Dehnung
ε_c	....	Betondehnung
ε_d	....	Hauptdruckdehnung
ε_{dt}	....	Hauptzugdehnung
ε_s	....	Betonstahldehnung
ϕ	....	Beiwert zur Bestimmung der effektiven Betondruckfestigkeit
γ	....	Sicherheitsbeiwert, Schubverzerrung
φ	....	Verdrehung
λ	....	Schubschlankheit
ν	....	Querdehnzahl
θ	....	Rotation
θ_{el}	....	Elastische Rotation
θ_{pl}	....	Plastische Rotation
ρ	....	Geometrischer Bewehrungsgrad
σ	....	Spannung
$\sigma_{1/2}$	....	Hauptspannung
σ_c	....	Betondruckspannung
σ_{ct}	....	Betonzugspannung
τ	....	Schubspannung, Verbundspannung

1 Einführung

1.1 Allgemeines

Ein typisches Konstruktionsdetail im üblichen Stahlbetonhochbau ist der häufig auftretende Kreuzungspunkt zwischen Stützen und Decken mit oder ohne Unterzüge (siehe Abbildung 1-1). Dieses baupraktisch sehr relevante Detail, in dem der Beton unterschiedlichen mehraxialen Beanspruchungszuständen ausgesetzt wird, ist Gegenstand der Untersuchung im Rahmen der vorliegenden Arbeit.

Ausgehend von statischen Systemen, in denen die räumliche Aussteifung durch einen Gebäudekern oder durch Scheiben bereits gewährleistet ist (siehe Abbildung 1-2), besteht die Aufgabe der Stützen im wesentlichen darin, lediglich Vertikallasten sicher und wirtschaftlich in die Fundamente und somit in den Baugrund abzuleiten. Im Vergleich zum reinen Stützenquerschnitt steht der durchzuleitenden Stützennormalkraft im Knotenbereich eine größere Fläche zur Verfügung aufgrund der räumlichen Decken- oder Unterzugsausdehnung. Dies wirkt sich zunächst günstig auf die vertikale Lastabtragung aus; durch die Lastausbreitung im Knoten wird aber auch örtlich Querzug hervorgerufen.

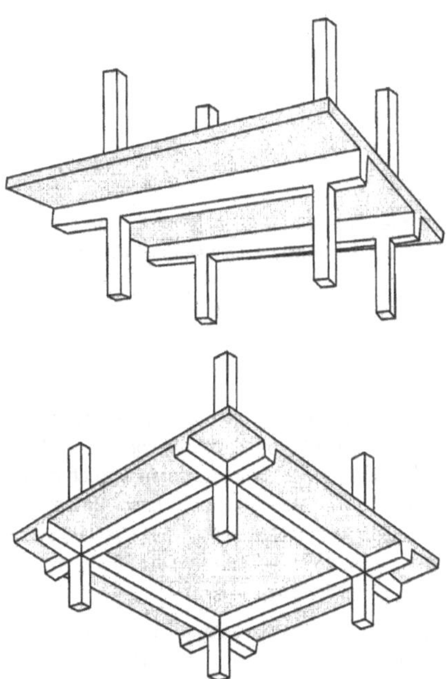

Abbildung 1-1: Typische Stahlbetonkonstruktionen mit Stützen-Decken-Knoten in denen mehraxiale Beanspruchungen im Knotenbereich auftreten

Der Knotenbereich ist gleichzeitig ein Bereich negativer Momente in den Decken und Unterzügen. Dadurch wird zusätzlich Zug quer zur Stützenlängsrichtung im oberen Knotenteil erzeugt, der sich mit dem Querzug aus der Ausbreitung der Stützenbelastung überlagert. Hier stellt sich die Frage nach der Tragfähigkeit des Knotenbereichs unter diesen für den Beton ungünstigen Bedingungen.

Ein weiteres Thema dieser Arbeit ist neben der Tragfähigkeit des Knotenbereichs auch die Verformungsfähigkeit der horizontal verlaufenden Bauteile, die im Knoten ebenfalls eine Vergrößerung des wirksamen Querschnittes erfahren. Hier ist vor allem von Interesse, ob plastische Berechnungsverfahren zur Schnittgrößenermittlung in den Decken und Unterzügen bedenkenlos Anwendung finden können, oder ob bei Vorhandensein eines Knotens besondere Berücksichtigung des Knotenbereichs notwendig ist.

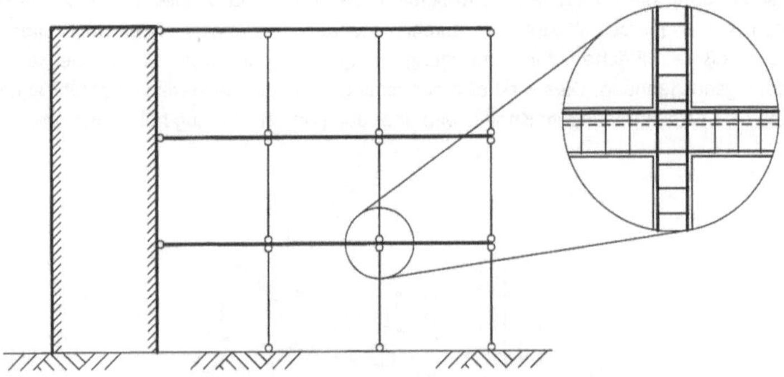

Abbildung 1-2: Rahmeninnenknoten in einem durch einen Kern ausgesteifter Stahlbetonhochbau (Decken mit Unterzug)

1.2 Zur Problemstellung

Zunächst wird auf das Materialverhalten im Allgemeinen eingegangen. Die Druckfestigkeit von Beton und Stahlbeton ist stark von der Beanspruchung des Betons in Querrichtung abhängig. Ist in der Richtung quer zur Hauptdruckbeanspruchung eine Zug- oder Druckkraft vorhanden, ändert sich die Druckfestigkeit des Betons wesentlich. In diesem Zusammenhang ist vor allem die Abminderung der Druckfestigkeit infolge von Querzug von großem Interesse, aber auch der Gewinn an Druckfestigkeit und Verformungsfähigkeit infolge einer Querdehnungsbehinderung.

Eine solche Querdehnungsbehinderung rechtwinklig zur Belastungsrichtung bewirkt eine gesteigerte Beanspruchbarkeit des Betons auf Druck. Liegt eine Behinderung der Querdehnung in allen Richtungen vor, kann dadurch die Druckfestigkeit des Betons um ein Vielfaches gesteigert werden (siehe [34] und [43]). Infolge der zunehmenden Belastung wird das Betongefüge zwar zerstört, aber die Tragfähigkeit bleibt erhalten, da das Material nicht verdrängt werden kann.

Im Falle von vorhandenem Querzug verändert sich das Betonverhalten unter Druck. Der äußere Querzug überlagert sich mit dem Querzug aus der Druckbelastung. Es kommt zu einer weiteren Betonentfestigung und zu einem früheren Versagen des Betons auf Druck (siehe [44], [81], [124], [144], und [145] sowie Kapitel 2.2.3). Bei dem Verbundwerkstoff Stahlbeton sind hierbei nicht nur die Betoneigenschaften von großer Bedeutung, sondern auch die Anordnung und Beschaffenheit der Betonstahlbewehrung.

1.2.1 Tragfähigkeit von Rahmeninnenknoten

Bei der Bemessung werden üblicherweise die sich kreuzenden Bauteile, die ihre Lasten einerseits vertikal und andererseits horizontal abtragen, voneinander entkoppelt betrachtet. Dies entspricht der gängigen Ingenieurspraxis und setzt die Anordnung der Bewehrung sowohl nach statischen und dynamischen Erfordernissen als auch nach allgemeinen konstruktiven Regeln voraus. Dabei stellt sich allerdings die Frage, inwieweit die durch die Biegung der horizontal verlaufenden Tragelemente bereichsweise erzeugte Dehnung quer zur Stützenlängsrichtung im Knoten und die daraus unter Umständen resultierenden Risse die Tragfähigkeit der vertikal verlaufenden Tragelemente beeinflussen. Hier interessiert vor allem, ob eine Abminderung der Druckfestigkeit für die Bemessung des Kreuzungsbereichs unbedingt notwendig oder nicht erforderlich ist.

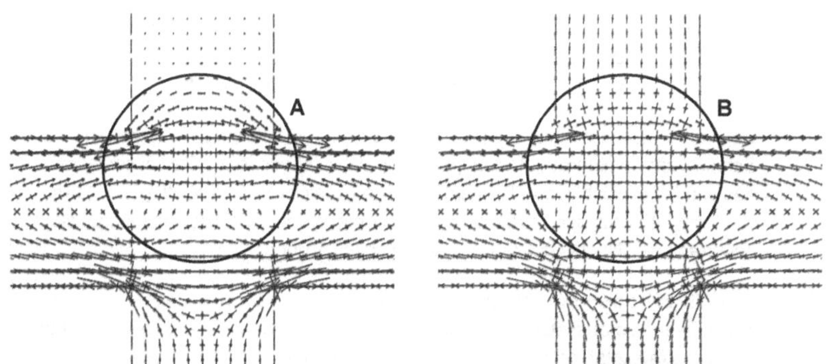

Abbildung 1-3: Hauptspannungen einer linear elastischen Berechnung; links nur Biegung, rechts Biegung mit Längsdruck in der Stütze

Für die Quantifizierung einer Betondruckfestigkeit unter diesen ungünstigen Bedingungen existieren unterschiedliche Ansätze, vgl. Kapitel 2.2.3. Für die Baupraxis stellt sich unmittelbar die Frage, wie zuverlässig eine Druckfestigkeit von Beton und Stahlbeton unter mehraxialer Belastung, vor allem unter Einwirkung von Querzug, abgeschätzt werden kann.

Betrachtet man die in Abbildung 1-3 dargestellten Hauptspannungen eines linear elastisch nachgerechneten Rahmenknotens, wird die besondere Belastungssituation deutlich. Der linke, nur durch Biegung im horizontal verlaufenden Bauteil belastete Knoten weist im Bereich "A" Zug in horizontaler Richtung auf. Im rechten, durch Biegung und Stützenlängskraft belasteten Knoten wird der Bereich "B" zusätzlich noch unter Druck gesetzt. In diesem Bereich herrscht demnach ein für den Beton ungünstige biaxiale Spannungszustand. Hier werden besonders hohe Anforderungen an das Bauteil gestellt.

1.2.2 Verformungsfähigkeit der Konstruktion

Ein weiterer wichtiger Aspekt für die Decken und Unterzüge ist die Anwendung von Bemessungsverfahren auf der Grundlage der Plastizitätstheorie. Nach ***DIN 1045 (7/88)*** [37] ist eine Bestimmung der Schnittkraftverläufe in Stahlbetonkonstruktionen nach der Elastizitätstheorie vorgesehen. Das nichtlineare Verformungsverhalten von Stahlbeton wird dadurch berücksichtigt, dass unter der Einhaltung von bestimmten Randbedingungen eine Umlagerung der Momente bis zu 15 % zugelassen wird (siehe *DIN 1045 (7/88) Abschnitt 15.1.2 (3)*).

Neben der Schnittgrößenermittlung nach der Elastizitätstheorie ist nach der europäischen Norm ***EC 2 (DIN V ENV 1992-1-1)*** [52] und nach ***DIN 1045-1 (07/2001)*** [38] eine nichtlineare Berechnung der Schnittgrößen ebenfalls zulässig. Hierzu sind drei Verfahren vorgesehen:

- Im ersten Verfahren ist bei der linear elastischen Berechnung eine Umlagerung der Momente von hoch beanspruchten Bauteilbereichen in weniger beanspruchte Bereiche vorgesehen. Als Funktion der bezogenen Druckzonenhöhe (x/d) und in Abhängigkeit von der Beton- und Stahlsorte sind Momentenumlagerungen von bis zu 30 % für hochduktile Stähle und bis zu 15 % für normalduktile Stähle möglich. Ein genauer Nachweis der plastischen Verformungsfähigkeit wird nicht mehr gefordert.

- Bei dem zweiten Verfahren wird durch ein iteratives Vorgehen bei der Schnittkraftermittlung und unter Annahme wirklichkeitsnaher Steifigkeitsbeziehungen das wirkliche nichtlineare Tragverhalten berücksichtigt. Das Kräftegleichgewicht und die Kompatibilität der Verformung sind somit in jedem Lastschritt eingehalten. Ein nachträglicher Nachweis der Rotationsfähigkeit erübrigt sich.

- Schließlich ist die Anwendung der Plastizitätstheorie zur Ermittlung der Schnittgrößen zugelassen. Voraussetzung hierfür ist allerdings der Nachweis, dass die vorhandene Rotationskapazität groß genug ist, damit sich der für die Bemessung angesetzte Schnittgrößenverlauf einstellen kann.

Mögliche Momentenumlagerungen in Stahl- und Spannbetonbauwerken werden von der Rotationskapazität plastizierter Bauteilbereiche begrenzt. Die hierfür notwendige Rotation ist verhältnismäßig klein (z. B. im Vergleich zum Stahlbau). Dies liegt darin begründet, dass die Bewehrung von Stahlbetonbauteilen gemäß Plastizitätstheorie dort angeordnet werden kann, wo sie am wirksamsten ist. Dann wird sich auch die der Plastizitätstheorie zugrunde gelegte Schnittgrößenverteilung schon bei verhältnismäßig kleinen Verformungen einstellen.

Bei der Anwendung dieser verschiedenen Verfahren wird also bereichsweise von der Verformungskapazität des Stahlbetonquerschnitts der Decken oder Unterzüge Gebrauch gemacht. Hier stellt sich die Frage, inwieweit der hier betrachtete Knotenbereich einen Anteil an dieser Verformung hat oder haben darf, ohne den Lastabtrag negativ zu beeinflussen.

1.2.3 Konkurrierende Anforderungen an die Konstruktion

Die Verformungsfähigkeit von Stahlbeton lässt sich naturgemäß nur im Zusammenhang mit einer mehr oder weniger starken Rissbildung erreichen. Diese Rissbildung konzentriert sich in den Bereichen der stärksten Beanspruchungen. Im hier betrachteten Stahlbetonrahmenknoten treten in Fällen, in denen bei der Schnittgrößenermittlung das Verformungsvermögen des Stahlbetons herangezogen wird, in der oberen Bewehrungslage der horizontal verlaufenden Bauteile große Stahldehnungen auf. Dies kann auch im Knoten zur Rissbildung und somit zu einer Beeinflussung des Betongefüges führen. Der Einfluss des komplexen Belastungszustandes im Knoten auf das lokale und globale Bauteilverhalten und auf den Anteil des Knotenbereichs an der gesamten Rotationskapazität der horizontal verlaufenden Bauteile ist nicht eindeutig geklärt.

Die für eine Schnittgrößenumlagerung notwendigen Rotationen können zu Rissen im Betongefüge des Knotenbereichs führen. Eine Querzugbeanspruchung, die eine Rissbildung und eine Störung des Betongefüges hervorruft, setzt aber die Druckfestigkeit des Betons in Stützenlängsrichtung herab. Somit wird die Problematik deutlich: Im Falle des genannten Beispiels des Stahlbetonrahmenknotens werden konkurrierende und gegensätzliche Einflüsse auf das Tragwerk in diesem Bereich ausgeübt.

1.3 Zielsetzung der Arbeit

Ziel der Arbeit ist die nähere Untersuchung des Trag- und Verformungsverhaltens von Rahmeninnenknoten aus Stahlbeton und ihrer angrenzenden Bauteile. Zum einen ist der Einfluss von großen Verformungen der horizontal verlaufenden Bauteile auf das Tragverhalten des Knotenbereichs zu untersuchen. Hierbei soll sichergestellt werden, ob unter solchen extremen Beanspruchungen auch die vertikale Lastabtragung durch den Knotenbereich hindurch uneingeschränkt gewährleistet ist oder ob gegebenenfalls Abminderungen in der Tragfähigkeit nötig sind. Zum anderen soll geklärt werden, inwiefern der Knoten einen Einfluss auf das Trag- und Verformungsverhalten der horizontal verlaufenden Bauteile ausübt.

Es ist festzustellen, ob die für den allgemeinen Fall von Beton unter Druck mit gleichzeitig wirkendem Querzug erarbeitete Ansätze zur Beschreibung des Materialverhaltens auch im Falle von Rahmeninnenknoten aus Stahlbeton ihre Gültigkeit besitzen, oder ob Korrekturen, Erweiterungen oder neue Modellvorstellungen notwendig sind. Hierzu soll eine Bewertung der Sachverhalte durch einen Vergleich zwischen den Ergebnissen von Bauteilversuchen und von Finite-Element-Rechnungen durchgeführt werden. Schließlich sollen Empfehlungen zur Bemessung und Ausführung in Form eines einfachen Ingenieurmodells angegeben werden.

2 Stand der Forschung und Normung

2.1 Allgemeines

Die Trag- und Verformungsfähigkeit von Stahlbeton ist von vielen verschiedenen Faktoren abhängig. Hierzu zählt neben der Größe der Beanspruchung quer zur Belastungsrichtung u.a. auch die Betonstahlbewehrung. In der Literatur werden unterschiedliche Vorschläge zum Ansatz der Betondruckfestigkeit unter einer vorhandenen Zugbelastung in Querrichtung gemacht. Im folgenden wird der Stand der Kenntnisse über die verschiedenen Einflüsse auf die Trag- und Verformungsfähigkeit von Stahlbeton unter Druck und Querzug, wie sie in Stahlbetonrahmenknoten auftreten, wiedergegeben.

2.2 Verhalten von Stahlbeton unter Druck und Querzug

2.2.1 Allgemeines

Zu den bekanntesten Arbeiten über das Verhalten von Beton unter einer biaxialen Beanspruchung zählen die von ***Kupfer***, ***Hilsdorf*** und ***Rüsch*** [90] sowie ***Kupfer*** [91]. Die zweiaxiale Versagenskurve des unbewehrten Betons zeigen deutlich, wie groß der Einfluss einer Zugspannung auf die Druckfestigkeit sein kann (siehe Abbildung 2-1 und Abbildung 4-6). Diese Versagenskurven geben aber nicht das Verhalten des Stahlbetons wieder. Wird im Stahlbeton die Betonzugfestigkeit erreicht, können sich die freiwerdenden Betonzugspannungen auf die Bewehrung umlagern. Damit bleibt die Tragfähigkeit erhalten.

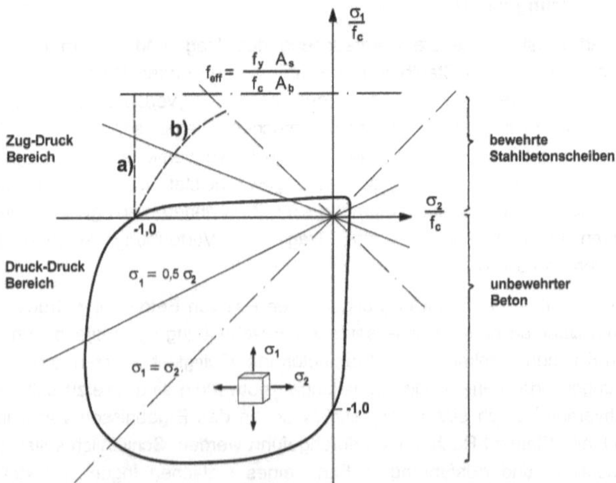

Abbildung 2-1: **Festigkeiten des bewehrten und unbewehrten Betons nach [90] mit der Ergänzung nach [124]**

In Abbildung 2-1 wird dieser Zusammenhang in einer Darstellung von ***Schlaich***, ***Schäfer*** und ***Schelling*** [124] verdeutlicht. Würde der Querzug und die Rissbildung keinen Einfluss auf die Restdruckfestigkeit in Querrichtung haben, so würde die Querbewehrung der bestimmende Faktor für das Versagen, und die Versagenskurve hätte den Verlauf **a)** in Abbildung 2-1. Somit würde unterstellt, dass der Querzug nur Trennrisse zur Folge hat, die den Beton in viele nebeneinanderstehende Prismen unterteilt, und dass jedes Prisma die volle Druckfestigkeit erreicht.

Diese Aussage ist nicht zutreffend, denn diese Risse sind unregelmäßig (vgl. Abbildung 2-2) und die weiteren Einflussfaktoren, u.a. die verbleibende Restzugspannung im Beton zwischen den Rissen, der Rissabstand, die Rissweiten, die Bewehrungsrichtung sind vielfältig. Dieser Umstand bedingt eine Interaktion zwischen Druck und Zug, wie durch die Kurve **b)** in Abbildung 2-1 angedeutet.

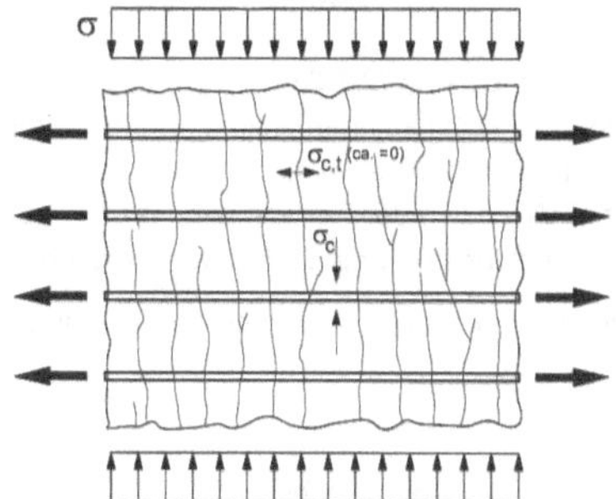

Abbildung 2-2: Stahlbeton unter Druck und Querzug

2.2.2 Stand der Normung

Die direkte Berücksichtigung einer Querzugbeanspruchung bei der Bestimmung der effektiven Betondruckfestigkeit ist in keiner der unten zitierten Normen explizit vorgesehen. Situationen, in denen Querzug allerdings eine Rolle spielt und einen u. U. großen Einfluss auf die Betondruckfestigkeit hat, finden in den unterschiedlichen Normen Erwähnung und Berücksichtigung. Hierzu soll im folgenden einen kurzen Überblick gegeben werden.

- ***DIN 1045 (7/88)*** [37] behandelt den Einfluss einer Querzugbeanspruchung auf indirektem Wege: bei Querkraft- oder Torsionsbeanspruchungen werden nicht die tatsächlichen Beanspruchungen des Betons ermittelt, sondern Schubspannungen, die mit experimentell ermittelten Größen verglichen werden. Diese Druckfestigkeit der Druckstreben unter Querzug gilt aber nur im Rahmen dieser Nachweise.

- ***DIN 1045-1 (07/2001)*** [38] sieht ausdrücklich die Anwendung von Stabwerkmodellen vor. Bei deren Verwendung wird die Druckfestigkeit der Betondruckstreben den Belastungssituationen entsprechend angepasst. Für Streben, die parallel zu den Rissrichtungen infolge eines Querzugs verlaufen, wird für Normalbeton nur noch 75 % der Betondruckfestigkeit für die Bemessung angesetzt. Kreuzen diese Druckstreben die Rissrichtung, ist diese Druckfestigkeit noch weiter abzumindern (siehe auch **DAfStb Heft 525** [35]).

- ***ACI 318-99 "Building Code Requirements for Structural Concrete"*** [2]: Die amerikanische Normung berücksichtigt für diese Arbeit interessante Aspekte: Rahmeninnenknoten werden ausdrücklich als Konstruktionsdetail behandelt. Hierbei ist die Vorgehensweise auf die Anwendung eines Stützenbetons mit einer höheren Betondruckfestigkeit als die des Balken- oder Deckenbereichs ausgerichtet. In solchen Fällen wird eine Mischfestigkeit für den Knotenbeton eingeführt, wenn das Verhältnis der Festigkeiten den Faktor 1,4 übersteigt. Diese Mischfestigkeit setzt sich aus unterschiedlichen Anteilen der Betondruckfestigkeiten zusammen: 75 % der Stützen- und 35 % der Knotenbetondruckfestigkeit. Unterhalb dieses Verhältnisses wird die Druckfestigkeit des Stützenbetons auch für den Knoten angesetzt. Näheres hierzu wird in Kapitel 2.2.5 angegeben.

- ***Canadian Standard CSA A23.3-94***: Die kanadische Normung wählt die gleiche Vorgehensweise für Rahmeninnenknoten. Diese unterscheidet sich nur in der Größe der Anteile von Stützen- und Deckenbeton an der Mischfestigkeit. Hier werden ab einem Verhältnis der Festigkeiten von 1,4 105 % der Stützen- und 25 % der Knotenbetondruckfestigkeit für die Mischfestigkeit herangezogen.

Sowohl die kanadische als auch die amerikanische Normung basieren auf empirische Ansätze.

2.2.3 Untersuchungen an Stahlbetonscheiben

Die Grundlagenforschung fand an Stahlbetonscheiben statt. Die Arbeiten, die im folgenden kurz zusammengefasst werden, hatten alle die Quantifizierung einer Abminderung der Druckfestigkeit infolge der Querzugbeanspruchung zum Ziel. Allerdings bezogen manche Forscher diese im Versuch festgestellte Abminderung auf die Zylinderdruckfestigkeit, andere auf Vergleichsversuche ohne eine Querzugbeanspruchung. Da diese Arbeit sich mit Bauteilen beschäftigt, ist es zweckmäßig, eine absolute Abminderung als Bezugsgröße heranzuziehen, d.h. der Unterschied zwischen dem Bauteilverhalten mit und ohne Querzug. Welche Bezugsgröße im folgenden gemeint ist, wird jeweils deutlich herausgestellt.

Untersuchungen von *Peter*

Im Rahmen seiner im Jahre 1964 erschienenen Dissertation beschäftigte sich ***Peter*** [118] mit dem Tragverhalten von Stahlbetonscheiben. In zwei Versuchsreihen wurden Scheiben mit rechtwinklig zueinander stehenden, mittig angeordnete Bewehrungsscharen einaxial auf Zug beansprucht. Der Zug wurde durch aufgeklebte Zuglaschen in den Beton eingeleitet (siehe Abbildung 2-3). In der ersten Versuchsreihe wurde in beiden Richtungen die gleiche Bewehrung angeordnet und die Neigung der Bewehrung gegenüber der Zugrichtung von 0° bis 40° in Stufen von 10° geändert. In der zweiten Versuchsreihe wurde unterschiedlich starke Bewehrung für die Haupt- und Nebenrichtungen unter 20°- und 30°-Abweichung von der Zugrichtung vorgesehen.

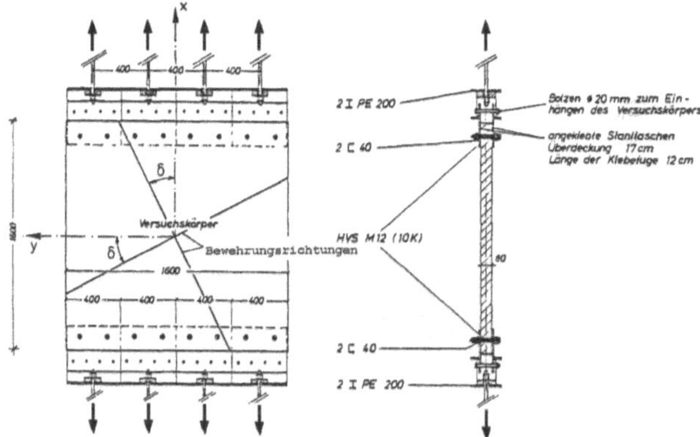

Abbildung 2-3: Versuchskörper nach *Peter* [118]

Peter beobachtete größere Verformungen und Rissweiten bei einer Abweichung der Richtung der angeordneten Bewehrung von der Hauptzugrichtung von $\delta > 30°$. Die Rissrichtung jedoch stellte sich unabhängig von der angeordneten Bewehrung stets rechtwinklig zur Richtung der Zugspannungstrajektorien ein. Er nahm an, dass bei einer zweiachsigen Zug-Druckbelastung die einwirkende Druckkraft die Rissrichtung ebenfalls nicht beeinflusste. Daraus folgerte er, ohne weitere Versuche durchzuführen, dass die Druck- und Zugrichtungen getrennt und unabhängig voneinander betrachtet werden können. Er schlug für diesen Fall allerdings eine Abminderung der Tragfähigkeit auf Druck bei gleichzeitigem Querzug auf 85 % gegenüber der Druckfestigkeit ohne Querzug vor. Begründet wurde diese Angabe durch mögliches Aufspalten des Betons infolge der Dübelwirkung bei von der Hauptzugrichtung abweichende Bewehrung, durch zusätzliche örtliche Zugbeanspruchungen in Querrichtung zwischen den Rissen infolge des Verbundes und durch mögliche Maßabweichungen bei dünnen Bauteilen.

Untersuchungen von *Robinson* und *Demorieux*

Die in den Jahren 1968 und 1972 erschienenen Veröffentlichungen von ***Robinson*** und ***Demorieux*** [121] berichten ebenfalls über Versuche an bewehrten Stahlbetonscheiben. Ziel ihrer Untersuchung war der direkte Vergleich zwischen Scheiben mit und ohne Zugbeanspruchung quer zur druckbeanspruchten Richtung. Dabei wurde sowohl eine Bewehrungsanordnung parallel als auch unter 45° Neigung zur Hauptzugrichtung untersucht. Die Zugkraft wurde jeweils über die zweilagige Bewehrung direkt eingetragen. In allen Versuchen wurden Rissbleche eingesetzt, um bei den kleinen Versuchskörperabmessungen ein gleichförmiges Rissbild zu erzeugen.

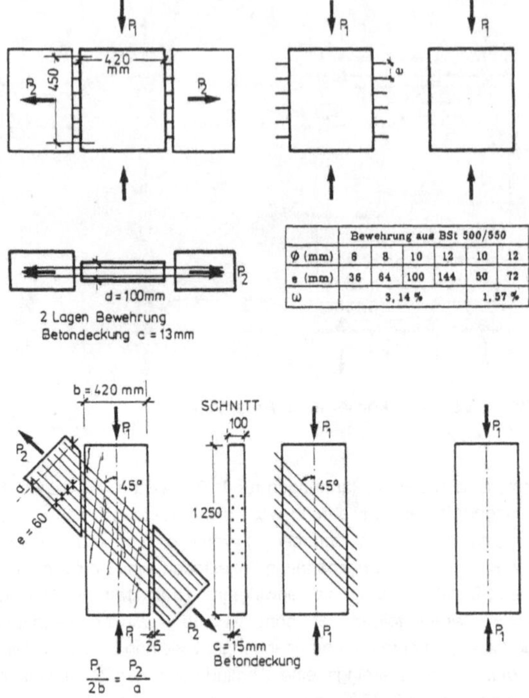

Abbildung 2-4: Versuche nach *Robinson* und *Demorieux* [121]; (Bildquelle: [123])

In der ersten Versuchsserie wurden die Stababstände sowie die Durchmesser der zweilagigen und orthogonal zur Druckrichtung verlaufenden Bewehrungsstäbe zwischen 6 und 12 mm variiert (siehe Abbildung 2-4 oben). Die Zylinderfestigkeit wurde zu 20 und 30 MN/m^2 gewählt. In der zweiten Serie wurden Bewehrungsstäbe zwischen 6 und 10 mm unter 45° zur Druckrichtung angeordnet (siehe Abbildung 2-4 unten). Die Zylinderfestigkeit wurde hier zu 10 und 30 MN/m^2 gewählt. In der ersten Serie wurde die Zug- und Druckkraft proportional bis zur Streckgrenze der Zugbewehrung gesteigert, und anschließend die Druckkraft bis zum Versagen des Versuchskörpers erhöht. Diese Versuche lieferten im Mittel eine Abminderung der Druckfestigkeit auf 76 % der Zylinderdruckfestigkeit des verwendeten Betons. Im Vergleich zueinander waren die Ergebnisse jedoch sehr unterschiedlich. Bei den Versuchen mit Querbewehrung, aber ohne Querzug wurde bedingt durch die geringe Scheibendicke und das Vorhandensein der Querbewehrung eine Betondruckfestigkeit von 82 % der Zylinderdruckfestigkeit festgestellt. Somit war im Mittel eine effektive Abminderung von 7 % infolge des Querzugs zu verzeichnen. Die Versuche mit unter 45° geneigten Bewehrung lieferten eine effektive Abminderung um 12 % bei vorhandenem Querzug gegenüber Proben ohne Querzug. Hierbei wurden Zug und Druck im Verhältnis

$$\frac{P_1}{2 * b} = \frac{P_2}{a} \tag{2.1}$$

gesteigert (siehe Abbildung 2-4 unten). Dies führte dazu, dass die Stahldehnungen bei diesen Versuchen stets unter der Streckgrenze blieben. Die Autoren konnten keine Abhängigkeit der Abminderung vom Querbewehrungsgrad und von der Betondruckfestigkeit feststellten.

Untersuchung von *Vecchio* und *Collins*

Die wohl bekanntesten Versuche an Stahlbetonscheiben unter mehraxialer Beanspruchung stammen von ***Vecchio*** und ***Collins*** [142]. Im Jahre 1979 beginnend, führten sie eine Vielzahl von Versuchen an bewehrten und unbewehrten Scheiben durch. Motivation für die Untersuchungen war, das Tragverhalten von Stahlbetonträgerstegen zu ergründen (siehe Abbildung 2-5). Sie stellten sich die Frage, ob die Druckübertragung in dem gerissenen Steg sichergestellt ist. Dazu wurden von ihnen zwei unterschiedliche Versuchseinrichtungen entworfen.

Bevor auf die Versuche eingegangen wird, ist noch ein Sachverhalt anzusprechen. ***Vecchio*** und ***Collins*** verwenden den Begriff "Schub" (Shear). Dieser Begriff ist irreführend, denn für den Beton sind stets die Hauptspannungsrichtungen von Interesse. Schubspannungen können im gerissenen Beton am Rissufer entstehen und durch Kornverzahnung sowie Verdübelungswirkungen der Bewehrung die Risse überbrücken, was zu einer Änderung der Hauptspannungsrichtung führen kann.

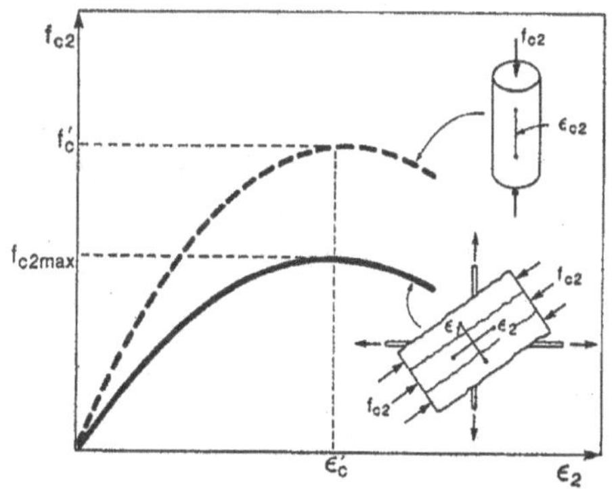

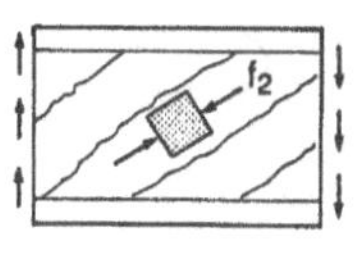

(b) Compression field theory, $f_1 = 0$

(a) Stress-strain relationship for cracked concrete in compression

Abbildung 2-5: Zusammenhänge nach *Vecchio* und *Collins* [142]

In der in Abbildung 2-6 oben links dargestellten Versuchseinrichtung, dem sog. "Panel Tester", wurden von ***Vecchio*** und ***Collins*** sowie später von ***Bhide*** und ***Collins*** [16] eine ganze Reihe von Versuchen an bewehrten Stahlbetonscheiben durchgeführt. Als Bewehrung diente ein orthogonales Netz aus glatten, an den Kreuzungspunkten miteinander verschweißten und parallel zu den Scheibenrändern angeordneten Stäben mit Durchmesser zwischen 2,0 und 6,4 mm. Die Stababstände und Scheibenabmessungen blieben konstant, das Verhältnis von Quer- zu Längsbewehrung wurde verändert. Die in Abbildung 2-6 rechts oben dargestellten "Shear Keys" waren mit der Scheibe verbunden und mit dem Beton verzahnt. So konnte jede gewünschte Belastungskombination erzeugt werden. Im Randbereich der Scheibe wurde ein Beton höherer Festigkeit eingebracht, um ein Versagen im Lasteinleitungsbereich auszuschließen. Die Versuchskörper von ***Bhide*** und ***Collins*** waren nur einachsig bewehrt.

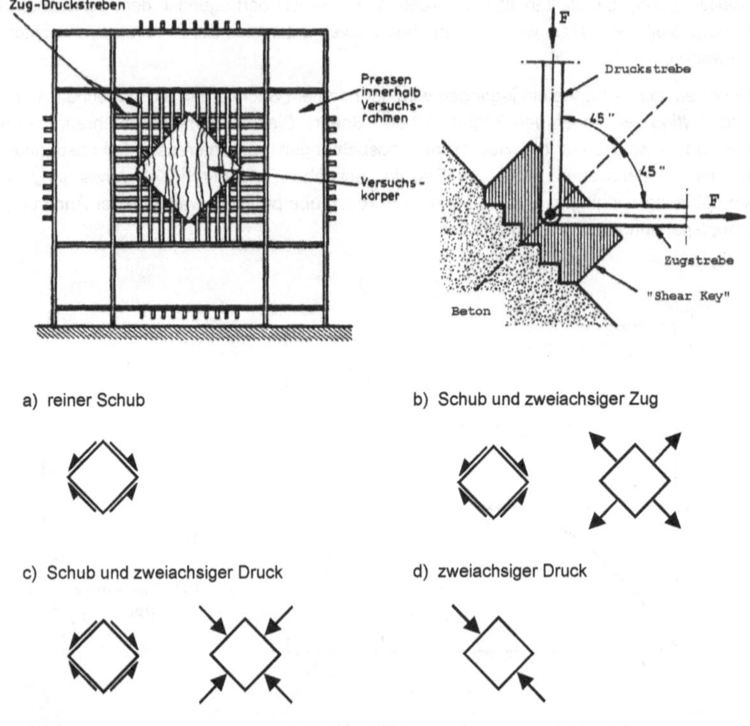

Abbildung 2-6: Prinzipskizze der zweiten Versuchsserie ("Panel-Tester") nach *Vecchio* und *Collins* [142] (links oben); Detail der Krafteinleitung (rechts oben); unterschiedliche Lastkombinationen (unten)

Versuchsparameter waren neben den unterschiedlichen Bewehrungsdurchmessern auch die Verhältnisse der aufgebrachten Einwirkungen zueinander und die Betondruckfestigkeit. Zunächst wurden die Lastkombinationen in Abbildung 2-6 (unten) untersucht. Ferner wurden Versuche mit wechselnden Belastungsverhältnissen durchgeführt. Die Verformungsmessung erfolgte über ein quadratisches Netz von 16 gleichmäßig verteilten Messpunkten auf der Scheibenoberfläche.

Für die Auswertung wurden die nachfolgenden Annahmen getroffen:

- eine gleichmäßige Verteilung der Risse liegt vor, Dehnungen werden über mehrere Risse hinweg ermittelt,
- die Richtung der Hauptspannungen und -dehnungen sind deckungsgleich,
- die Bewehrungsstäbe beteiligen sich nicht an einer Schubkraftübertragung.

Unter Verwendung des Mohr´schen Dehnungskreises wurden die Hauptdehnungen sowie die Dehnungen in den Bewehrungsrichtungen ermittelt. Mit Hilfe der einaxialen Spannungs-Dehnungs-Linie des Betonstahls wurde dann aus den ermittelten Dehnungen in Bewehrungsrichtung die Stahlspannung gewonnen. Die äußeren Normalspannungen (z. B. bei reinem Schub = 0) wurden um die Stahlspannungen reduziert. Mit Hilfe des Mohr´schen Spannungskreises wurden aus der äußeren Schubspannung und der reduzierten Normalspannung die Hauptspannungen und Hauptdehnungen ermittelt.

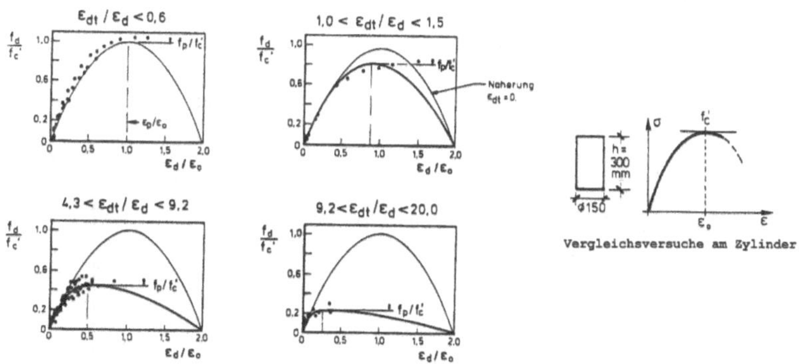

Abbildung 2-7: Auswertung der bewehrten Scheibenversuche nach Hauptdehnungsklassen

Die Autoren geben als Ergebnis der Auswertung an, dass die Tragfähigkeit einer Stahlbetonscheibe unter Druck durch Dehnungen in Querrichtung stark beeinträchtigt wird. Als Parameter wird zunächst das Verhältnis

$$\frac{\text{Hauptzugdehnung}}{\text{Hauptdruckdehnung}} \quad \text{d.h.} \quad \frac{\varepsilon_{dt}}{\varepsilon_d}$$

gebildet. Alle Versuchsergebnisse wurden nach unterschiedlichen Größen von $\varepsilon_{dt} / \varepsilon_d$ sortiert. Eine normierte Auftragung aller Spannungs-Dehnungs-Wertepaare aus den Scheibenversuchen unabhängig von der Probenzuordnung und im Verhältnis zum Vergleichsversuch am Zylinder ergibt eine eindeutige Abflachung der Spannungs-Dehnungs-Linie, je größer das Verhältnis $\varepsilon_{dt} / \varepsilon_d$ wird (siehe Abbildung 2-7).

Trägt man das Verhältnis der rechnerisch maximal in den einzelnen Scheibenversuchen erreichten Druckspannungen f_p' zur einaxialen Zylinderdruckfestigkeit f_c' über dem Verhältnis von $\varepsilon_{dt} / \varepsilon_d$ auf, entsteht die in Abbildung 2-8 dargestellte Punkteschar. Diese Auftragung zeigt Druckfestigkeiten, die zum Teil nur noch 20 % der Zylinderdruckfestigkeit entsprechen. ***Vecchio*** und ***Collins*** schlagen das empirisch ermittelte Verhältnis

$$\beta = \frac{1}{0{,}85 + 0{,}27 * \frac{\varepsilon_{dt}}{\varepsilon_d}} \qquad (2.2)$$

zur Beschreibung des Abminderungsfaktors vor. Die so bestimmte Druckfestigkeit wurde als Grundlage für ihre Compression Field Theory zur Beschreibung des Trag- und Verformungsverhalten von Stahlbetonträgerstegen herangezogen.

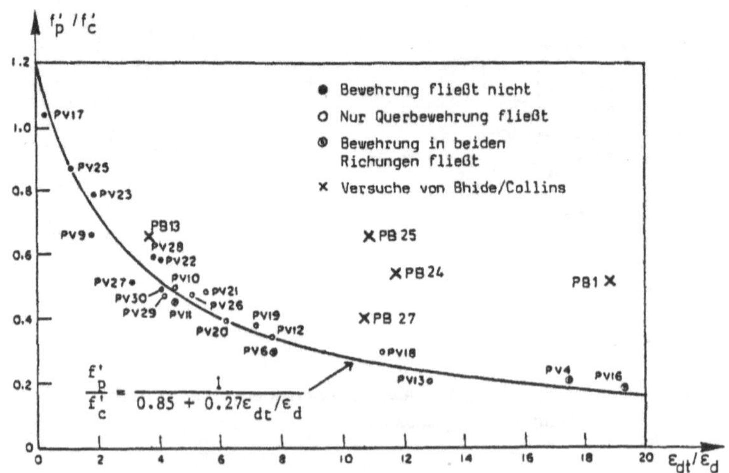

Abbildung 2-8: Vorschlag eines Abminderungsfaktors für die bezogene Druckfestigkeit infolge einer normierten Querdehnung nach *Vecchio* und *Collins* [143]; (Bildquelle [123])

Ferner wurde folgende Fallunterscheidung zur Ermittlung der Hauptdruckspannung f_d, die zu einer Hauptdehnung ε_d und zu einem gegebenen Dehnungsverhältnis $\varepsilon_{dt} / \varepsilon_d$ gehört, vorgeschlagen:

$$\text{für} \quad \varepsilon_d \leq \frac{\varepsilon_0}{\beta} \qquad f_d = f_c' * \left[2 * \frac{\varepsilon_d}{\varepsilon_0} - \beta * \left(\frac{\varepsilon_d}{\varepsilon_0} \right)^2 \right] \tag{2.3}$$

$$\text{für} \quad \frac{\varepsilon_0}{\beta} < \varepsilon_d \leq 2\varepsilon_0 \qquad f_d = f_c' * \beta * \left[1 - \frac{\left(\varepsilon_d - \left(\frac{\varepsilon_0}{\beta} \right) \right)^2}{\left(2\,\varepsilon_0 - \left(\frac{\varepsilon_0}{\beta} \right) \right)^2} \right] \tag{2.4}$$

$$\text{für} \quad \varepsilon_d > 2\varepsilon_0 \qquad f_d = 0 \tag{2.5}$$

mit f'_d und ε_0 am *Vergleichszylinder* (siehe Abbildung 2-7 rechts)

Durch ihren Vorschlag in [144], die aus den Versuchen schwer bestimmbare Betonbruchdehnung konstant zu einem Wert von 2,0 ‰ anzunehmen, ergab sich die folgende Gleichung zur Abminderung der Betondruckfestigkeit (siehe auch Abbildung 2-9):

$$\beta = \frac{1}{0{,}8 + 0{,}17 * \varepsilon_{dt}} \leq 1{,}0 \tag{2.6}$$

Das beschriebene Verhalten der Stahlbetonscheiben mit dem starken Einfluss der Querdehnung auf die Druckfestigkeit ist von der Fachwelt vielfach diskutiert, neu interpretiert und relativiert worden. Auf die verschiedenen Auslegungen der Versuchsergebnisse wird im folgenden kurz eingegangen.

Diskussion der Ergebnisse von *Vecchio* und *Collins*

Eibl und ***Neuroth*** [44] merken an, dass glatte und sehr dünne Bewehrungsstäbe zum Einsatz kamen. Ihre eigene Hypothese zur Abminderung der Druckfestigkeit, auf die weiter unten eingegangen wird, basiert stark auf den entstehenden Rissabständen und Rissweiten. Somit sei eine Übertragbarkeit der Ergebnisse von ***Vecchio*** und ***Collins*** auf Bauteile mit Rippenstählen nur unter Vorbehalt möglich. Darüber hinaus wird die Messung der Verschiebungen im Versuch über alle Risse hinweg hinterfragt, ohne jedoch auf die Hintergründe einzugehen. Die Versuche nach [142] mit Fließen der Bewehrung und $\varepsilon_{dt} / \varepsilon_d > 4$ werden als fern der Bemessungspraxis eingestuft und seien somit höchstens für prinzipielle Untersuchungen von Interesse. Für den Bereich $\varepsilon_{dt} / \varepsilon_d < 3$ seien die übrigen vorgestellten Ergebnisse mit Abminderungen von bis zu 40 % durchaus im Einklang mit anderen Forschungsresultaten, wie z. B. von ***Schlaich***, ***Schäfer*** und ***Schelling***, wenn man deren Ergebnisse ebenfalls auf die Zylinderdruckfestigkeit statt auf einem Vergleichsversuchskörper ohne Querzug bezöge.

Schlaich, ***Schäfer*** und ***Schelling*** [124] relativieren die Untersuchungen von ***Vecchio*** und ***Collins*** durch eine Neuinterpretation. Sie verweisen auf die folgenden Punkte. In den Versuchen unter reinem Schub wurde das Erreichen der Streckgrenze des Stahls als Versagenskriterium definiert. Zwar wurde in diesen Versuchen tatsächlich die Stahlstreckgrenze erreicht, dabei war jedoch die volle Tragfähigkeit des Betons noch nicht erreicht. Hier fehlte das eindeutige Betonversagen. Bei den Versuchen mit Schubbeanspruchung und einer gleichzeitig wirkenden Normalkraft versagte der Beton vor Erreichen der Stahlstreckgrenze. ***Vecchio*** und ***Collins*** zogen allerdings stets Betondruckfestigkeiten heran, die sie rechnerisch aus der Belastung und den gemessenen Stahldehnungen bestimmten. ***Schlaich***, ***Schäfer*** und ***Schelling*** vernachlässigten, wie bereits erwähnt, die Verdübelungswirkung der Bewehrung und das Mitwirken des Betons zwischen den Rissen. Dies führt zu unterschiedlichen Betondruckfestigkeiten, was zwangsläufig Einfluss auf ihre Ergebnisse nimmt. Sie führen weiterhin an, dass die Lasteinleitungskonstruktion von ***Vecchio*** und ***Collins*** die Randbereiche ungünstig beansprucht und das Versagen auslöst. Sie verweisen als Beleg auf die Rissbilder einiger Versuche, die darauf hindeuten. Zuletzt merken sie, wie schon ***Eibl*** und ***Neuroth*** an, dass die engmaschige und verschweißte Bewehrung sowie teilweise sehr große Stahldehnungen zu kleinen Rissweiten und einer stärkeren Zerrüttung des Betongefüges führen als bei Versuchen anderer Autoren. Sie bringen allerdings zum Ausdruck, dass es keine schlüssige Erklärung für die tendenziellen Unterschiede zwischen den Ergebnissen von ***Vecchio*** und ***Collins*** und anderen Forschern gibt.

Kollegger und ***Mehlhorn*** [81] führten eigene Untersuchungen zum gleichen Thema unter der Beratung durch viele internationale Forscher, unter denen auch ***Collins*** vertreten war, durch und verwendeten hierfür u.a. die gleich Versuchseinrichtung. Hierüber wird weiter unten ausführlicher berichtet, zunächst wird auf ihre Aussagen zu den vorliegenden Ergebnissen eingegangen.

Bemerkenswert ist zunächst die Tatsache, dass alle von ***Kollegger*** und ***Mehlhorn*** an der gleichen Versuchseinrichtung durchgeführten Vergleichsversuche Ergebnisse lieferten, die weit über denen von ***Vecchio*** und ***Collins*** lagen. Sie schlagen daher vor, einige der Versuche ihrer Vorgänger nicht mehr zu berücksichtigen. Die angeführten Gründe hierfür sind vorwiegend versuchstechnisch bedingt und reichen von schlecht verdichtetem Beton bis hin zum Versagen des Prüfkörpers am Rande, ein Punkt, den ***Schlaich***, ***Schäfer*** und ***Schelling*** bereits in ihrer Abhandlung über diese Versuche andeuteten. Die verbliebenen Versuchsergebnisse wurden dann, gemeinsam mit ihren eigenen Ergebnissen an der gleichen Einrichtung, nach dem Abminderungsvorschlag aufgetragen (siehe Abbildung 2-9).

Am auffälligsten bei dieser ergänzten Auftragung ist die nun wesentlich schlechtere Übereinstimmung zwischen den Versuchsergebnissen und dem Abminderungsvorschlag. Auch ist sehr deutlich zu sehen, dass die Ergebnisse derjenigen Versuche, in denen tatsächlich ein Betondruckversagen auftrat, bis auf zwei Ausnahmen mit sehr großen Stahldehnungen und einer weiteren Ausnahme (Versuch PV29) über 80 % der Tragfähigkeit ohne Querzug liegen.

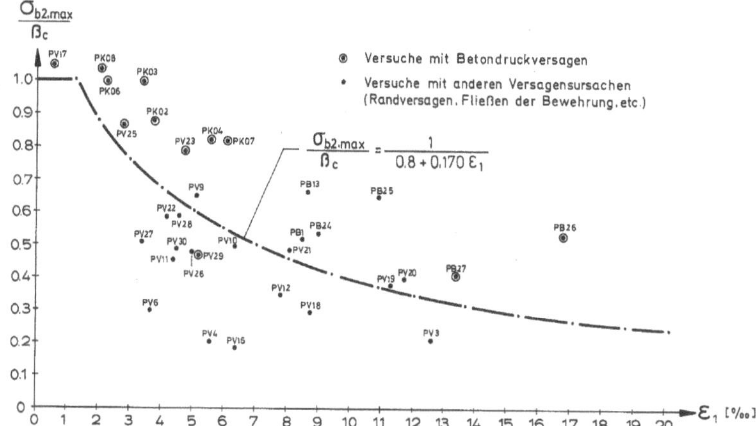

Abbildung 2-9: Verbesserter Abminderungsfaktor nach *Vecchio* und *Collins* [144]: bezogen auf die Hauptzugspannung bei konstanter Betonbruchdehnung von 2,0 ‰; (Bildquelle [81])

In einer späteren Veröffentlichung modifizierten ***Vecchio*** und ***Collins*** ihre Compression Field Theory (siehe auch [144]). Sie erkannten die Defizite in der Auswertung durch die Vernachlässigung von Tension-Stiffening und Verdübelungseffekten und beschrieben ihren eigenen oben angegebenen Abminderungsfaktor als konservativ, vgl. auch ***Collins*** und ***Mitchell*** [33].

Untersuchungen von *Schlaich*, *Schäfer* und *Schelling*

Im Rahmen eines Forschungsvorhabens untersuchten ***Schlaich***, ***Schäfer*** und ***Schelling*** [124] insgesamt 10 Stahlbetonscheiben, davon 4 unter Druck und gleichzeitigem Querzug. Die Ergebnisse wurden später noch einmal von ***Schäfer***, ***Schelling*** und ***Kuchler*** ausführlicher in [123] veröffentlicht. Die Versuchskörper und das Versuchsprogramm sind Abbildung 2-10 zu entnehmen. Die Bewehrung war mit Durchmesser 10 mm einheitlich gewählt und mittig angeordnet. Versuchsparameter waren die Stababstände und der Winkel zwischen Bewehrung und Beanspruchungsrichtung (siehe Abbildung 2-11). Die Prismen und Würfel dienten zur Bestimmung der einaxialen Druckfestigkeit des Betons, die unbewehrte Scheibe als Vergleichskörper.

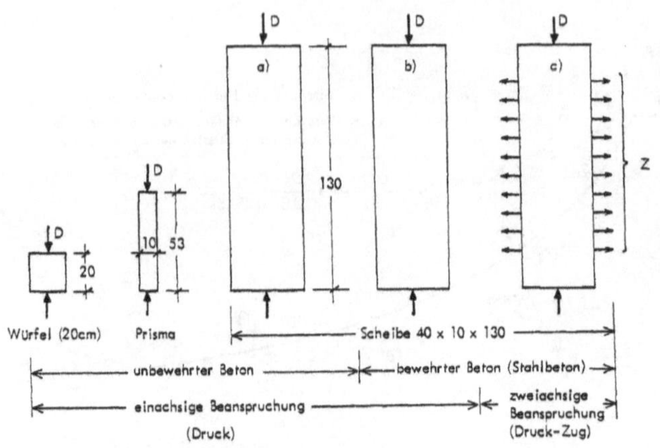

Bewehrung (2-lagig, Kreuzweise)	Bewehrungsrichtung $\alpha = 0°/90°$	$\alpha = \pm 45°$	Lastverhältnis Z'/D'	Beanspruchung	Betoniertermin
Ø 10 mm, a = 5 cm BSt 500/550 RK	Nr. 1	Nr. 2	- 1	Zweiachsig	I
	Nr. 3	Nr. 4	0	Einachsig	
Ø 10 mm, a = 10 cm BSt 500/550 RK	Nr. 5	Nr. 6	- 0,5	Zweiachsig	II
	Nr. 7	Nr. 8	0	Einachsig	
Unbewehrt	Nr. 9 (I)	Nr. 10 (II)	0	Einachsig	I, II

Nr. 1 bis Nr. 10 :
Bezeichnungen der Versuchskörper

Abbildung 2-10: Versuchsprogramm von *Schlaich*, *Schäfer* und *Schelling* [124]

Ferner wurde das Verhältnis zwischen der aufgebrachten Zug- und Druckkraft unterschiedlich gewählt. Folgende Verhältnisse wurden eingestellt:

für Stababstand a = 100 mm $\frac{Z'}{D'} = -0{,}5$

für Stababstand a = 50 mm $\frac{Z'}{D'} = -1{,}0$

Dabei wurden Z' und D' auf die Scheibenabmessungen nach Abbildung 2-11 bezogen. In Zugrichtung wurden die Rissabstände durch Rissbleche vorgegeben: beim größeren Stababstand ein Längsriss in Scheibenmitte, bei kleinerem Stababstand drei Längsrisse.

Die maximale Zugkraft Z' wurde so gewählt, dass dabei gerade die Streckgrenze des Stahls erreicht werden sollte. Vorher wurde aber, je nach Z' / D'-Verhältnis, die halbe oder ganze Stahlspannung unter Gebrauchslast angesteuert (d.h. für Z' / D' = -0,5 war σ_s = 143 N/mm^2, für Z' / D' = -1,0 war σ_s = 286 N/mm^2). An diesem Punkt wurden zehn Schwellenbelastungen gefahren, um ein ausgeprägtes Rissbild zu erhalten (siehe Abbildung 2-11). Anschließend wurde im gleichen Z' / D'-Verhältnis bis zur maximalen Zugkraft Z', d.h. bis zur Stahlstreckgrenze gefahren. Danach wurde bei konstant gehaltener Zugkraft die Druckkraft abgelassen und wieder bis zum Bruch gesteigert. Somit blieben die Stahldehnungen in Querrichtung auf dem Niveau der Stahlstreckgrenze.

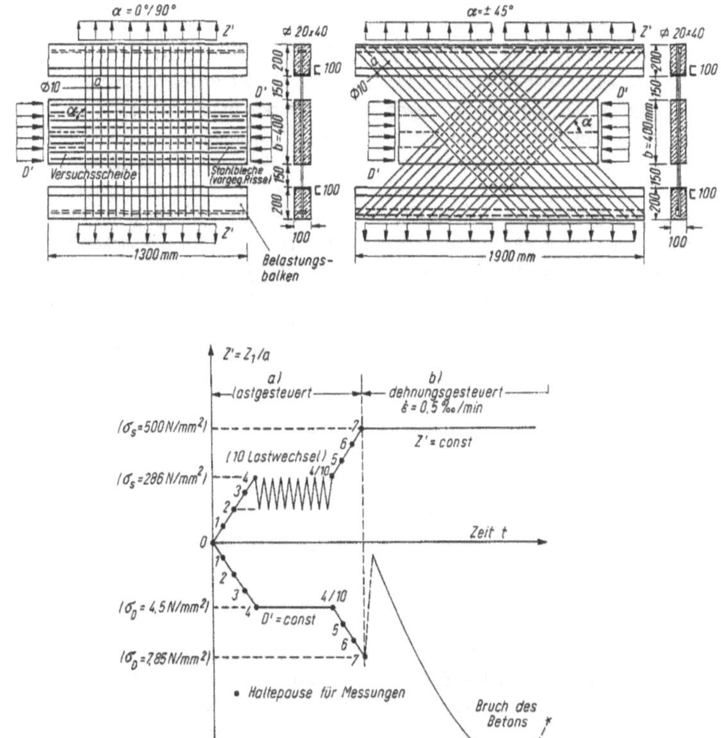

Abbildung 2-11: Versuchskörper mit Querzug; a = 50 mm und 100 mm; Belastungsschema für Z' / D' = -1,0 (Bildquelle [125])

Die Autoren merken an, dass die Richtung der ersten Risse unabhängig von der eingelegten Bewehrung war, die Bewehrungsrichtung aber die weitere Rissbildung teilweise beeinflusste. Die Rissbreiten waren bei den Versuchen mit Bewehrung unter 45° zur Zugrichtung etwa doppelt so groß wie parallel zur Zugrichtung. Die Ergebnisse zeigten einen Abfall der Druckfestigkeit infolge des Querzugs. Bei den Versuchskörpern mit der Bewehrung parallel zur Zugrichtung wurde bei beiden Versuchen mit Querzug eine Abminderung von ca. 10 % festgestellt. Bei einem der beiden Versuchskörper mit Bewehrung unter 45° und a = 50 mm wurde eine Abminderung von 15 %, bei dem anderen keine Abminderung festgestellt. Beim Bruch wurde allerdings ein maximales Verhältnis von Z' / D' = 0,43 erreicht. Zu beachten ist, dass bei der gewählten Einleitung der Zugkraft über die Bewehrung unter 45° zusätzliche Druckkräfte in Scheibenlängsrichtung erzeugt werden. So versagte auch diese Scheibe am Rand und nicht in der Mitte. Die Autoren werten ihre Ergebnisse als Bestätigung der bis dahin durchgeführten Untersuchungen. Die abweichenden Ergebnisse von ***Vecchio*** und ***Collins*** werden, wie bereits erwähnt, teilweise neu interpretiert und relativiert.

Zum Schluss ihrer Ausführungen gehen die Autoren nochmals auf die grundlegenden Zusammenhänge ein. Bei der Abminderung der Drucktragfähigkeit von Stahlbeton unter Querzug komme es nicht auf die Größe des Querzugs, sondern auf die Rissbreiten und Rissabstände an. Das Betongefüge muss durch viele engstehende Risse mit großen Rissweiten stark gestört werden, damit es zu nennenswerten Abminderungen kommt, (siehe Abbildung 2-2). Bei Scheiben mit Rissabständen in der Größenordnung der Scheibendicke entstünden viele "Betonprismen" zwischen den Rissen, deren Druckfestigkeit fast die volle Prismentragfähigkeit erreichen könnte. Als Obergrenze geben sie an, dass bei Scheiben unter Querzug bis zur Streckgrenzendehnung des Betonstahls mit Bewehrung parallel zu den Scheibenrändern die Abminderung mit maximal 10 %, bei Scheiben mit Bewehrung unter 45° zu den Scheibenrändern mit einer maximalen Abminderung der Betondruckfestigkeit von 20 % ausreichend erfasst sei. Für eine Bemessung machen sie Empfehlungen für die Rechenfestigkeiten des Betons in Anlehnung an die von ***Baumann*** [8] im Rahmen seiner Dissertation gemachten Angaben (siehe unten).

Untersuchungen von *Eibl* und *Neuroth*

In ihrem 1988 erschienen Forschungsbericht fassten ***Eibl*** und ***Neuroth*** [44] ihre Ergebnisse von Versuchen an 15 Stahlbetonscheiben zusammen. Die Probekörper und das Versuchsprogramm sind in Abbildung 2-12 zu sehen. Zwei Proben waren zu Vergleichszwecken unbewehrt. Um den Einfluss einer Querbewehrung auf die Rissbildung und das Tragverhalten in Druckrichtung zu bestimmen, erhielten die übrigen Scheiben nur in Zugrichtung eine Bewehrung. Die Zugbelastung wurde über die Bewehrung aufgebracht und so eingestellt, dass die rechnerische Streckgrenze von 420 MN/m^2 des verwendeten Betonstahls erreicht und während der anschließend aufgebrachten Druckbelastung konstant gehalten wurde. Somit sollte eine abgeschlossene Rissbildung erzielt werden. Die Druckbelastung wurde über einen Lager aufgebracht, um eine gleichmäßige Lastverteilung zu gewährleisten.

Versuchsparameter waren die Anordnung und die Durchmesser der Bewehrungsstäbe, die zwischen 10, 16 und 20 mm variiert wurden, und die Scheibendicke, die zwischen 100 und 200 mm lag. Ziel war es, verschiedene Rissabstände und -breiten zu erzeugen, um die Resttragfähigkeit der Scheibe zu ermitteln, die nach ihrer eigenen Modellvorstellung von der Tragfähigkeit der zwischen den Rissen verbleibenden "Betonsäulen" abhängt (siehe Abbildung 2-2). Diese Modellvorstellung wurde, wie bereits erwähnt, ebenfalls von ***Schlaich***, ***Schäfer*** und ***Schelling*** propagiert.

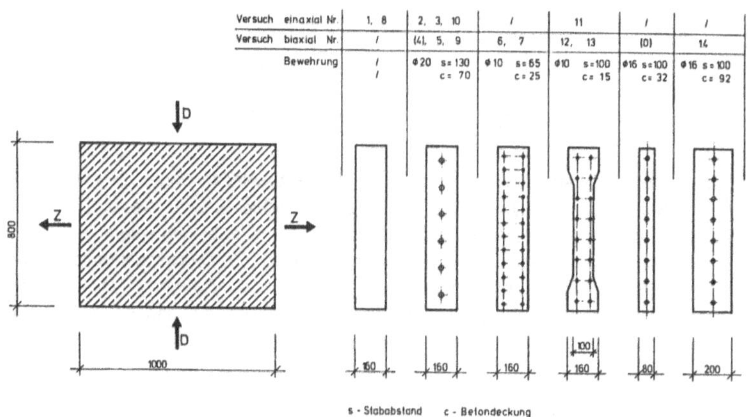

Abbildung 2-12: Versuchskörper und -programm nach *Eibl* und *Neuroth* [44]

Rissbreiten zwischen 0,2 und 1,0 mm mit dazugehörigen Rissabständen von 7,5 bzw. 25 cm wurden im Versuch registriert. Die Auswertung ergab Abminderungen in Höhe von ca. 15 % gegenüber den Vergleichskörpern ohne Querzug bei den engen Rissabständen von 7,5 cm. Die Abminderung bei den Versuchskörpern mit größeren Rissabständen ab 20 cm betrug hingegen nur ca. 9 %.

Als Fazit ihrer Ergebnisse geben die Autoren an, dass ein Traglastabfall infolge von Querzug erst zu erwarten sei, wenn der Beton durch Rissbildung stark beschädigt ist. In ihren Versuchen zeigte sich, dass bei kleiner werdenden Rissabständen mit einer größer werdenden Traglastabminderung zu rechnen ist. Erst wenn sich der mittlere Rissabstand der Größenordnung der Scheibendicke näherte wurden Abminderungen von mehr als 10 % beobachtet. Interessanterweise beobachteten sie auch eine Spaltwirkung der Querbewehrung an der Stirnseite der Probekörper, die in einem Fall zu einer Längsspaltung der Scheibe in zwei Teile führte. Die Spaltrisse zeigten Rissweiten von weniger als 0,1 mm und trat nur bei Probekörpern mit Stabdurchmessern von 16 und 20 mm auf.

Untersuchungen von *Kollegger* und *Mehlhorn*

Im 1990 erschienenen Heft 413 vom Deutschen Ausschuss für Stahlbeton [81] fassten ***Kollegger*** und ***Mehlhorn*** ihre Ergebnisse aus mehreren Versuchsreihen zusammen. Darin präsentieren sie 47 Versuche an Stahlbetonscheiben nach Abbildung 2-13 sowie 8 Versuche nach Abbildung 2-14 am "Panel Tester", der Versuchseinrichtung von ***Vecchio*** und ***Collins***. Der Anstoß für ihre Untersuchung waren die deutlichen Unterschiede in den Ergebnissen von ***Vecchio*** und ***Collins*** im Vergleich zu denen von ***Schlaich***, ***Schäfer*** und ***Schelling***.

In der in fünf Serien durchgeführten Untersuchung der Scheiben (nach Abbildung 2-13) wurden diese zunächst unter Zug gesetzt, bevor die Druckbelastung bei konstantem Zug bis zum Bruch aufgebracht wurde. Vier Vergleichsversuchskörper (ohne Querzug) waren unbewehrt, bei 12 war die Bewehrung unter 45° zu den Scheibenrändern angeordnet, die restlichen erhielten Bewehrung parallel zu den Scheibenrändern. Als Versuchsparameter wurden die Bewehrungsfestigkeit (BSt 420 und BSt 500), Bewehrungsdurchmesser (6,5; 8,5; und 10 mm, in beiden Richtungen stets gleich), und Bewehrungsbeschaffenheit (Matten und Stabstahl, glatte und gerippte Stäbe) festgelegt.

Die Höhe der Zugkraft wurde variiert, so dass die Stahlspannungen je nach Versuch zwischen Null und der rechnerischen Streckgrenze lagen. Die Auswertung ergab eine maximale Abminderung der Drucktragfähigkeit infolge der Belastung in Querrichtung von ca. 21 % bezogen auf die bewehrten Scheiben ohne Querzug. Die Druckspannungen im Beton wurden hierbei stets um den Anteil der Druckspannungen in der Bewehrung in Druckrichtung reduziert. Eine Abhängigkeit der Abminderung von der Beschaffenheit der Bewehrung konnte nicht wie von den Autoren erwartet festgestellt werden.

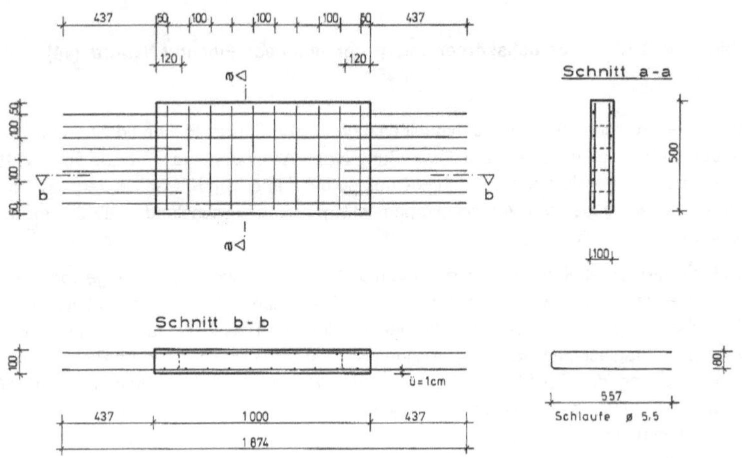

Abbildung 2-13: Versuchskörper mit Bewehrung parallel und orthogonal zur Zugrichtung (erste Serie) nach *Kollegger* und *Mehlhorn* [81]

Die 8 Vergleichsversuche am "Panel Tester" wurden an Versuchskörpern mit orthogonalen Bewehrungsnetzen aus Einzelstäben mit 6,5 mm Durchmesser durchgeführt. Das Versuchsprogramm und die Versuchskörper sind in Abbildung 2-14 dargestellt. Anders als bei Vecchio und Collins waren die Bewehrungsstäbe unmittelbar in der Lasteinleitungskonstruktion ("Shear Keys") verankert. Somit war eine gleichmäßige Beanspruchung der Randbereiche garantiert. Als Vergleichswert diente bei diesen Versuchen die einachsige Zylinderdruckfestigkeit.

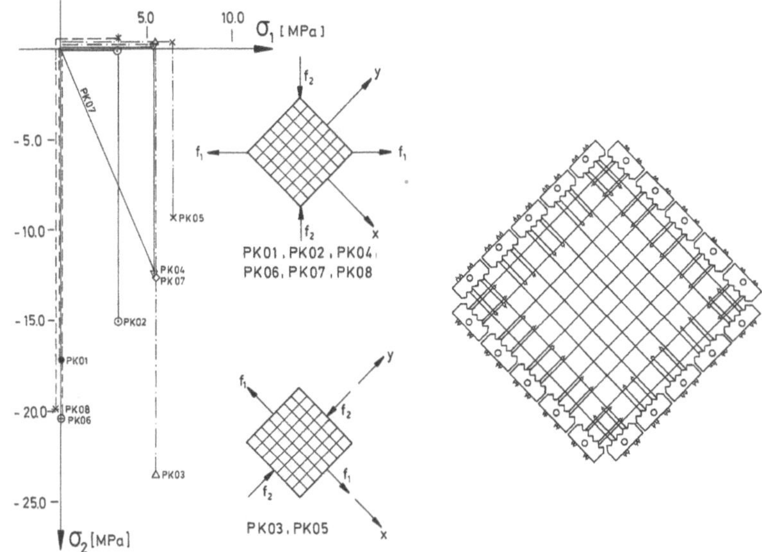

Abbildung 2-14: Versuchsprogramm und Versuchskörper für die Vergleichsversuche am "Panel Tester" nach *Kollegger* und *Mehlhorn* [81]

Sechs Versuchskörper zeigten ein Betondruckversagen. Wie bereits bei der Diskussion der Ergebnisse von ***Vecchio*** und ***Collins*** erwähnt und erläutert, lagen die Ergebnisse deutlich über denjenigen ihrer Vorgänger. In der Abbildung 2-15 (rechts) zeigt sich auch eine gute Übereinstimmung mit den Versuchen von ***Kupfer***, ***Hilsdorf*** und ***Rüsch***. Nach den Autoren ist dies auch zu erwarten, denn ein Zugversagen des bewehrten Betons führt zur Rissbildung und zu einer Umlagerung des Zuges auf den Stahl. Demnach kann nach Abbildung 2-15 bewehrter Beton maximal ca. 20 % an Drucktragfähigkeit infolge einer Zugbelastung in Querrichtung verlieren. Die Ergebnisse zeigen somit auch eine sehr gute Übereinstimmung mit den Versuchen der anderen Forscher.

Als Fazit geben die Autoren an, dass sich die Druckfestigkeit von Stahlbetonscheiben besser als Funktion der vorhandenen Querzugspannungen (siehe Abbildung 2-16) als der Querzugdehnungen, wie von ***Vecchio*** und ***Collins*** vorgeschlagen, beschreiben lässt.

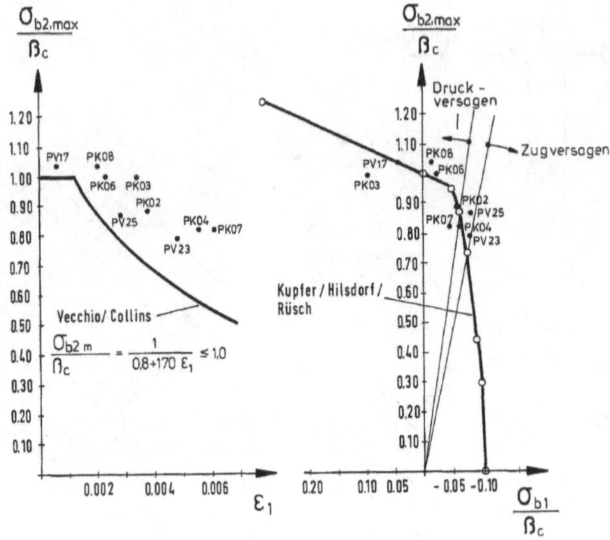

Abbildung 2-15: **Vergleich der Versuche am "Panel Tester" mit den Ansätzen von *Vecchio* und *Collins* (links) sowie *Kupfer*, *Hilsdorf* und *Rüsch* (rechts); Drei Versuche von *Vecchio* und *Collins* mit Betondruckversagen wurden mit aufgenommen.**

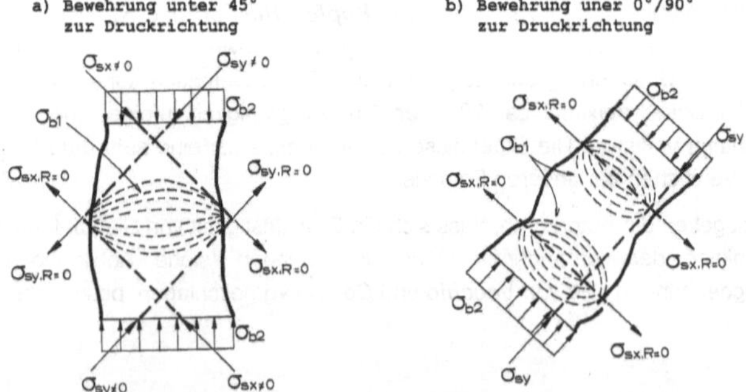

Abbildung 2-16: **Darstellung der Querspannungen am einachsig gedrückten Betonsäule (Bildvorlage aus [81])**

Unter Berücksichtigung des Tension-Stiffening-Effektes machen die Autoren einen konkreten Bemessungsvorschlag in Abhängigkeit von der Querzugspannung (siehe Abbildung 2-17). Der Verlauf der Spannungs-Dehnungs-Linie wird mit den folgenden Gleichungen bestimmt:

$$\sigma_{b2} = \sigma_{b2,max} * (2 * \frac{\varepsilon_2^{\;2}}{\varepsilon_{b2,max}} - \frac{\varepsilon_2^{\;2}}{\varepsilon_{b2,max}}) \qquad (2.7)$$

mit : $\sigma_{b2,max}$ nach Abbildung 2-17,

β_c sowie ε_c am Zylinder und

$$\varepsilon_{b2,max} = \varepsilon_c * \frac{\sigma_{b2,max}}{\beta_c}$$

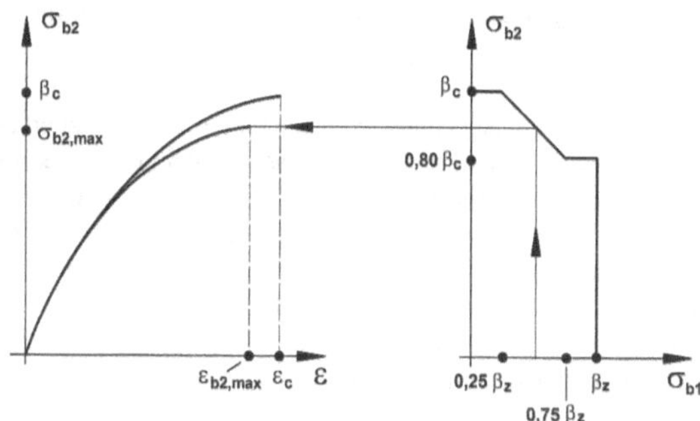

Abbildung 2-17: Abminderungsvorschlag nach *Kollegger* und *Mehlhorn* [81]

Untersuchungen von *Stroband*

Im Jahre 1994 veröffentlichte ***Stroband*** die Ergebnisse seiner Untersuchung an 20 Probekörpern unter Druck und Querzug. Versuchsparameter waren zum einen die Betondruckfestigkeit und zum anderen die Größe der Querzugspannungen. Der Beton wurde in drei Festigkeitsklassen mit Würfeldruckfestigkeiten von 31, 65 und 110 MN/m^2 ausgeführt. Die Versuche mit Querzug wurden weggesteuert gefahren, wobei die Stahlstreckgrenze in keinem Versuch erreicht wurde und Rissbreiten von 0,2 bis 0,4 mm erzeugt wurden.

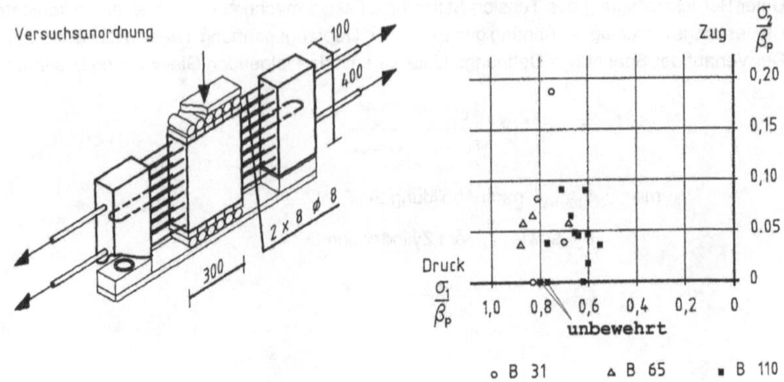

Abbildung 2-18: Versuchsaufbau und Ergebnisse nach Stroband [135]

Die auftretenden Zug- und Druckspannungen bezogen auf die Prismendruckfestigkeit sind in Abbildung 2-18 dargestellt. Hier wird deutlich, dass unabhängig von den Betonfestigkeiten die Streuung der Versuchsergebnisse zu groß ist um eine Abminderung eindeutig zu erkennen. Eine klare Tendenz lässt sich also nicht herauslesen. ***Stroband*** gibt an, dass bei nahezu allen Versuchskörpern das Versagen durch schräg verlaufende Spaltrisse eingeleitet wurde. Hier liegt die Vermutung nahe, dass die Spaltwirkung der Querbewehrung bei den nur 10 cm dicken Scheiben eine Rolle gespielt hat. Abgesehen von einem spröderen Bruchverhalten ohne Vorankündigung zeigte der hochfeste Beton keine Unterschiede zum normalfesten Beton.

Weitere Anmerkungen zum Druck-Zug Verhalten des Stahlbetons

Die vorgestellten Untersuchungen sind mit unterschiedlichen Betonfestigkeiten durchgeführt worden. Ein interessanter Vorschlag in dieser Hinsicht machen ***Muttoni***, ***Schwartz*** und ***Thürlimann*** [111] in ihrer Abhandlung über die Bemessung von Stahlbeton mit Hilfe von Spannungsfeldern. Für die unterschiedlichen Zylinderdruckfestigkeiten schlagen sie vor folgende Druckfestigkeiten $f_{c,Effektiv}$ anzusetzen, ohne diese jedoch versuchstechnisch abzusichern:

Für Querzugdehnungen < 3 ‰ und Querbewehrung rechtwinklig zur Druckrichtung:

$$f_{c,Effektiv} = 0{,}8 * f_c \qquad \text{für } f_c \leq f_{co} = 20\ \text{MN/m}^2 \tag{2.8}$$

$$f_{c,Effektiv} = 0{,}8 * f_{co} * \left(\frac{f_c}{f_{co}}\right)^{2/3} \qquad \text{für } f_c > f_{co} = 20\ \text{MN/m}^2 \tag{2.9}$$

Für Querzugdehnungen < 3 ‰ und Querbewehrung geneigt zur Druckrichtung:

$$f_{c,Effektiv} = 0{,}6 * f_c \qquad \text{für} \quad f_c \leq f_{co} = 20\ MN/m^2 \tag{2.10}$$

$$f_{c,Effektiv} = 0{,}6 * f_{co} * \left(\frac{f_c}{f_{co}}\right)^{2/3} \qquad \text{für} \quad f_c > f_{co} = 20\ MN/m^2 \tag{2.11}$$

Die Empfehlungen von ***Baumann*** [8], der sich ebenfalls mit Spannungsfeldern beschäftigte, wurden schon bei der Vorstellung der Arbeiten von ***Schlaich***, ***Schäfer*** und ***Schelling*** angesprochen. Sie sehen folgende effektive Druckfestigkeiten $f_{c,Effektiv}$ bei der Bemessung von Druckfeldern in Stabwerkmodellen vor:

$f_{c,Effektiv} = 1{,}2 * \beta_p$ bei zweiaxialem Druck, wenn die betragsmäßig kleinere Hauptspannung mindestens 0,2 β_p beträgt (2.12)

$f_{c,Effektiv} = 1{,}0 * \beta_p$ für einen ungestörten einaxialen Druckspannungszustand (2.13)

$f_{c,Effektiv} = 0{,}8 * \beta_p$ bei Druckbeanspruchungen mit parallel zur Druckrichtung verlaufenden Rissen (2.14)

$f_{c,Effektiv} = 0{,}6 * \beta_p$ bei Druckbeanspruchungen mit schräg zur Druckrichtung verlaufenden Rissen (2.15)

mit β_p = Prismenfestigkeit. Vorausgesetzt wird ein Nachweis zur Rissbreitenbegrenzung.

2.2.4 Fazit der Scheibenversuche

Obwohl in den Untersuchungen unterschiedlich große Abminderungen verzeichnet und in einzelnen Versuchsreihen abweichende Ergebnisse erzielt wurden, ist eine Grundtendenz deutlich herauszulesen. Eine Zugbeanspruchung von Stahlbeton, die zur Rissbildung führt, hat in allen Fällen einen Einfluss auf die Drucktragfähigkeit in der Querrichtung. Wie stark dieser Einfluss ist, hängt von vielen Faktoren ab. Betrachtet man die an Stahlbetonscheiben durchgeführte Arbeiten, so läßt sich das Verhalten von Stahlbeton unter Druck und Querzug gut beschreiben.

Die Steigerung einer Zugbelastung im Stahlbeton hat zunächst einen Riss zur Folge. Die entstehenden Zugspannungen werden an dieser Stelle auf den Stahl umgelagert. Eine weitere Laststeigerung hat bei entsprechendem Bewehrungsgrad und -beschaffenheit noch mehr Risse zur Folge. Der Stahlbeton wird in einzelne, nebeneinander stehende und unregelmäßig berandetete Prismen aufgelöst (siehe Abbildung 2-2). Zwischen den Rissen verbleiben Restzugspannungen im Beton, die über den Verbund mit der Bewehrung eingetragen werden.

Ein kleiner Rissabstand bedeutet kleinere, weniger tragfähige Prismen und eine größere Zerstörung des Betongefüges, wie von ***Eibl*** und ***Neuroth*** beobachtet. Große Rissweiten bedeuten neben der Gefügezerstörung auch einen Wegfall der gegenseitigen Abstützung der Betonprismen untereinander. Ist die Bewehrung zur Zugrichtung geneigt, so entstehen größere Rissweiten und verzweigte Rissbilder, was zu einer größeren Abminderung führen kann. Dies entspricht den Versuchsbeobachtungen von ***Schlaich***, ***Schäfer*** und ***Schelling*** sowie von ***Eibl*** und ***Neuroth*** (siehe Tabelle 2-1). Die größte Abminderung der Druckfestigkeit wird durch eine Zerstörung des Gefüges durch die Zugbeanspruchung quer zur druckbeanspruchten Richtung erzielt. Dann kann der Beton nur einen Bruchteil seiner Druckfestigkeit erreichen.

Ausgewählte Versuchsergebnisse	**Abminderung *** bei Bewehrung unter 0°/90° zur Zugrichtung	**Abminderung *** bei Bewehrung > 30°, bis 45° zur Zugrichtung	dazugehörige **Stahlspannung**
Robinson / Demorieux	7 %	12 %	≤ Streckgrenze
Vecchio / Collins	20 % **	20 % **	> Streckgrenze
Schlaich / Schäfer / Schelling	10 %	15 %	< Streckgrenze
Eibl / Neuroth	15 %	/	≤ Streckgrenze
Kollegger / Mehlhorn	20 %	20 %	< Streckgrenze

*** : gegenüber das Verhalten ohne Querzug; ** : nur Versuche mit Betondruckversagen; bezogen auf die Zylinderdruckfestigkeit**

Tabelle 2-1: Vergleich einiger Ergebnisse verschiedener Forscher

Damit wird deutlich, welch grosse Rolle die Bewehrungsanordnung und -beschaffenheit spielt. Der Einfluss der Größe des aufgebrachten Querzuges hingegen kann nur zusammen mit der Bewehrung als Faktor beurteilt werden. Wird hierdurch eine Gefügezerstörung vorangetrieben, ist ein entsprechender Einfluss gegeben. Führt der Querzug zu wenigen, breiten Rissen so ist mit einer Abminderung um 10 % zu rechnen. Die Unabhängigkeit der Abminderung von der Bewehrungsbeschaffenheit, wie sie z.B. in der Untersuchung von Robinson und Demorieux zu sehen war, muss kritisch betrachtet werden, denn durch die verwendeten Rissformer konnten sich die Risse nicht frei einstellen. Ein weiterer Einflussfaktor bei dünnen Scheiben ist die Spaltwirkung der Bewehrungsstäbe, wie von ***Eibl*** und ***Stroband*** beobachtet. Hierzu hat schon ***Leonhardt*** in [93] unter Einbeziehung eigener und fremder Versuchsreihen eine Abminderung der Betondruckfestigkeit infolge stabförmiger, rechtwinklig zur Druckrichtung angeordneter Einlagen festgestellt. Dieser Einfluss schwankte jedoch sehr stark.

Der Einfluss der Lastgeschichte lässt sich nicht eindeutig klären. In den vorgestellten Untersuchungen wurden sowohl Versuche mit parallel gesteigerter Zug- und Druckkraft als auch mit getrennter Lastaufbringung vorgenommen. Unterschiede wurden nicht festgestellt. Es ist aber zu bedenken, dass bei großen Druckspannungen im Beton nahe der einaxialen Druckfestigkeit das Betongefüge schon stark beschädigt ist. Hier wird eine über eine Bewehrung eingetragene Querzugbelastung anders im Beton weitergeleitet als im Vergleich zur Situation ohne vorhandene Druckspannungen. Die Rissentstehung und Rissfortpflanzung wird über den lokalen Verbund durch eine schon vorhandene oder mitsteigende Druckbelastung beeinflusst.

Schlußfolgerungen

Die zutreffende Beurteilung des Einflusses einer Querzugbeanspruchung auf die Druckfestigkeit von Stahlbeton sollte die folgenden Punkte berücksichtigen:

- die Anordnung der Bewehrung,
- die Verbundeigenschaften der Bewehrung in Zugrichtung,
- das entstehende Rissbild und die Rissweiten,
- die verbleibenden Betonzugspannungen zwischen den Rissen.

Die Abminderung der Druckfestigkeit ist für Stahlspannungen in der Querbewehrung bis zur Streckgrenze und bei engem Rissabstand mit 20 % hinreichend sicher abgeschätzt. Es zeigt sich jedoch, dass in vielen Fällen eine Abminderung von mehr als 10 % nicht realitätsnah ist, so dass eine individuelle Beurteilung jeder Bemessungssituation berechtigt sein kann.

2.2.5 Untersuchungen am Knoten "Stütze-Decke-Stütze"

In diesem Abschnitt werden die Bauteilversuche, die an den Knotenpunkten zwischen Stützen und Decken bisher durchgeführt wurden, kurz vorgestellt. Hierbei handelt es sich um Untersuchungen an Konstruktionen sowohl mit als auch ohne Unterzüge. Alle Versuchsreihen hatte die Bestimmung der Knotentragfähigkeit zum Ziel.

Untersuchungen von *Bianchini*, *Woods* und *Kesler*

Die Autoren ***Bianchini***, ***Woods*** und ***Kesler*** [17] untersuchten den Knotenpunkt "Stütze-Decke-Stütze" und veröffentlichten 1960 ihre Ergebnisse. Ziel der Untersuchung war die Bestimmung des Einflusses geringer Betonfestigkeiten der Decke auf die Traglast der Stütze aus höherfestem Beton. Die Ergebnisse bilden bis heute die Grundlage der Bemessung von Knotenpunkten nach der amerikanischen Norm ***ACI 318*** [2] für Situationen, in denen der Deckenbeton eine niedrigere Betonfestigkeit als der der Stützen besitzt. Insgesamt wurden 45 Versuche an Stützen mit unterschiedlichen Deckenanschlüssen sowie 9 Versuche an Vergleichsstützen durchgeführt. Zum Versuchsprogramm gehörten Innen-, Rand- und Eckknoten, wobei die Innen- und Randknoten mit und ohne Unterzüge, die Eckknoten nur ohne Unterzüge hergestellt wurden. In Abbildung 2-19 sind die Innenknotenversuchskörper mit Unterzügen abgebildet.

Für alle Knoten mit einem Verhältnis von Stützenbetonfestigkeit zu Deckenbetonfestigkeit bis 1,4 beschränkte sich das Versagen auf die Stützenquerschnitte. Für Innenknoten lag dieses Verhältnis bei 1,5. Bei größeren Verhältnissen der Betondruckfestigkeiten zueinander kam es vorwiegend zu einem Versagen der Deckenschichten. Deshalb schlugen die Autoren vor, eine Bemessung von diesem Verhältnis abhängig zu machen. Für die Fälle, in denen ein Decken- oder Knotenversagen den Versuchsergebnissen nach zu erwarten war, wurde vorgeschlagen, die Decken- oder Knotentragfähigkeit auf der Basis einer Mischfestigkeit des Betons der Stütze und der Decke zu ermitteln. Für Innenknoten wurde für diese Ersatzfestigkeit folgende Angaben gemacht:

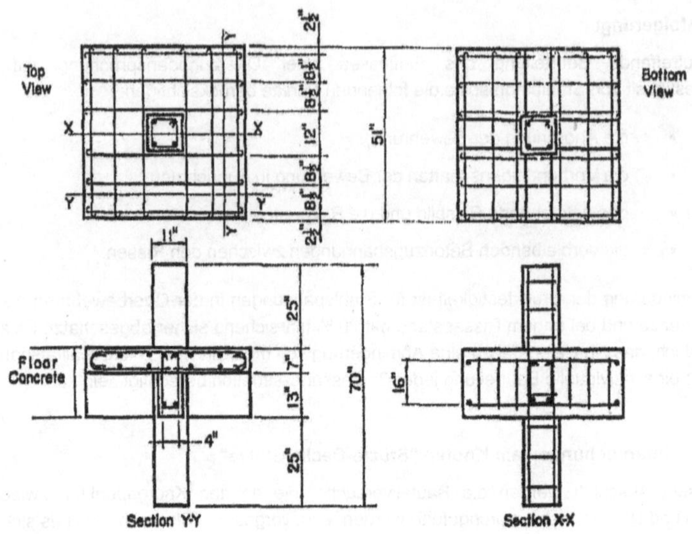

Abbildung 2-19: Innenknotenversuchskörper von *Bianchini*, *Woods* und *Kesler* [16]

$$f'_{c,\,Effektiv} = f'_{c,\,Stütze} \qquad \text{für } f'_{c,Stütze} \leq 1{,}5 \cdot f'_{c,Knoten} \qquad (2.16)$$

$$f'_{c,\,Effektiv} = 0{,}74 \cdot f'_{c,Stütze} + 0{,}40 \cdot f'_{c,Knoten} \qquad \text{für } f'_{c,Stütze} > 1{,}5 \cdot f'_{c,Knoten} \qquad (2.17)$$

wobei f'_c die Zylinderdruckfestigkeit nach ***ACI 318*** ist, und einen 9 %-Fraktilwert darstellt. In der folgenden allgemeinen Form fand diese Regelung 1963 Eingang in die amerikanischen Vorschriften und gilt bis heute (vgl. z. B. ***ACI 318-99***, Code Section 10.15 [2]):

$$f'_{c,\,Effektiv} = f'_{c,Stütze} \qquad \text{für } f'_{c,Stütze} \leq 1{,}4 \cdot f'_{c,Knoten} \qquad (2.18)$$

$$f'_{c,\,Effektiv} = 0{,}75 \cdot f'_{c,Stütze} + 0{,}35 \cdot f'_{c,Knoten} \qquad \text{für } f'_{c,Stütze} > 1{,}4 \cdot f'_{c,Knoten} \qquad (2.19)$$

Die Summe der Vorfaktoren ist tatsächlich nicht 1,0. Bei der Versuchsdurchführung blieb der Einfluss einer Deckenbelastung unbeachtet. Somit können diese Ergebnisse lediglich obere Grenzwerte der zu erwartenden Traglasten solcher Anschlüsse liefern. Die Knotengeometrie und -ausbildung findet keine Berücksichtigung im Bemessungsvorschlag. Die Tatsache, dass die Deckentragfähigkeit in Stützenrichtung unabhängig von der Betonfestigkeit der Stütze ist und vielmehr mit der Querbewehrung der Decke, die eine Querdehnungsbehinderung darstellt, und mit den Knotenabmessungen zusammenhängt, zeigt den empirischen Charakter dieser Regelung.

Untersuchungen von *Gorgoussis* und *Phipps*

Im Jahre 1981 veröffentlichten die Forscher ***Gorgoussis*** und ***Phipps*** [57] ihre Versuchsergebnisse. Acht Vorversuche mit unbelasteten Deckenausschnitten wie schon bei ***Bianchini***, ***Woods*** und ***Kesler*** wurden durchgeführt. Eine geringere Tragfähigkeit des Knotenbereichs im Vergleich zum Stützenquerschnitt wurde festgestellt, allerdings waren nur zwei Deckenausschnitte bewehrt. Die beiden Versuche mit bewehrten Decken zeigten wiederum sehr geringe bis keine Abminderung. Die Hauptuntersuchung umfasste insgesamt 19 Versuche, 13 davon Innenknoten, und 6 Eckknoten. Hier wurde allerdings der Einfluss eines Balkens (statt einer Decke) mit geringer festem Beton auf die Stützentraglast untersucht. Das Verhältnis zwischen Druckfestigkeit des oberen Stützenbetons zum Deckenbeton lag zwischen 1,73 und 3,25. Die zwei unterschiedlichen Innenknotentypen sind in Abbildung 2-20 dargestellt.

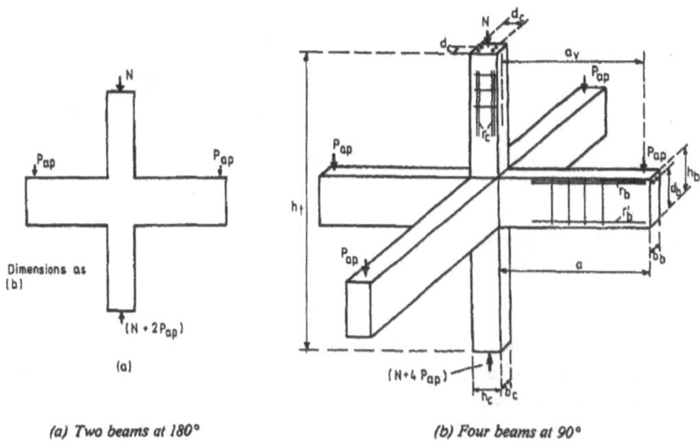

Abbildung 2-20: Innenknotenversuchskörper von *Gorgoussis* und *Phipps* [57]

Variiert wurde die Balkenbewehrung, die Stützenbewehrung hingegen blieb in allen Versuchskörpern gleich. Die Versuchskörper wurden mit Gebrauchslast auf den Balken beaufschlagt, die Stützen wurden anschließend bis zum Bruch belastet.

Zwar wird über Risse im Knotenbereich in der Veröffentlichung berichtet, zu den Rissbildern werden aber keine Angaben gemacht. Da der untere Knotenbereich unter zweiaxialem oder dreiaxialem Druck steht, je nachdem ob zwei oder vier Balken anschließen, wird davon ausgegangen, dass bei hoher Druckfestigkeit des Stützenbetons der obere Knotenbereich der Schwachpunkt der gesamten Konstruktion ist. Ein Bemessungsansatz wird vorgeschlagen, in dem die Tragfähigkeit der Konstruktion von einer effektiven Festigkeit des Betons im oberen Teil des Knotenbereichs bestimmt wird. Hierzu wird der Knoten in einen oberen und einen unteren Bereich eingeteilt. Die Bewehrungsgrade der Balken und der Momentengradient entscheiden, welche Ausdehnung der geschwächte obere Bereich besitzt (siehe Abbildung 2-21).

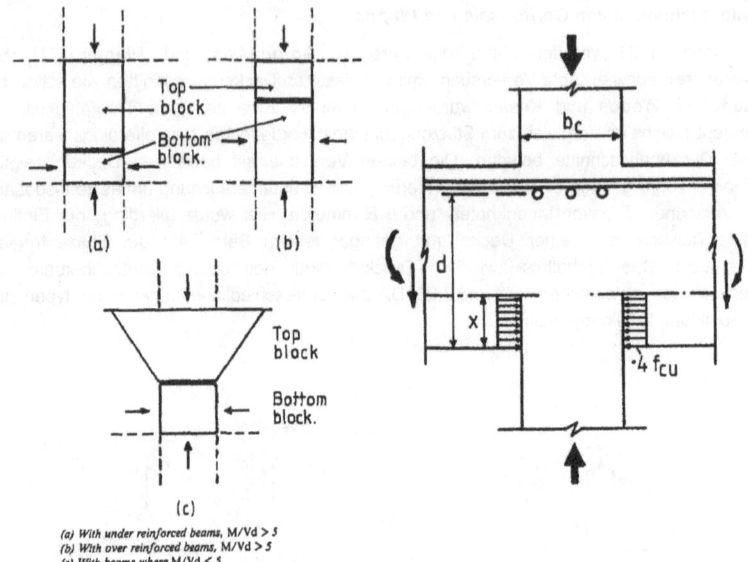

Abbildung 2-21: Knotenaufteilung und Grundlagen des Bemessungsansatzes von *Gorgoussis* und *Phipps* [57]

Die Autoren schlagen vor, den oberen Bereich als freistehendes, längsbewehrtes Prisma zu betrachten, dessen Höhe *d* 80 % der Zugzonenhöhe des Knotens entspricht und dessen Breite und Dicke b_c gleich der Stützenbreite ist. Für nicht-quadratische Querschnitte wird die Breite b_c eines flächengleichen Quadrates angenommen. Hieraus wird nach der folgenden Gleichung die effektive Betonfestigkeit ermittelt (siehe auch Abbildung 2-21):

$$f'_{c,\mathrm{Effektiv}} = 0{,}93 * f'_c * \left(0{,}78 + \frac{0{,}44}{0{,}8 * (d - x)/b_c}\right) \qquad (2.20)$$

Hierin ist f'_c die Zylinderdruckfestigkeit des Knotenbetons. Mit dem Vorfaktor 0,93 wird die Zylinderdruckfestigkeit in eine einaxiale Bauwerksfestigkeit umgerechnet (ohne den Einfluss einer Dauerlast). Der zweite Term in Klammern wird erst ab $0{,}8 * (d - x) / b_c > 2{,}0$ kleiner als 1,0, d.h. erst ab $0{,}8 * (d - x) / b_c > 2{,}0 * 0{,}93$ ist die effektive Druckfestigkeit kleiner als die Zylinderdruckfestigkeit.

Dieser Bemessungsansatz ist ein erster Versuch, die tatsächlichen Vorgänge mit einem einfachen Modell zu beschreiben. Hierbei werden die vorhandenen Abmessungen sowie ansatzweise das Verhalten der Balken berücksichtigt. Die bruchmechanischen Vorgänge im Knotenbereich werden hiermit in den Grundzügen erfasst.

Untersuchungen von *Gamble* und *Klinar*

Die Autoren ***Gamble*** und ***Klinar*** [56] beschäftigen sich ebenfalls in ihrer Veröffentlichung von 1991 mit dem Knotenpunkt "Stütze-Decke-Stütze", in dem ein schwächerer Deckenbeton zum Einsatz kommt. Ihre Versuchsreihe mit 13 Innen- und Randknoten nach Abbildung 2-22 knüpfen an die Versuche von ***Bianchini***, ***Woods*** und ***Kesler*** [16] nahtlos an.

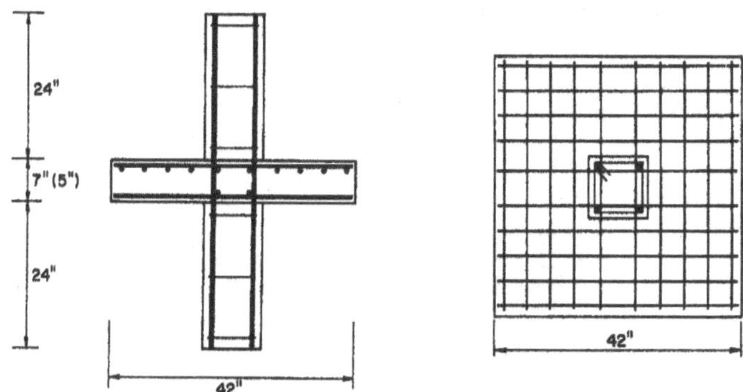

Abbildung 2-22: Innenknotenversuchskörper von *Gamble* und *Klinar* [56]

Auch in Ihrer Untersuchung blieben die Decken unbelastet. Die Deckendicke wurde variiert, die Deckenbewehrung ebenfalls leicht verändert. Die Abmessungen und die Bewehrungsanordnung in der Stütze wurden hingegen konstant gehalten. Gegenüber den Versuchen von ***Bianchini et al.*** wurden größere Verhältnisse zwischen Stützen- und Deckenbetonfestigkeit untersucht und insgesamt höherfeste Betone verwendet.

Die Autoren finden die Ergebnisse von ***Bianchini et al.*** zunächst auch für höhere Betonfestigkeitsklassen bestätigt. Allerdings stellen sie fest, dass die Angaben der amerikanischen Norm ***ACI 318*** insbesondere für große Unterschiede zwischen den Betondruckfestigkeiten von Decke und Stütze auf der unsicheren Seite liegen. Unter der Mitberücksichtigung der Versuchsdaten von ***Bianchini et al.*** schlagen sie deshalb für Innenknoten eine Änderung der Gleichung zur Bestimmung der Ersatzfestigkeit vor:

$$f'_{c,\,Effektiv} = f'_{c,Stütze} \qquad \text{für } f'_{c,Stütze} \leq 1{,}4 * f'_{c,Knoten} \qquad (2.21)$$

$$f'_{c,\,Effektiv} = 0{,}47 * f'_{c,Stütze} + 0{,}67 * f'_{c,Knoten} \qquad \text{für } f'_{c,Stütze} > 1{,}4 * f'_{c,Knoten} \qquad (2.22)$$

Somit wird eine etwas geringere Ersatzfestigkeit für den Knotenbereich erwartet. Auch hier ist die Summe der Vorfaktoren tatsächlich nicht 1,0 und die Bemessungsgeraden treffen sich auch nicht im Punkt 1,4 (siehe Abbildung 2-33).

Untersuchungen von *Shu* und *Hawkins*

Die Autoren ***Shu*** und ***Hawkins*** [130] stellen die Regelung der ***ACI 318*** in ihrer Veröffentlichung von 1992 ebenfalls in Frage. Die getroffenen Annahmen seien für Eck- und Randknoten übermäßig konservativ und bedürften einer näheren Untersuchung. In ihrer Versuchsreihe mit 54 Versuchskörpern, wie in Abbildung 2-23 dargestellt, verzichteten sie bewusst auf eine Abbildung der Deckenbereiche außerhalb der Stützenabmessungen. Grund für diese Versuchskörperausbildung war der Wunsch, eine Unabhängigkeit der Versuchsergebnissen von den umgebenden Deckenbereichen von Innen-, Rand-, oder Eckknoten zu erzielen.

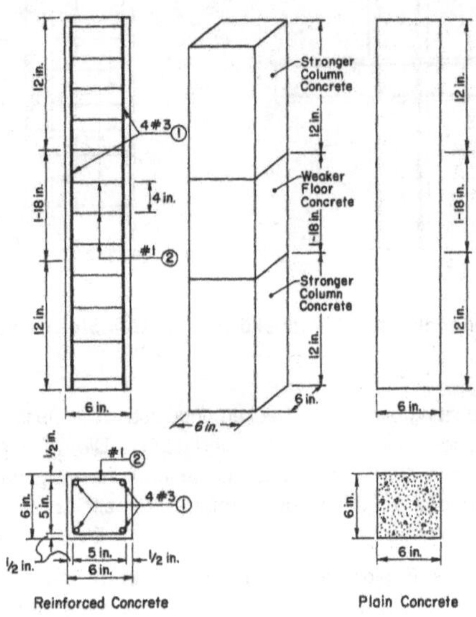

Abbildung 2-23: Versuchskörper von *Shu* und *Hawkins* [130]

Diese Versuchskörper haben die gewünschten Vorzüge, d.h. der Einfluss der Deckenausdehnung ist ausgeschaltet, und sie lassen zudem noch einen genauen Einblick in Vorgänge im Knotenanschnitt zu. Die Nachteile des Versuchsaufbaus im Hinblick auf die Ermittlung einer realistischen Traglast sind diese fehlenden Einflüsse einer Deckenbewehrung und Deckenbelastung. Deshalb bildet diese Reihe eine untere Grenze der zu erwartenden Deckentragfähigkeit.

Versuchsparameter waren die Deckendicken und das Verhältnis zwischen Stützen- und Deckenbetonfestigkeit. Auch hier wurden die Bewehrungsanordnung in der Stütze sowie die Stützenabmessungen stets konstant gehalten. Als Ergebnis hielten die Autoren fest, dass ihrer Meinung nach die Regelung der ***ACI 318*** tatsächlich Schwächen aufweist. Für Innenknoten bedeutete dies eine geringfügige Unterschätzung der effektiven Betonfestigkeit bei einem großen Verhältnisse von Stützenbreite zu Knotenhöhe und Stützen- zu Deckenbetonfestigkeit. Aus den Versuchen ergab sich, dass bei steigender Druckfestigkeit der Stütze auch die effektive Druckfestigkeit des Knotenbereichs anstieg, anstatt auf einem Niveau zu verharren (siehe auch Kapitel 2.2.7 und Abbildung 2-33). Damit ist ein positiver Einfluß der Druckfestigkeit des Stützenbetons auch ohne die umschnürende Wirkung der Decke nachgewiesen. Sie schlagen eine erneute Überarbeitung der Gleichung zur Bestimmung der effektiven Festigkeit vor, in die das Verhältnis der Knotenabmessungen eingeht:

$$f'_{c,Effektiv} = f'_{c,Knoten} + A * (f'_{c,Stütze} - f'_{c,Knoten}) \qquad (2.23)$$

mit: $A = 1 / (0{,}4 + 2{,}66 * (\text{Knotenhöhe} / \text{Stützenbreite}))$

Hier sind die Autoren der Meinung, dass eine nähere Untersuchung nötig ist, in der auch die angrenzenden Deckenbereiche mitabgebildet werden.

Untersuchung von *Ospina* und *Alexander*

Ospina und ***Alexander*** [112] veröffentlichten im Jahre 1998 die Ergebnisse ihrer Untersuchung an Innenknoten. Ihre Zielsetzung war eine Überprüfung der Regelung nach der ***ACI 318***. Zwanzig Versuchskörper, wie in Abbildung 2-24 dargestellt, wurden im Rahmen einer Serie ausgeführt und getestet.

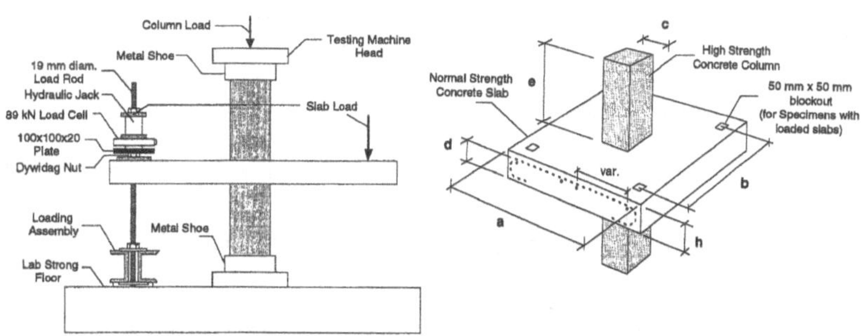

Abbildung 2-24: Versuchskörper und Versuchsaufbau nach *Ospina* und *Alexander* [112]

Neben den Versuchen mit einer Deckenbelastung im Gebrauchslastbereich wurden auch Vergleichsversuche ohne Deckenbelastung gefahren. Versuchsparameter waren auch hier das Verhältnis der Deckendicke zur Stützenbreite und das Verhältnis zwischen Stützen- und Deckenbetonfestigkeit. Vier Versuche hatten Stützen mit rechteckigem statt quadratischem Querschnitt. Die Versuche ohne belastete Decken bestätigten die vorangegangenen

Versuche von ***Bianchini et al.*** sowie ***Gamble*** und ***Klinar***. Die erwarteten geringeren Traglasten, bedingt durch das Versagen der Decke, traten bei den Versuchen mit Deckenbelastung auf, insbesondere bei den Versuchen mit großen Deckendicken.

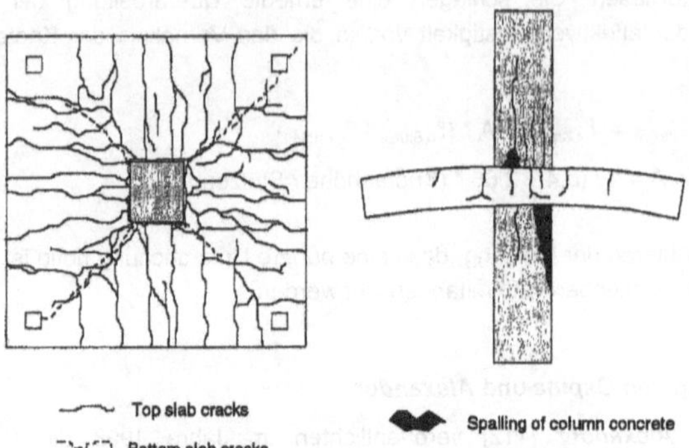

Abbildung 2-25: Versuchskörper mit Deckenbelastung nach Versuchsende

Die Ursachen hierfür werden in der fehlenden Querdehnungsbehinderung des Betons im oberen Knotenbereich ausgemacht, der als Zugzone der belasteten Decke eine Dehnung in Querrichtung erfährt (siehe auch Abbildung 2-25). Trotzdem werden die hierzu vorgestellten mechanischen Zusammenhänge nicht weiter verfolgt. Es wird eine Änderung der vorhandenen Regelung der ***ACI 318*** wird vorgeschlagen. Hierzu wird der Einfluss des Verhältnisses zwischen Deckendicke und Stützenbreite mit eingearbeitet.

$$f'_{c,\,Effektiv} = f'_{c,Stütze} \qquad \text{für } f'_{c,Stütze} \leq 1{,}4 * f'_{c,Knoten} \quad (2.24)$$

$$f'_{c,\,Effektiv} = \frac{0{,}25}{(h/c)} * f'_{c,Stütze} + \left(1{,}4 - \frac{0{,}35}{(h/c)}\right) * f'_{c,Knoten} \qquad \text{für } f'_{c,Stütze} > 1{,}4 * f'_{c,Knoten} \quad (2.25)$$

Bei rechteckigen Stützenquerschnitten wird aufgrund der Versuchsergebnisse die kleinere der beiden Abmessungen eingesetzt.

Untersuchung von *König* und *Jungwirth*

Im Jahr 1999 berichteten ***König*** und ***Jungwirth*** [79] über einen Tastversuch an einer normalfesten Decke mit hochfesten Stützen. Der Versuchsaufbau entspricht prinzipiell dem Aufbau von ***Ospina*** und ***Alexander*** [112]. Die Versuchskörperabmessungen können Abbildung 2-26 entnommen werden.

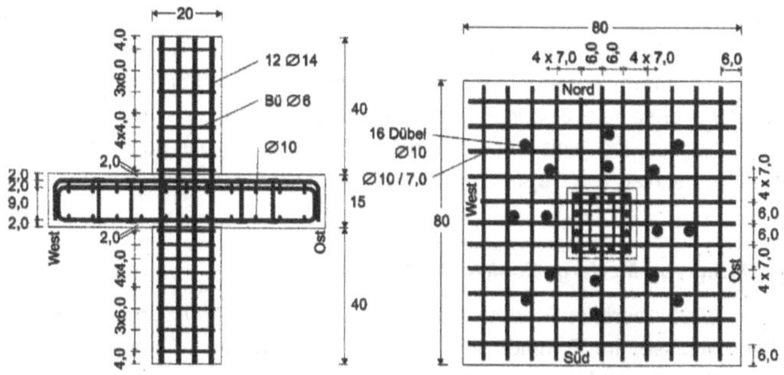

Abbildung 2-26: Versuchskörper von *König* und *Jungwirth* [79]

Der Versuchskörper wurde zunächst in drei Stufen belastet, jeweils zuerst die Stütze und anschließend die Decke. Dabei wurde die Stützenbelastung stets nach dem Erreichen einer Laststufe konstant gehalten, die Deckenbelastung jedoch immer wieder auf Null abgelassen. Nach der dritten Stufe trat ein Durchstanzversagen der Decke auf. Anschließend wurde die Stütze bis zum Bruch gefahren.

In der Auswertung des Versuches wird über die genaueren Vorgänge im oberen Knotenbereich berichtet. Eine Abminderung der Druckfestigkeit des Betons in diesem Bereich wird angesprochen, hervorgerufen durch die Querzugdehnungen infolge der Deckenbelastung, ohne jedoch diese Abminderung zu quantifizieren. Das Verhältnis zwischen Druckfestigkeit des oberen Stützenbetons zu der des Deckenbetons betrug 2,1. Bereits bei ca. 60 % der endgültigen Traglast des oberen Stützenteils wurden Stauchungen bis über 3,0 ‰ im Knotenbereich gemessen. Hierbei war die obere Deckenbewehrung noch im elastischen Bereich. Bei dieser Stützenbelastung kann schon von einem Versagen des Deckenbetons in Stützenrichtung gesprochen werden. Trotzdem konnte die gesamte Konstruktion die noch verbliebene Restkraft bis zum endgültigen Versagen des oberen Stützenteils aufnehmen.

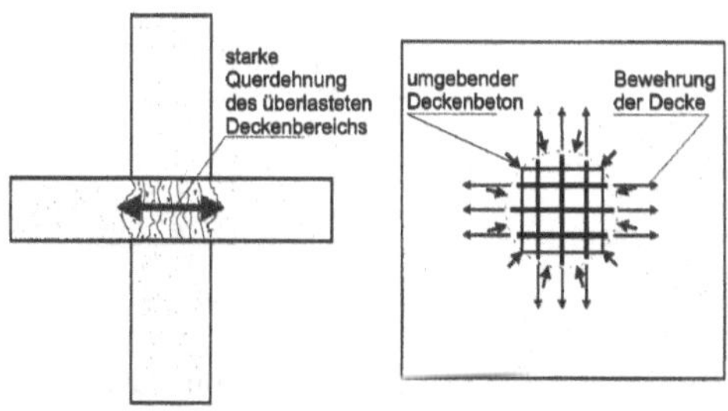

Abbildung 2-27: Mechanismus im Knoten nach *König* und *Jungwirth* [79]

Begründet werden diese erheblichen Reserven durch die umschnürende Wirkung des Betons der umgebenden Decke und die Deckenbewehrung, die den Beton des oberen Knotenbereichs daran hindern, seitlich auszuweichen (siehe Abbildung 2-27). Der dadurch hervorgerufene dreiaxiale Spannungszustand ermöglichte die weitere Laststeigerung. Die endgültige Traglast lag weit über der rechnerischen Traglast nach ***ACI 318*** und dem Bemessungsvorschlag von ***Ospina*** und ***Alexander*** [112].

Untersuchung von *McHarg, Cook, Mitchell* und *Yoon*

Im Jahre 2000 veröffentlichten ***McHarg***, ***Cook***, ***Mitchell*** und ***Yoon*** [102] ihre Versuchsergebnisse. Im Rahmen ihrer Untersuchung wurden 12 Knotenpunkte "Stütze-Decke-Stütze" mit hochfestem Stützenbeton und normalfestem Deckenbeton hergestellt. Hauptziele der Versuchsreihe waren die Bestimmung des Einflusses einer vorhandenen, belasteten Deckenplatte unter einer Konzentrierung der Deckenbewehrung in Stützennähe und unter der Verwendung von Faserbeton in der Deckenkonstruktion.

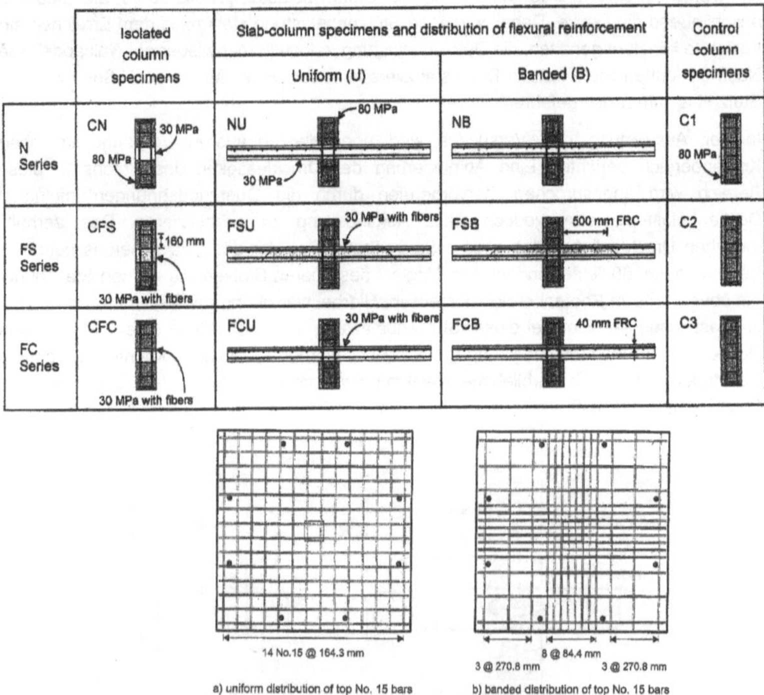

Abbildung 2-28: Durchgeführte Versuche mit Bewehrungsanordnung von *McHarg*, *Cook*, *Mitchell* und *Yoon* [102]; oben: alle Versuchskörper; unten: die obere Deckenbewehrung der Versuche mit Deckenbelastung

Wie in Abbildung 2-30 zu sehen ist, wurden neben Versuchen an einfachen Stützenquerschnitten mit einer Zwischenschicht aus Deckenbeton auch Versuche mit einer belasteten Decke und Vergleichsversuche gänzlich aus hochfestem Beton durchgeführt. Die Versuchsreihe wurde dreigeteilt. In der Serie N wurde Normalbeton in der Decke verwendet. In der Serie FS wurde Faserbeton in der Stützenumgebung bis in 50 cm Abstand vom Stützenanschnitt eingebracht, ansonsten wurde Normalbeton für die Decke verwendet. In der Serie FC wurde Faserbeton an der Deckenoberseite mit einer Schichtdicke von ca. 4 cm eingebracht. In allen Serien wurde eine Deckenscheibe mit einer gleichmäßig verteilten und einer über die Stütze konzentrierten Bewehrungsanordnung getestet.

Das Verhältnis der Betondruckfestigkeiten zwischen Stütze und Decke betrug mindestens 2,2 in allen Versuchen. Die Versuchskörper mit Deckenplatte wurden an jedem Plattenrand mit zwei Einzellasten beaufschlagt und bis zum Deckenversagen belastet. Die Decken zeigten alle ein Durchstanzversagen. Anschließend wurden die Stützquerschnitte bis zum Bruch belastet. In Abbildung 2-29 sind die drei Versuche der Reihe ohne Faserbeton dargestellt. Der Zusatz von Faserbeton zeigte eine deutliche Erhöhung der Traglasten der Versuche mit Deckenbelastung bis auf das Niveau der Vergleichsversuche mit durchgehendem Stützenbeton. Die Konzentration der oberen Deckenbewehrung in Stützennähe brachte eine effektive Traglaststeigerung der Stütze von durchschnittlich 10 % gegenüber einer gleichmäßig verteilten Deckenbewehrung.

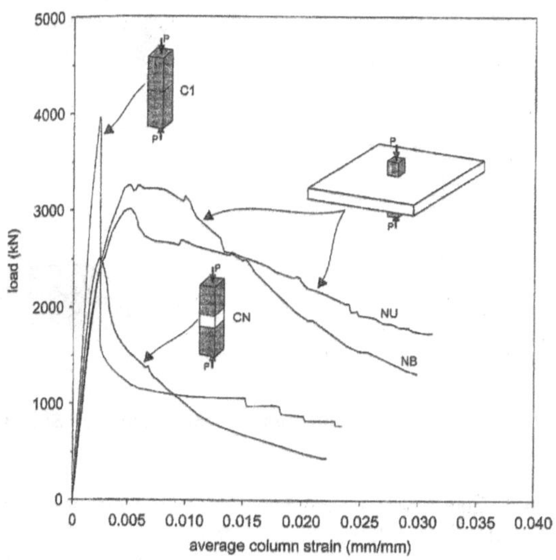

Abbildung 2-29: Vergleich der Versuche in Serie N ohne Faserbeton

Aufgrund der Versuchsdurchführung lassen sich die Einflüsse der Deckenbelastung auf das Tragverhalten der Konstruktion nicht genau quantifizieren. Hierzu fehlen die Vergleichsversuche mit einer vorhandenen aber unbelasteten Decke, denn die reinen Stützenversuche dieser Reihe vernachlässigen die mögliche Querdehnungsbehinderung einer solchen Decke. Zu möglichen mechanischen Ursachen einer Traglastminderung werden in der Veröffentlichung keine Angaben gemacht. Ein Vergleich der Ergebnisse mit den Angaben der ***ACI 318*** wird angestellt, wobei die Tragfähigkeit der Hälfte aller Versuchskörper mit Deckenbelastung nach dieser Norm unsicher abgeschätzt werden. Die Autoren bescheinigen ***Ospina*** und ***Alexander*** [112] die zutreffendste und sicherste Beschreibung und halten an einem Bemessungskonzept mit einer Mischfestigkeit fest.

Untersuchung von *Shah* und *Dietz*

Die Fortführung der Arbeit von ***König*** und ***Jungwirth*** [79] übernahmen ***Shah*** und ***Dietz*** [128] und berichteten im Jahre 2001 über einen Tastversuch. Der Versuchskörper ist in Abbildung 2-30 zu sehen.

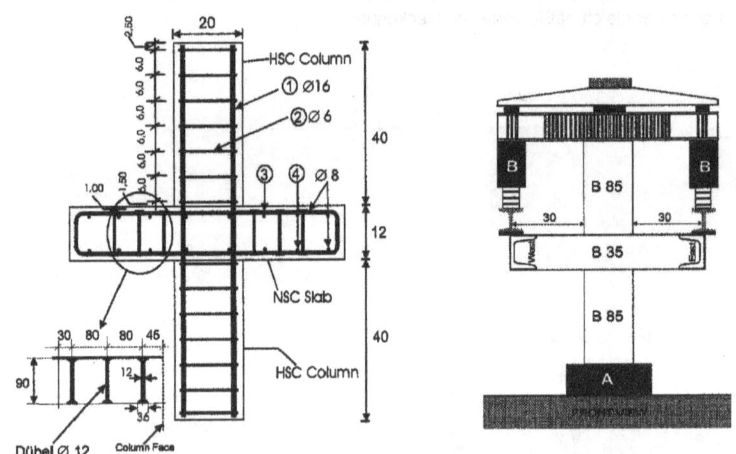

Abbildung 2-30: Versuchskörper und Versuchseinrichtung von *Shah* und *Dietz* [128]

Die Decke wurde bis zum Bruch belastet, bevor die Stützentraglast erreicht war. Sie war nicht an den Ecken, sondern längs zweier Ränder belastet (siehe Abbildung 2-30). Anschließend wurde der Versuch bis zum Stützenversagen ohne Deckenbelastung zu Ende gefahren. Das Verhältnis zwischen Druckfestigkeit des oberen Stützenbetons und der des Deckenbetons betrug 2,66.

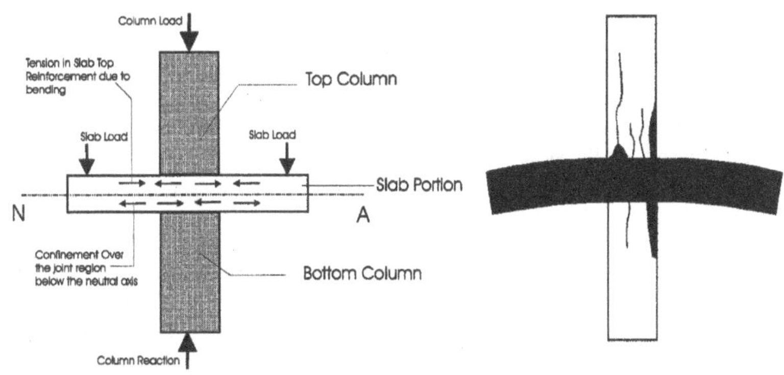

Abbildung 2-31: Last- und Bruchbild nach *Shah* und *Dietz* [128]

Die Autoren stellten eine 15 % geringere Traglast der Stützen fest, verglichen mit der zu erwartenden Traglast nach der Gleichung:

$$P_u = A_s * f_y + 0{,}85 * f_c * (A_b - A_s) \tag{2.26}$$

Diese Einschätzung der Abminderung kann nur als Näherung eingestuft werden, da als Vergleichswert nur ein Rechenwert und kein Vergleichsversuch ohne Deckenbelastung vorliegt. Die Bestimmung der Bauwerksfestigkeit wird von vielen Parametern beeinflusst und unterliegt einer Streuung. Der Versuch nach ***König*** und ***Jungwirth*** zeigt nach der obigen Gleichung zur Bestimmung von P zum Vergleich keine Abminderung.

2.2.6 Untersuchungen am Knoten "Stütze-Konsole"

Zwei Veröffentlichungen zum Thema Konsolenverhalten sind im Rahmen dieser Dissertation von Interesse und werden im folgenden kurz umrissen.

Untersuchung von *Kriz* und *Raths*

Im Jahre 1965 führten ***Kriz*** und ***Raths*** [88] im Vorfeld einer großen Versuchsreihe an Stahlbetonkonsolen sechs Tastversuche zur Bestimmung des Einflusses der Stützennormalkraft auf das Tragverhalten und die Traglast der Konsolen. Hierzu dienten symmetrische Versuchskörper mit zwei Konsolen. Drei wurden mit, drei ohne Stützenbelastung durchgeführt. Sie stellten keinen signifikanten Einfluss der Stützenbelastung auf das Verhalten der Konsolen fest und alle folgenden Versuche fanden ohne Stützenbelastung statt. Ferner wurde der Bewehrungsgrad und die Bewehrungsanordnung in der Stütze als ohne Einfluss auf das Konsolenverhalten eingestuft.

Untersuchung von *Fattuhi*

In seinem 1990 veröffentlichten Aufsatz beschäftigte sich ***Fattuhi*** [53] laut Aufsatztitel ebenfalls mit dem Einfluss einer Stützenbelastung auf das Konsolenverhalten. Hauptziel war allerdings die Untersuchung einer möglichen Steigerung der Konsolentraglast durch Zugabe von Stahlfasern zur Betonmischung. Die Stützen wurden belastet, um möglichst realistische Versuchsbedingungen zu schaffen.

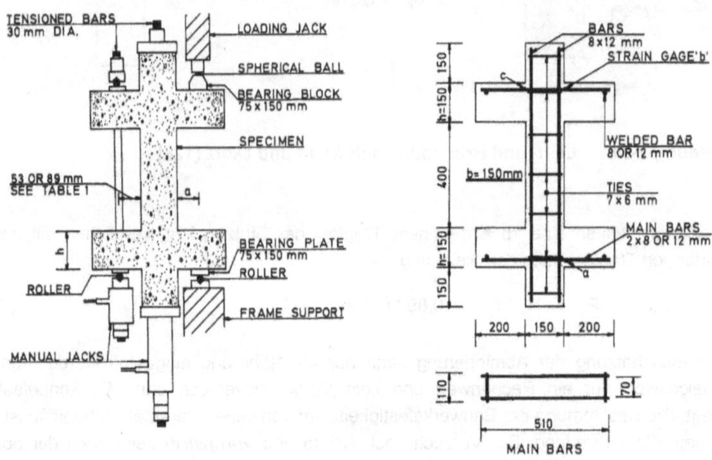

Abbildung 2-32: Versuchsaufbau und Bewehrungsanordnung von *Fattuhi* [53]

Nachdem die Stützenbelastung erfolgte, wurden anschließend entweder die Konsolen einer Seite oder die Konsolen beider Seiten belastet. Wichtigstes Ergebnis im Sinne des Aufsatztitels war der deutliche Einfluss der Stützenbelastung auf das Rissverhalten der Versuchskörper. Das Vorhandensein einer Stützenbelastung verzögerte nach Angaben des Autors das Auftreten des Erstrisses im Knotenanschnitt sowie der ersten Risse im Knotenbereich. Die Versuche mit Stützenbelastung zeigten insgesamt weniger Risse im Knotenbereich, die dazu noch eine geringere Rissweite aufwiesen. ***Burnett*** und ***Trenberth***, auf deren Versuche in Kapitel 2.3.4 eingegangen wird, machten ähnliche Beobachtungen bei Versuchen mit einer Stützenbelastung.

Alle Stützen wurden mit einer Druckkraft beaufschlagt, die weit unter dem Gebrauchslastniveau der Bauteile lag. Geringere Traglasten der Konsolen infolge der vorhandenen Stützenbelastung wurden nicht festgestellt.

2.2.7 Fazit der Bauteilversuche

Der Großteil aller Versuche an Rahmenknoten aus Stahlbeton diente der Untersuchung des Einflusses eines minderfesten Deckenbetons auf die Traglast der Konstruktion. Die meisten Autoren beschränkten sich auf die Ermittlung einer Ersatz- oder Mischfestigkeit zur Beschreibung des Knotenverhaltens. Diese Vorgehensweise geht auf die Untersuchungen von ***Bianchini et al.*** und auf die Aufnahme ihrer Vorschläge in die amerikanische und kanadische Normgebung zurück. Die Gleichungen zur Ermittlung dieser Mischfestigkeit wurden verfeinert und Parameter wie die Knotengeometrie fanden Berücksichtigung. Einen Gesamtüberblick bietet Tabelle 2-2.

Autoren	**Effektive Festigkeit des Betons im Knoten für $f'_{c,Stütze} > 1{,}4 \cdot f'_{c,Knoten}$**
Bianchini et al. (1960)	$f'_{c,Effektiv} = 0{,}75 \cdot f'_{c,Stütze} + 0{,}35 \cdot f'_{c,Knoten}$
Gamble und *Klinar* (1991)	$f'_{c,Effektiv} = 0{,}47 \cdot f'_{c,Stütze} + 0{,}67 \cdot f'_{c,Knoten}$
Shu und *Hawkins* (1992)	$f'_{c,Effektiv} = f'_{c,Knoten} + \left(\frac{f'_{c,Stütze} - f'_{c,Knoten}}{0{,}4 + 2{,}66 \cdot (h/c)}\right)$
Ospina und *Alexander* (1998)	$f'_{c,Effektiv} = \frac{0{,}25}{(h/c)} \cdot f'_{c,Stütze} + \left(1{,}4 - \frac{0{,}35}{(h/c)}\right) \cdot f'_{c,Knoten}$

mit: **h** = Knotenhöhe; **c** = Stützenbreite; **d** = stat. Höhe der Decke;

f'_c = Zylinderdruckfestigkeit nach ***ACI 318*** (9%-Fraktilwert)

Tabelle 2-2: Ansätze verschiedener Forscher zur Ermittlung einer Mischfestigkeit

In Abbildung 2-33 sind die Ansätze, die mit einer Mischfestigkeit arbeiten, zur besseren Übersicht zusammen graphisch aufgetragen. ***Bianchini et al.*** sowie ***Gamble*** und ***Klinar*** geben ab einem Verhältnis von Stützen- zu Knotenbetondruckfestigkeit von 1,4 unterschiedliche Ansätze für die Ersatzfestigkeit an. Sowohl ***Shu*** und ***Hawkins*** als auch ***Ospina*** und ***Alexander*** erlauben durch einen einfachen Term die pauschale Berücksichtigung des Verhältnisses der Knotenhöhe h zur Stützenbreite c.

Die Auswirkung der Zusatzterme zur Berücksichtigung von h/c in Abhängigkeit von $f_{c,Stütze} / f_{c,Knoten}$ wird beispielhaft nach **Ospina** und **Alexander** in Abbildung 2-34 dargestellt. Die ansteigende Knotenhöhe bewirkt die asymptotische Abnahme der effektiven Druckfestigkeit.

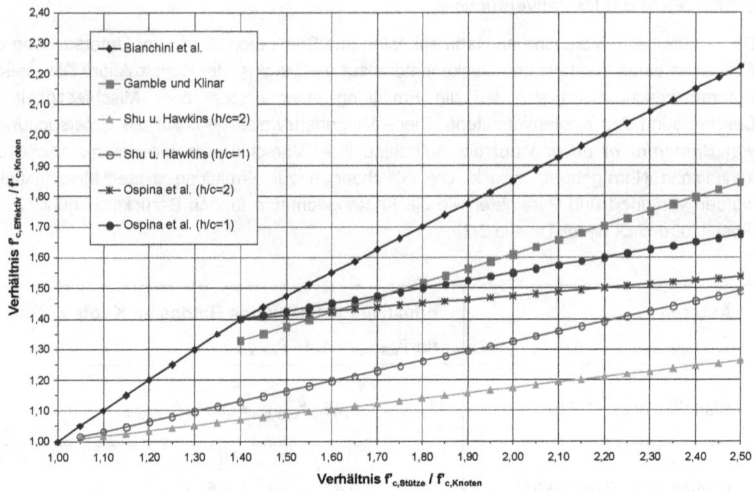

Abbildung 2-33: Vergleich der Ansätze, die eine Mischfestigkeit bestimmen

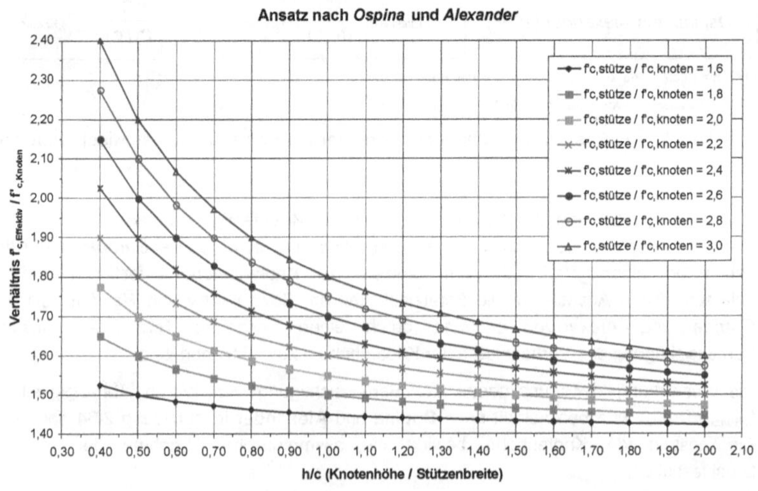

Abbildung 2-34: Ansatz nach *Ospina* u. *Alexander* für unterschiedliche h/c-Verhältnisse

Die bestehenden Vorschläge fanden in den neueren Versuchsreihen mit Deckenbelastung Bestätigung, vgl. ***McHarg***, ***Cook***, ***Mitchell*** und ***Yoon***. Die Grundlage des Ansatzes mit einer Mischfestigkeit bleibt jedoch empirischer Natur und ist mechanisch nicht ableitbar. Der zusätzliche Einfluss einer Balken- oder Deckenbelastung wurde in den neueren Veröffentlichungen zwar erkannt und versuchstechnisch untersucht, aber nicht in einem Bemessungsvorschlag umgesetzt. Die Quantifizierung des Einflusses ist aufgrund der Versuchskörperwahl ohne geeignete Vergleichsversuche nicht gezielt möglich. Nach den Vorschlägen in Tabelle 2-2 sind somit die traglastmindernden Einflüsse der Deckenbelastung einerseits und die traglaststeigernden Einflüsse der Querdehnungsbehinderung durch die vorhandene Decke und der Stütze oberhalb und unterhalb des Knotens (siehe ***Shu*** und ***Hawkins***) andererseits gemeinsam und pauschal abgedeckt.

Im Ansatz nach ***Gorgoussis*** und ***Phipps*** wird über die Faktoren statische Höhe, Zugzonenhöhe und Stützenbreite auf der Basis der Knotengeometrie und der tatsächlichen Betonfestigkeit im Knoten die effektive Druckfestigkeit im Knotenbereich ermittelt (siehe Abbildung 2-35). Der Ansatz unter Berücksichtigung unterschiedlicher Stützenbreiten und unter der vereinfachten Annahme $x = 0{,}25 \cdot h$ ist in Abbildung 2-35 graphisch dargestellt. Die abfallende Tendenz in der Größe der Druckfestigkeit bei steigender Knotenhöhe ist hier ebenfalls zu erkennen.

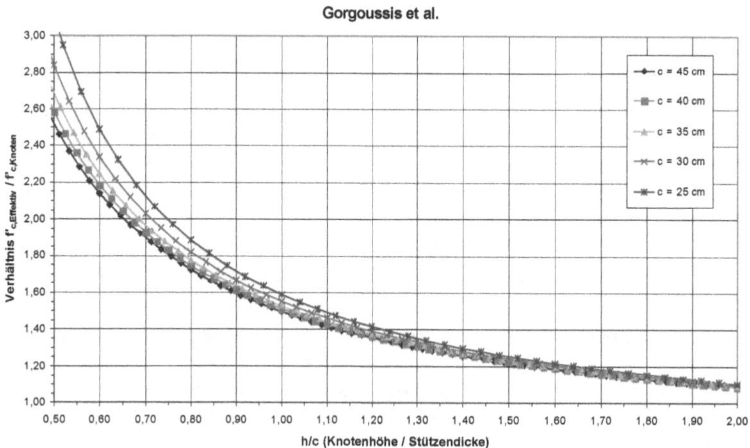

Abbildung 2-35: Ansatz nach *Gorgoussis* u. *Phipps* mit unterschiedlichen Stützenbreiten c sowie einem konstanten Verhältnis x/h

Der Ansatz berücksichtigt die mechanischen Vorgänge im Knotenbereich also etwas genauer, aber Faktoren wie Rissbildung, Rissabstände, Rissweiten u. v. a. werden pauschal behandelt.

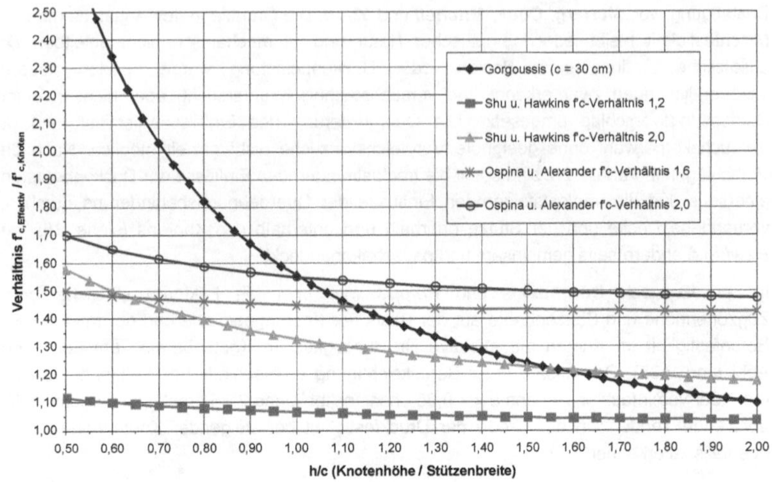

Abbildung 2-36: Vergleich dreier Ansätze für 0,5 < h/c < 2

Schlußfolgerungen

Das Bauteilverhalten ist qualitativ eindeutig zu beschreiben. Eine vorhandene Decke mit oder ohne Unterzüge, ob belastet oder unbelastet, liefert einen großen Anteil an Traglaststeigerung durch ihre Behinderung der Querdehnung im Knotenbereich. Gleichzeitig wird dieser Einfluss schwächer bei steigender Belastung der horizontalen Bauteilen. Ferner ist ein Einfluss der Größe der Stützenbelastung auf das Rissverhalten des Knotens zu beobachten. Ist eine Stützenbelastung bereits vorhanden, bevor eine Deckenbelastung aufgebracht wird, so ist mit einer Rissbildung vorwiegend außerhalb des Knotenbereiches zu rechnen.

Der direkte Vergleich zeigt aufgrund der unterschiedlichen Herangehensweisen eine starke Abweichung der unterschiedlichen Ansätze untereinander (siehe Abbildung 2-36). Bei h / c = 1,0 und $f_{c,Stütze} / f_{c,Knoten}$ = 2,0 beispielsweise streuen die Vorfaktoren zur Bestimmung der effektiven Zylinderdruckfestigkeit aus der normalen Zylinderdruckfestigkeit zwischen 1,32 und 1,55. In allen Fällen wird unter Berücksichtigung positiver wie negativer Einflüsse für gebräuchliche Bauteilabmessungen mindestens die 1,0-fache Zylinderdruckfestigkeit als effektive Druckfestigkeit vorgeschlagen.

Der traglastmindernde Einfluss einer belasteten Decke auf den Knotenpunkt ist also quantitativ nicht eindeutig herauszulesen. Hier zeigt sich, dass eine weitere Klärung der Zusammenhänge notwendig ist.

2.3 Verformungsverhalten von Rahmenknoten aus Stahlbeton

2.3.1 Allgemeines

Die Beschreibung des Verformungsverhaltens von Stahlbetontragwerken ist aufgrund des zunehmend nichtlinearen Verhaltens bei steigender Belastung eine anspruchsvolle Aufgabe. Die Einflüsse auf das Verformungsverhalten sind zahlreich und vielfältig. Untersuchungen auf diesem Gebiet und die daraus entwickelten Modelle zur Beschreibung des Verhaltens sind ebenso zahlreich. ***CEB Bulletin No. 242*** [27] und ***König***, ***Pommerening*** und ***Tue*** [80] bieten hierzu einen sehr guten Überblick über die bisher durchgeführten Arbeiten und stellen die bis dahin vorgelegten Modelle zur Beschreibung des Bauteilverhaltens umfassend dar. Folgende Einflüsse des Materials und der Bauteilausbildung auf das Verformungsverhalten lassen sich benennen (vgl. [27]):

Einflüsse der Materialparameter:

- Betonverhalten unter Zug und Druck,
- Zugfestigkeit und Duktilität des verwendeten Betonstahls,
- Verbundverhalten zwischen Beton und Betonstahl.

Einflüsse der Querschnittsausbildung:

- Querschnittsform,
- Bewehrungsgrad,
- Bewehrungsanordnung (Durchmesser, Stabanzahl, vorh. Druckbewehrung),
- Druckzonenumschnürung und Querbewehrung,
- Bauteilschlankheit,
- Maßstabseffekt (Querschnittsgröße).

Einflüsse des statischen Systems und der Belastung:

- Statisches System,
- Schubschlankheit,
- Lastart und Lastanordnung,
- Lastaufbringung,
- Belastungsdauer,
- Belastungswiederholungen und Lastzyklen,
- Verkehrslastanteil an der Gesamtlast.

Somit wird deutlich, dass die Formulierung eines allgemeingültigen Modells zur Beschreibung des Verformungsverhaltens im plastischen Bereich unter Berücksichtigung aller Material-, Querschnitts- und Systemeinflüsse nicht möglich ist. Dennoch sind leistungsfähige und zutreffende Modelle entwickelt worden, die die wichtigsten Parameter mit einschließen. Im folgenden werden diese vorgestellt.

2.3.2 Modelle zur Beschreibung des Verformungsverhaltens

Nach der technischen Biegelehre bleiben ebene Querschnitte auch nach der Biegung eben und rechtwinklig zur verformten Bauteilachse und die Dehnungen sind proportional zum Abstand von der neutralen Faser. Erste Anläufe zur Modellbildung, wie z.B. von ***Baker***, gingen vereinfachenderweise davon aus, dass diese Annahmen auch im plastischen Zustand gültig seien. Unter Berücksichtigung ausschließlicher Biegeverformung definierte er die plastische Rotationskapazität auf der Querschnittsebene als horizontalen Ast der Momenten-Krümmungs-Linie (M-κ-Linie). Der plastische Rotationsanteil wurde aus dem Produkt der maximalen plastischen Krümmung κ_{pl} und einer fiktiven, aus Versuchsergebnissen empirisch ermittelten plastischen Länge λ_{pl}, auf der plastische Krümmungen angenommen wurden, gebildet. Die Bestimmung von λ_{pl} umfasste Stahlsorte und Form der Momentenlinie.

Dilger [36] hat diese Vorgehensweise übernommen und durch verbesserte Werkstoffgesetze für Stahl und Beton, aber vor allem durch die angenäherte Berücksichtigung von Querkraftverformungen weiterentwickelt. Er erklärte die Vergrößerung der plastischen Verformung infolge von Schubrissbildung durch die Ausbildung einer fachwerkartigen Tragwirkung. Die Zugkraftlinie wird durch die schrägen Druckstreben zwischen den Schubrissen um ein Versatzmaß gegenüber der Momenten-Zugkraftlinie zum Momentennullpunkt hin verschoben. Der dadurch völligere Zugkraftverlauf bewirkt eine Vergrößerung des Bereiches mit plastischen Stahldehnungen, welcher zu einer größeren Verformungsfähigkeit führt. Zur Berücksichtigung der Querkraft bei den Momenten-Krümmungs-Beziehungen hat u.a. ***Steidle*** [133] dieses Versatzmaß in eine Momenten-Normalkraft-Querkraft-Krümmungsbeziehung eingearbeitet. Allerdings hat diese Beziehung im plastischen Bereich aufgrund der getroffenen Annahmen nur Näherungscharakter.

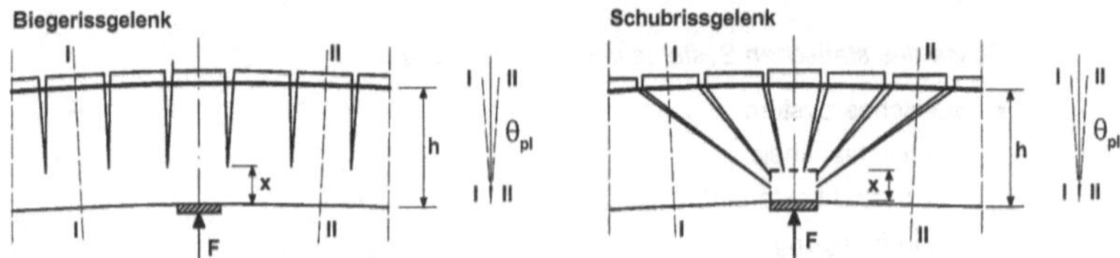

Abbildung 2-37: Biege- und Schubrissgelenk nach *Bachmann* [92]

In der Dissertation von ***Bachmann*** [5] wurde die Vorstellung vom Ebenbleiben der Querschnitte wieder aufgekündigt. Er erkannte, dass die Rotationen sich auf einzelne Risse konzentrieren. Um der Art der Rissbildung und somit dem unterschiedlichen Verformungsverhalten gerecht zu werden, entwickelte er das Biege- und das Schubrissgelenk (siehe Abbildung 2-37). Die Rotationskapazität ergibt sich aus der Summe der Rotationen der einzelnen gerissenen Elemente im Bereich plastischer Dehnungen. Fast zeitgleich entwickelte ***Eifler*** [47] ein ähnliches Modell. Eine verwandte, aber neue Vorgehensweise wählte ***Michalka*** [109] im Rahmen seiner Dissertation. Mit Hilfe eines

Fachwerkmodells bestimmte er das Verformungsverhalten über die Verformung der einzelnen Fachwerkstreben.

Die neuere Generation von analytischen Modellen kehrt wieder zurück zu den Annahmen der technischen Biegelehre, gewinnt aber immer mehr an Genauigkeit durch die verfeinerte Berücksichtigung von lokalen bruchmechanischen Vorgängen. So schlug ***Langer*** [92] ein neues Modell vor, das auf wirklichkeitsnahen Momenten-Krümmungs-Beziehung (M-κ-Beziehungen) aufbaut. Diese Beziehung basiert auf der Annahme, dass das Werkstoffgesetz des Betonstahls proportional zur M-κ-Linie ist. Er verwendete zutreffende Verbundgesetze und berücksichtigte das Mitwirken des Betons auf Zug zwischen den Rissen. Die Krümmungen zwischen den Rissen ergeben sich aus den berechneten Stahldehnungen. Die Integration derselben entlang des Trägers führt dann zu den Rotationen. Somit entstand ein Modell, das die wichtigsten Einflussfaktoren berücksichtigte. ***Li*** [94] entwickelte das Modell für vorgespannte Querschnitte weiter. Auch die Arbeit von ***Mora*** [110] beschäftigte sich mit der zusätzlichen Auswirkung des Vorspannens auf das Rotationsverhalten.

Weitere ähnliche Modelle wurden entwickelt, so z.B. das von ***Manfredi et al.*** (vgl. [27]). Hauptunterschied hierin ist die vereinfachte Art der Berücksichtigung des Mitwirkens des Betons zwischen den Rissen. Ein konstanter Rissabstand wird angenommen und der Bereich, in dem Betonzugspannungen auftreten, wird auf eine bestimmte Länge mit konstanten Spannungen beschränkt. ***Sigrist*** präsentiert in [131] ein vereinfachtes Verfahren auf der Basis des von ***Sigrist*** und ***Marti*** an der ETH Zürich entwickelten Tension Chord Model. ***König***, ***Pommerening*** und ***Tue*** bieten, wie bereits erwähnt, in Heft 492 des Deutschen Ausschusses für Stahlbeton [80] einen sehr guten Einblick in die Zusammenhänge und präsentieren ebenfalls ein Rechenmodell für Stahl- und Spannbeton.

Bigaj [19] stellte 1999 in ihrer Dissertation ein weiterentwickeltes Modell vor. Die dort neu aufgestellten Verbundbeziehungen erlauben eine sehr realistische Abbildung der Rissentwicklung. Die verwendeten Materialgesetze für den Beton schließen das Fictitious Crack Model für Beton unter Zug und das Compressive Damage Zone Modell für Beton unter Druck ein (siehe auch Kapitel 4). Der ebenfalls wichtige Einfluss des Maßstabeffektes wird ausführlich versuchstechnisch und theoretisch behandelt.

Grundsätzliche Beurteilungskriterien

Ein Vergleich der vorgestellten analytischen Modelle mit Ergebnissen aus Versuchen an stabförmigen Bauteilen zeigt, dass die bestehenden Ansätze es erlauben, auf der sicheren Seite liegende Rotationskapazitäten anzugeben. Unter Berücksichtigung der wesentlichen Einflussparameter lässt sich die Genauigkeit steuern. Als wichtigste Parameter sind alle Materialparameter, insbesondere die Stahleigenschaften, die Betongrenzdehnung und die Verbundeigenschaften zu nennen. Ferner kann als aussagekräftigste Einflussgröße auf der Querschnittsebene das Verhältnis der Druckzonenhöhe zur statischen Höhe x/d genannt werden. Der Einfluss des Bewehrungsprozentsatzes auf die Verdrehfähigkeit kann Abbildung 2-38 entnommen werden. Hier ist auch der Übergang vom Versagen der Bewehrung zum Versagen der Betondruckzone deutlich, wobei die größten Rotationen beim Grenzbewehrungsgrad erzielt werden.

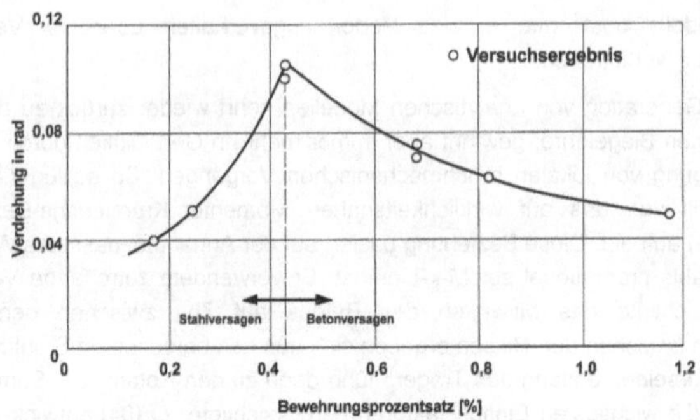

Abbildung 2-38: Einfluss des Bewehrungsprozentsatzes nach *Eifler* [47]

Zur Bestimmung der Rotationsfähigkeit von Bereichen über den Stützen von durchlaufenden Systemen kann vereinfachenderweise ein statisch bestimmter Ersatzträger zum Vergleich herangezogen werden. Dieser Ersatzträger hat eine Länge, die dem Abstand zweier benachbarter Momentennullpunkte entspricht. Auf der Systemebene kann zur zutreffenden Beschreibung des Verhaltens die Schubschlankheit λ als Parameter herangezogen werden. Diese Vorgehensweise wurde zum Teil für die Regelung in der europäischen und deutschen Normung gewählt, siehe Kapitel 2.3.3.

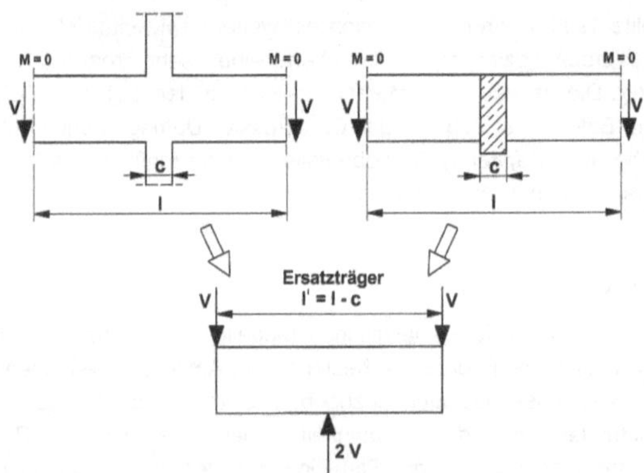

Abbildung 2-39: Bestimmung der Ersatzträgerlänge nach *Langer* [92]

Bei der Bestimmung dieser Ersatzlänge unter Vorhandensein einer Stütze, wie im vorliegenden Fall von Rahmenknoten, unterstellt ***Langer*** in [92], dass im Bereich der Stütze keine plastischen Stahldehnungen und keine Verdrehungen auftreten. Er schlägt vor bei der Bestimmung der Länge des Ersatzträgers die Stützenbreite nicht zu berücksichtigen (siehe Abbildung 2-39).

2.3.3 Stand der Normung

Nach ***DIN 1045 (7/88)*** [37] werden die Schnittgrößenverläufe in Stahlbetontragwerken nach der Elastizitätstheorie ermittelt. Die 15 % Umlagerung ist nach Abschnitt 15.1.2 (3) geregelt und nur für durchlaufende Platten, Balken und Plattenbalken des üblichen Hochbaus mit Stützweiten bis 12 m und gleichbleibendem Querschnitt gültig. Ein Nachweis der möglichen plastischen Rotationen ist im Rahmen dieser Regelung nicht gefordert.

Nach der amerikanischen Normung ***ACI 318-99*** [2] ist ebenfalls eine pauschale Umlagerung von Stützmomenten möglich (siehe Chapter 8.4 der Norm). Die Bedingungen für die Anwendung dieser Regelung ohne weiteren Nachweis der Rotationskapazität sind von den Materialeigenschaften und der vorhandenen Bewehrung abhängig. Die maximal mögliche Abminderung beträgt 20 %, $f'_{c,Effektiv}$ bleibt davon unberührt.

Die Vorgehensweisen in ***CEB-FIP Model Code 1990*** [26], ***Eurocode 2*** [52] und ***DIN 1045-1 (7/2001)*** [38] sind ähnlich. Hier wird zunächst in Abhängigkeit von den Werkstoffeigenschaften des Stahls und von der bezogenen Druckzonenhöhe x/d eine Umlagerung der linear-elastisch ermittelten Schnittgrößen bis zu einer bestimmten Grenze ohne weiteren Nachweis zugelassen. Die Regelungen im Einzelnen sind Tabelle 2-3 zu entnehmen.

	normalduktiler Betonstahl $\varepsilon_{uk} \geq 2{,}5$ % ; $(f_t / f_y)_k \geq 1{,}05$	**hochduktiler Betonstahl** $\varepsilon_{uk} \geq 5{,}0$ % ; $(f_t / f_y)_k \geq 1{,}08$
CEB-FIP Model Code*		
bis C 35/45	$\delta \geq 0{,}75 + 1{,}25 \cdot x / d \geq 0{,}90$	$\delta \geq 0{,}44 + 1{,}25 \cdot x / d$
ab C 40/50	$\delta \geq 0{,}75 + 1{,}25 \cdot x / d \geq 0{,}90$	$\delta \geq 0{,}56 + 1{,}25 \cdot x / d$
Eurocode 2		
bis C 35/45	$\delta \geq 0{,}44 + 1{,}25 \cdot x / d \geq 0{,}85$	$\delta \geq 0{,}44 + 1{,}25 \cdot x / d \geq 0{,}70$
ab C 40/50	$\delta \geq 0{,}44 + 1{,}25 \cdot x / d \geq 0{,}85$	$\delta \geq 0{,}44 + 1{,}25 \cdot x / d \geq 0{,}70$
DIN 1045-1 (7/2001)		
bis C 50/60	$\delta \geq 0{,}64 + 0{,}80 \cdot x / d \geq 0{,}85$	$\delta \geq 0{,}64 + 0{,}80 \cdot x / d \geq 0{,}70$
ab C 55/67 u. LB	$\delta = 1{,}0$ (keine Umlagerung)	$\delta \geq 0{,}72 + 0{,}8 \cdot x / d \geq 0{,}80$

mit: δ = Verhältnis des umgelagerten Moments zum Ausgangsmoment; x = Druckzonenhöhe im GZT nach Umlagerung.

*: ***CEB-FIP Model Code*** definiert eine weitere Duktilitätsklasse S, mit $\varepsilon_{uk} \geq 6{,}0$ % ; $(f_t / f_y)_k \geq 1{,}15$.

Tabelle 2-3: Zulässige Schnittgrößenumlagerungen ohne besonderen Nachweis nach *CEB-FIP Model Code 1990, EC 2* und *DIN 1045-1*

Für eine Schnittgrößenermittlung nach der Plastizitätstheorie bei vorwiegend biegebeanspruchten Bauteilen dürfen nach diesen Normen die dazu erforderlichen Rotationen vereinfacht nachgewiesen werden. Hierzu werden zulässige plastische Rotationen Θ_{pl} wie bereits angesprochen in Abhängigkeit von der bezogenen Druckzonenhöhe x/d angegeben. Um die wesentlichen Systemparameter noch mit einzubeziehen, wird die Schubschlankheit λ herangezogen (siehe auch **DIN 1045-1, Abs. 8.4.2 (5)**).

- Nach der ***CEB-FIP Model Code 1990*** werden in Abhängigkeit von den Duktilitätsmerkmalen des verwendeten Betonstahls (siehe Tabelle 2-3) Grundwerte der zulässigen plastischen Rotation angegeben. Sie gelten für eine Schubschlankheit von $\lambda = 6{,}0$ und können für andere Schlankheiten mit dem Korrekturfaktor $(\lambda^* / (6 \cdot d))^{0{,}5}$ multipliziert werden, wobei λ^* den Abstand der Momentennullpunkte darstellt.
- Nach ***EC 2*** wird die Schubschlankheit als Parameter vernachlässigt und es werden feste Grundwerte in Abhängigkeit vom verwendeten Betonstahl angegeben.
- Nach **DIN 1045-1** werden ebenfalls vereinfachend die Grundwerte der zulässigen plastischen Rotationen angegeben, allerdings nur für hochduktile Stähle und eine Schubschlankheit von $\lambda = 3{,}0$. Für andere Werte von λ sind die angegebenen Grundwerte noch mit dem Korrekturfaktor $k_\lambda = (\lambda/3)^{0{,}5}$ zu multiplizieren.

Zur Anschauung sind in Abbildung 2-40 die unterschiedlichen zulässigen plastischen Rotationen für das Zwischenauflager eines Durchlaufsystems unter Verwendung hochduktilen Betonstahls und mit der Schubschlankheit $\lambda = 6{,}0$ zusammen aufgetragen.

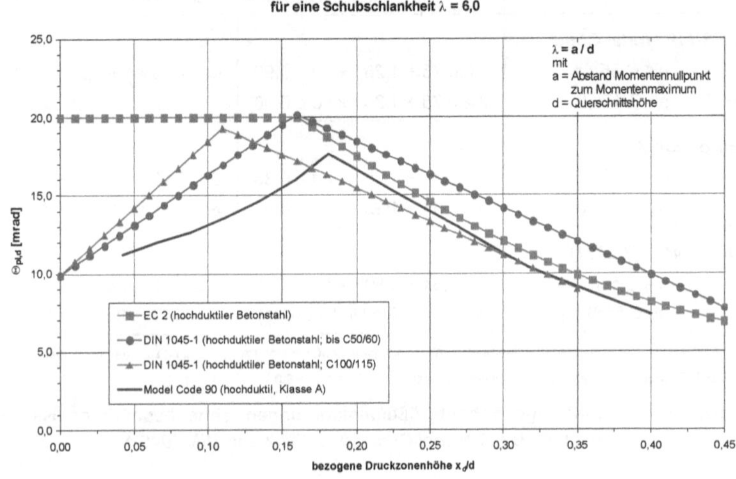

Abbildung 2-40: Vergleich der zulässigen plastischen Rotationen nach unterschiedlichen Normen (für eine Schubschlankheit $\lambda = 6{,}0$ und hochduktiler Betonstahl)

2.3.4 Bauteiluntersuchungen an Rahmeninnenknoten

Das Verformungsverhalten von Stahlbetonrahmenknoten ist ein Hauptthema in der Erforschung des Erdbebenlastfalls. Hier werden nur diejenigen Versuche beschrieben, die sich speziell mit dem Verformungsverhalten von unverschieblichen Innenknoten aus Stahlbeton beschäftigen.

Untersuchung von *Ernst*

Die frühen Versuche von ***Ernst*** [51] beschäftigten sich mit der Ausbildung von plastischen Gelenken an Knoten und wurden im Jahre 1957 veröffentlicht. Insgesamt 30 Bauteilversuche wurden durchgeführt mit dem Ziel, die maximal erreichbaren Rotationen, den Ort des Plastizierens und die Ausdehnung der Bereiche mit auftretenden plastischen Stahldehnungen im Knotenbereich festzustellen. Hierzu wurden die in Abbildung 2-41 dargestellten Versuchsanordnung angewendet.

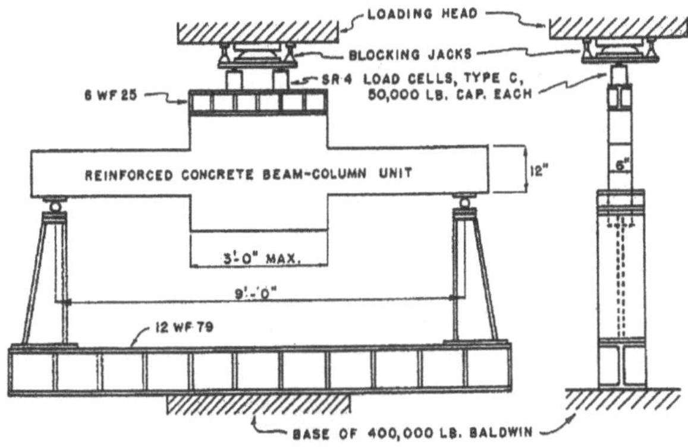

Abbildung 2-41: Versuchsaufbau von *Ernst* [51]; der Lasteinleitungsbereich wurde in der Breite variiert

Versuchsparameter waren Stützenbreite, Bewehrungsgrad und Belastungsgeschwindigkeit. Infolge der gewählten Versuchsanordnung blieben die Stützenstümpfe im unteren Bereich belastungsfrei. Eine Auffälligkeit im Versuchsaufbau ist die gleich bleibende Spannweite bei unterschiedlicher Stützenbreite. Somit ist die "freie" Länge der Balken kleiner je breiter die Stützenstümpfe sind, was zu unterschiedlichen M / V - Verhältnissen führt und somit Einfluss auf die Rissbildung und das Verformungsverhalten hat. Bei den Versuchen in denen das Stahlfließen zu der Zeit auftrat, als die Betondruckzone sich einzuschnüren begann, wurden plastische Stahldehnungen bis 12,7 cm vom Stützenanschnitt in Richtung Knotenmitte registriert. Beim maximal aufnehmbaren Moment erhöhte sich dieser Wert auf 38 cm. Schnellere Versuchsgeschwindigkeiten (bis 0,14 N/mm^2 pro Sekunde) lieferten geringfügig kleinere Verformungen.

Untersuchung von *Burnett* und *Trenberth*

Burnett und ***Trenberth*** [23] untersuchten im Rahmen einer breit angelegten Versuchsreihe den Einfluss einer Stützenlast auf das Rotationsverhalten von Rahmeninnenknoten. Abbildung 2-42 zeigt den Aufbau der Versuchsreihe mit insgesamt 9 maßstäblichen Versuchen, deren Ergebnisse im Jahre 1972 veröffentlicht wurden.

Versuchsparameter waren zum einen die Höhe der Stützenbelastung, die durch zentrisches Vorspannen des Stützenabschnitts ohne Verbund aufgebracht wurde und zwischen Null und Stützengebrauchslast variiert wurde, und zum anderen die Bügelabstände im Balken. Die Stützenbelastung, falls vorhanden, wurde stets vor Beginn der Balkenbelastung aufgebracht. Bei fünf der neun Versuche wurde die Balkenbelastung bei 83 % des Fließmoments angehalten. Anschließend wurden 22.000 Lastwechsel zwischen 41,5 und 83% des Fließmoments gefahren. Die Balkenbewehrung mit zwei Bewehrungsstäben mit einem Durchmesser von 5/8 inch (ca. 16 mm) als Zugbewehrung ist in Abbildung 2-43 zu sehen. Bei einer Zylinderdruckfestigkeit des Betons zwischen 30 und 40 MN/m^2 war mit einem Versagen der Betondruckzone der Balken zu rechnen. Diese Einschätzung wurde im Versuch bestätigt (siehe auch Abbildung 2-43 links).

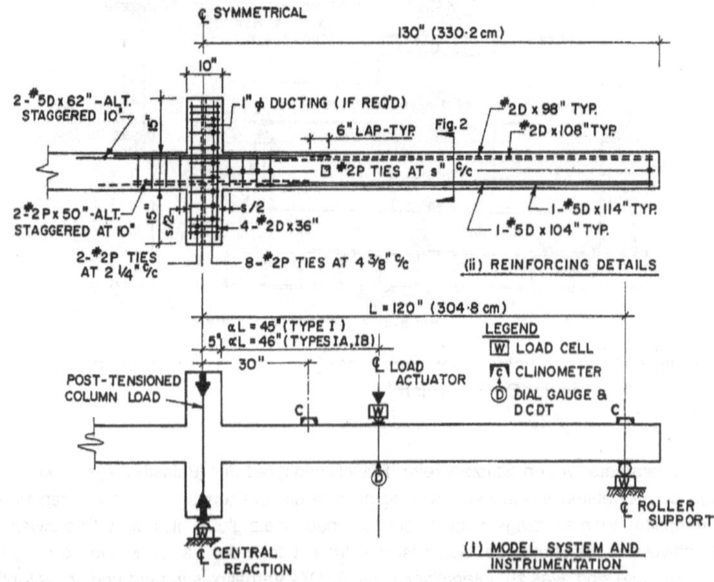

Abbildung 2-42: Versuchsaufbau von *Burnett* und *Trenberth* [23]

Die Auswertung der Versuchsreihe zeigte einen Einfluss der Stützenbelastung auf das Verhalten der Balken. Vertikal verlaufende Risse traten stets im Knotenbereich auf, wurden jedoch in ihrer Anzahl und Lage maßgeblich von der Stützenbelastung beeinflusst. Je größer die Stützenbelastung, desto weniger Risse traten im Knoten auf. Diese neigten dazu, bei vorhandener Stützenbelastung außerhalb des Knotenbereichs zu entstehen. In den Versuchen ohne Stützenbelastung entsteht der Versagensquerschnitt, also der Querschnitt mit der größten Rissweite und den größten plastischen Stahldehnungen, etwa 5 cm vom Stützenanschnitt in Richtung der Knotenmitte. Je größer die Stützenbelastung, desto mehr wandert dieser kritische Querschnitt aus dem Knotenbereich heraus in Richtung Knotenanschnitt. Die Beobachtungen zur Rissbildung decken sich mit den Ergebnissen von ***Fattuhi*** [53], siehe Kapitel 2.2.6.

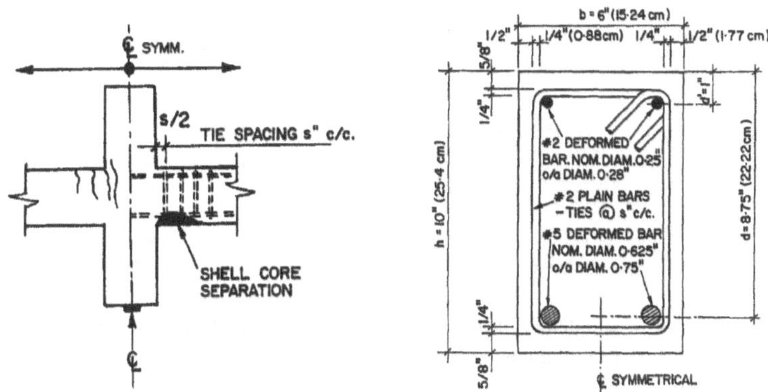

Abbildung 2-43: Rissbild und Versagensart (links); Feldquerschnitt (rechts)

Ferner wurden in allen Versuchen bei einer vorhandenen Stützenbelastung nur geringfügig kleinere plastische Verformungen des Balkens gemessen. Die Größe der Stützenbelastung spielte hierbei keine Rolle. Diese Beobachtung lässt sich möglicherweise durch die fehlenden Risse im Knotenbereich erklären. Der Knoten hätte demnach keinen Anteil an der gesamten plastischen Verformung. Diese Aussage lässt sich aber bei den vorliegenden Versuchen leider nicht untermauern, da keine genauen Angaben zu Rissbildern, Rissweiten, Stahldehnungen oder Betonverformungen im Knoten gemacht werden.

Einfluss einer zyklischen Belastung

Im Rahmen der vorliegenden Arbeit werden dynamische oder antimetrische und wechselnde Lasten, wie sie z.B. im Erdbebenfall auftreten, nicht berücksichtigt. Der Einfluss einer monoton steigenden Belastung auf das Bauteilverhalten im Traglastbereich sowie der Einfluss auf das Verformungsverhalten steht im Mittelpunkt. Trotzdem sollen an dieser Stelle die für das Thema dieser Arbeit interessanten Ergebnisse kurz angesprochen werden.

Der Einfluss einer wechselnden und zyklisch auftretenden Belastung ist auf dem Gebiet der Erdbebenforschung eingehend untersucht worden. Ein sehr guter Überblick über Arbeiten an Stahlbetonrahmenknoten ist in den Veröffentlichungen von ***Meinheit*** und ***Jirsa*** [105] sowie von ***Pantazopoulou*** und ***Bonacci*** [20], [114] zu finden. Speziell zu Rahmeninnenknoten sind die Arbeiten von ***Hanson*** [62], ***Uzumeri*** [141], ***Durrani*** und ***Wight*** [40], und ***Pauley*** [117] zu nennen. ***El-Metwally*** und ***Chen*** [50] geben in ihrer Veröffentlichung von 1998 eine Beziehung zwischen Moment und Rotation für Rahmenknoten an, basierend auf der bis dahin durchgeführten Erdbebenforschung.

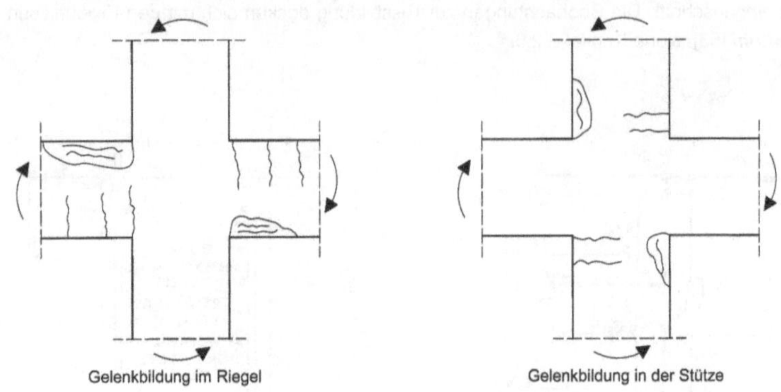

Abbildung 2-44: Mögliche Entstehung von plastischen Gelenken unter Erdbebenbeanspruchung

Zusammenfassend kann gesagt werden, dass beim Entstehen von plastischen Gelenken unter wechselnden und zyklisch auftretenden Belastungen prinzipiell zwei Szenarien von Interesse sind: plastische Verformungen im Riegelanschnitt oder plastische Verformungen im Stützenanschnitt (siehe Abbildung 2-44). Beide Szenarien setzen eine ausreichende Tragfähigkeit des Kernknotenbereichs voraus. Eine Schädigung des Stützenquerschnitts ist aufgrund der offensichtlichen Gefährdung der Gebäudetragfähigkeit unerwünscht. Deshalb ist eine Dissipation der Energie über plastische Verformungen im Riegelanschnitt anzustreben.

2.3.5 Verbundverhalten unter Querdruck

Wie bereits erläutert, ist das Verformungsverhalten des Stahlbetons wesentlich vom Verbundverhalten zwischen Beton und Bewehrung abhängig. Dieses Verbundverhalten wird von der Beanspruchung des Stahlbetons quer zur Zugrichtung stark beeinflusst. Die Gründe hierfür werden deutlich, wenn die Wirkungen zwischen Stahl und Beton näher betrachtet werden (siehe Abbildung 2-45). Schon die passive Wirkung der Umschnürung des Betons und die damit verbundene Behinderung der Querdehnung verbessern das Verbundverhalten. Rotationssymmetrische Querdruckspannungen vermögen den Verbund darüber hinaus noch weiter zu steigern. Im Falle der Stahlbetonrahmenknoten wirkt auf der Knotenbreite eine Druckbeanspruchung aus der Stütze. Dieser Querdruck ist allerdings einachsig und somit herrscht hier ein verändertes Verbundverhalten der Zugbewehrung.

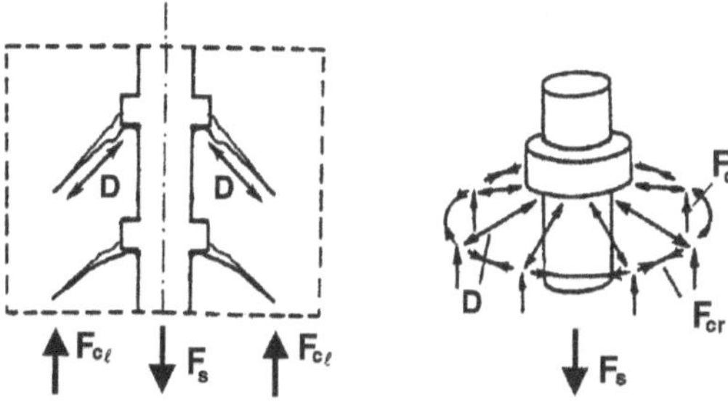

Abbildung 2-45: Darstellung der Verbundwirkung zwischen Beton und Bewehrung

Das Verbundverhalten ist von vielen Forschern untersucht worden. Zutreffende und durch umfangreiche Versuche bestätigte Verbundgesetze zur Beschreibung der komplexen bruchmechanischen Vorgänge in der Kontaktfläche zwischen Beton und Bewehrungsstahl existieren. Stellvertretend für den deutschsprachigen Raum werden hier die Arbeiten von ***Eligehausen et al.*** [49], ***Günther*** und ***Mehlhorn*** [59] und ***Tue et al.*** [139] genannt. Der Einfluss einer einaxialen Querdruckspannung ist hingegen nur von wenigen Forschen gezielt untersucht worden. Hier sind vor allem die Arbeiten von ***Günther*** und ***Mehlhorn*** [59], [60] von Interesse. Ihre Untersuchung, die den Einfluss des einaxialen und des mehraxialen Querdrucks mit einschloss und über die in [61] berichtet wird, beschreibt die wesentlichen Zusammenhänge. Zur gezielten Beschreibung des Riss- und Verbundverhaltens leiten sie die wichtigsten Einflussfaktoren aus zahlreichen Untersuchungen an Stahlbetonzugkörpern unter Querdruck ab. Als Versuchsparameter wurde die Höhe des Querdruckes, die Betondeckung und Betonfestigkeit sowie die Bewehrung in Stabanzahl, Stabanordnung und Stabdurchmesser variiert.

Als erstes Versuchsergebnis ist das nahezu unveränderte Spannungs-Dehnungs-Verhalten des Stahlbetons unter Querdruck für die erste Belastung angegeben (siehe Abbildung 2-46). Lediglich der Anteil der Querdehnung infolge Querdruck muss durch die Verschiebung des Nullpunktes der Dehnungsachse berücksichtigt werden. ***Günther*** und ***Mehlhorn*** stellten weiterhin eine Verminderung der Betonzugfestigkeit fest, die allerdings unabhängig von der Höhe des Querdrucks und dem Bewehrungsgehalt war. Hier spielen viele Faktoren zusammen, so dass der Querdruck nicht als alleiniger Verursacher ausgemacht werden kann. Sie schlagen vor, die Betonzugfestigkeit abzumindern und nach der folgenden Formel anzugeben:

$$f_{ct} = 0{,}7 \cdot 0{,}25 \cdot \sqrt[3]{f_c^2} \quad \text{mit } f_c = \text{Würfeldruckfestigkeit} \tag{2.27}$$

Bei steigendem Druck wurden zunehmende Dehnungen nach dem Erstriss beobachtet. Als wahrscheinliche Ursache wird die zunehmende Schädigung des Betongefüges infolge der Druckbeanspruchung ausgemacht. Die vorhandenen Mikrorisse infolge des Abbindens und die fortschreitende Gefügeschädigung durch den Druck können lokal zu Rissen führen und somit den Übergang in Zustand II beeinflussen.

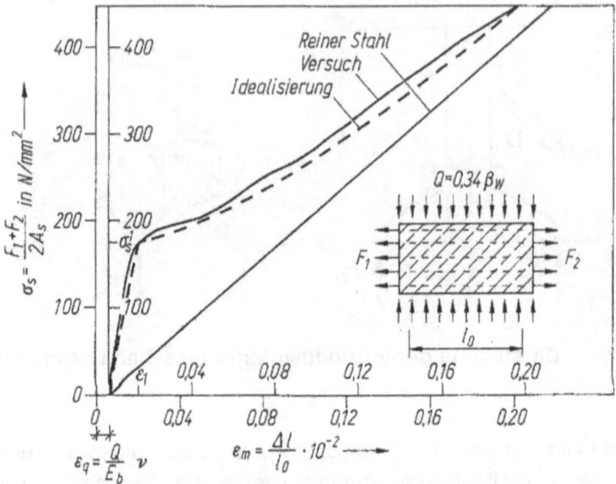

Abbildung 2-46: Spannungs-Dehnungs-Beziehung eines Stahlbetonzugkörpers unter Querdruck aus [61]

Zur Abschätzung dieser Dehnung beim Übergang in Zustand II geben die Autoren eine empirische Näherungsformel in Abhängigkeit vom Querdruck an:

$$\varepsilon_1 = \left(1 + \frac{3 \cdot Q}{f_c}\right) \cdot \left[\left(0{,}025 \cdot f_{ct} + 0{,}025\right) \cdot 10^{-3} \right] \qquad (2.28)$$

mit: f_c = Würfeldruckfestigkeit

Q = Querdruckspannung

Bei hohen Druckspannungen wurden nahezu konstante Stahlspannungen im Versuchskörper gemessen, was darauf schließen lässt, dass keine Verbundwirkung mehr herrscht. Die Querdruckspannungen ließen sich nur auf 58 % bis 61 % der Würfeldruckfestigkeit steigern, bevor ein Versagen in Druckrichtung auftrat. Hiermit wird der Zusammenhang zwischen Betondruckfestigkeit und Querzug wieder offensichtlich, ein Gebiet, das ***Mehlhorn*** ebenfalls erforschte (siehe Kapitel 2.2). Als Fazit ihrer Untersuchung geben ***Günther*** und ***Mehlhorn*** an, dass keine deutliche Abhängigkeit zwischen Rissabstand und Querdruck besteht, und schlagen vor, die Rissabstände und Rissbreiten unabhängig vom Querdruck zu berechnen.

2.3.6 Fazit des Verformungsverhaltens von Rahmeninnenknoten

Die Möglichkeit zur Ausnutzung des Verformungsvermögens von Stahlbeton ist in der neuen Normengeneration fest verankert. Das plastische Verformungsvermögen von Stahlbetonquerschnitten kann zur Schnittgrößenumlagerung herangezogen werden. Je nach Größe und Umfang der Umlagerung wird ein Nachweis der plastischen Verformungsfähigkeit erforderlich. Die Modelle zur Beschreibung des Verformungsverhaltens sind ausgereift und durch Versuche belegt. Somit stehen leistungsfähige Rechenhilfen zur Bestimmung der Rotationskapazität zur Verfügung.

In der Praxis ist der Stützbereich eines Durchlaufträgers in der Regel ein Knoten mit einer nach oben und unten weiterführenden Stütze. Werden Stützmomente vom Stützbereich in den Feldbereich umgelagert, wird die Bedeutung dieses Knotenbereichs deutlich. Hier werden einerseits plastische Verformungen auftreten, andererseits müssen Stützenbelastungen sicher durchgeleitet werden (siehe Abbildung 2-47). Somit wird die bereits angesprochene Problematik nochmals deutlich.

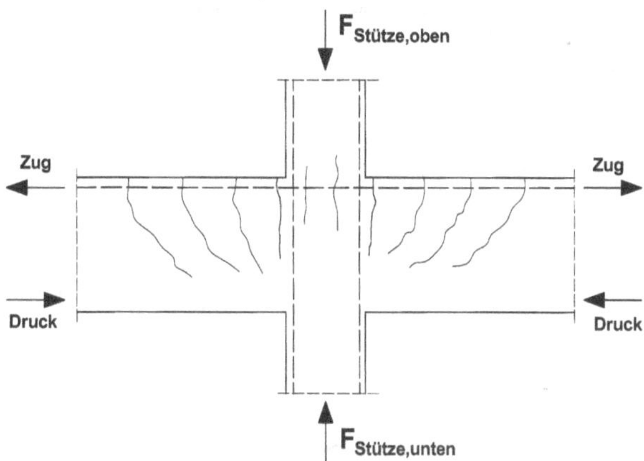

Abbildung 2-47: Veranschaulichung der Situation am belasteten Rahmenknoten

Nur wenige Forscher haben diese Problemstellung bereits angesprochen, so z.B. ***Langer*** in [92]. Er geht davon aus, dass, wenn plastische Verformungen im Knotenbereich entstehen, die Anforderungen an die Tragfähigkeit und an die Verformungsfähigkeit voneinander getrennt werden sollen, die plastischen Gelenke außerhalb des Knotens entstehen und der Knotenbereich tragfähig bleibt. Somit wäre der Knotenbereich so zu konstruieren, dass keine plastischen Stahldehnungen im Knoten entstehen.

Im Rahmen dieser Arbeit wird die Problematik näher untersucht. Erstmals werden Rahmenknoten aus Stahlbeton gleichzeitig sowohl unter dem Aspekte der Tragfähigkeit des Knotenbereichs als auch unter dem Aspekt der Verformungsfähigkeit des Knotens und der angrenzenden Bauteile betrachtet. Die gegenseitigen Beeinflussung beider Sachverhalte spielt dabei eine zentrale Rolle. Das Versuchsprogramm und die anschließende FE-Untersuchung dient der Bestimmung der wichtigsten Einflussgrößen und der Angabe von Empfehlungen zur Bemessung von Rahmenknoten.

3 Eigene experimentelle Untersuchungen

3.1 Allgemeines

Zur versuchstechnischen Untersuchung der Vorgänge im Knoten wurden eigene Bauteilversuche konzipiert. Insgesamt 16 Versuche wurden in vier Serien an idealisierten Rahmenknoten durchgeführt. Alle Untersuchungen fanden im Labor für Konstruktiven Ingenieurbau an der Universität Kaiserslautern statt.

Untersucht wurde der Knotenbereich eines unverschieblichen Stahlbetonskeletts des üblichen Hochbaus mit biegesteifen Anschlüssen. Der Knotenbereich wurde aus Gründen der Vereinfachung in nur zwei Ausdehnungsrichtungen, also in 2D betrachtet. Der Rahmenriegel wurde mit zwei Kragarme abgebildet und wird in den nachfolgenden Ausführungen auch so bezeichnet.

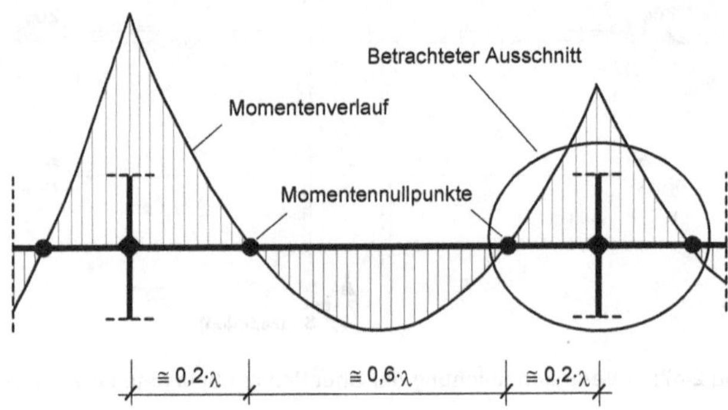

Abbildung 3-1: Erläuterung der gewählten Versuchskörperform

3.2 Versuchsaufbau und Vorbemerkungen

Die Kragarmlänge entsprach dem Abstand zwischen dem Momentennullpunkt eines Rahmenriegels und der Schwerachse des Rahmenstiels bei einem Stützenabstand von ca. 5,0 m (siehe Abbildung 3-1). Daher ergab sich eine Kragarmlänge links und rechts der Stützenschwerachse von jeweils 1,0 m. Die Gesamthöhe des Versuchskörpers wurde so groß gewählt, dass der Knotenbereich und ein ausreichend großer ungestörter Teil der darüber und darunter befindlichen Rahmenstiele ausgebildet wurden. Die Gesamthöhe der Versuchskörper war nach oben begrenzt, um ein Stabilitätsversagen, d.h. ein Ausknicken der Versuchskörper aus der Versuchseinrichtung auszuschließen. Zudem wurden weitere zusätzliche Maßnahmen zur seitlichen Halterung getroffen (siehe Abbildung 3-2 und Abbildung 3-3).

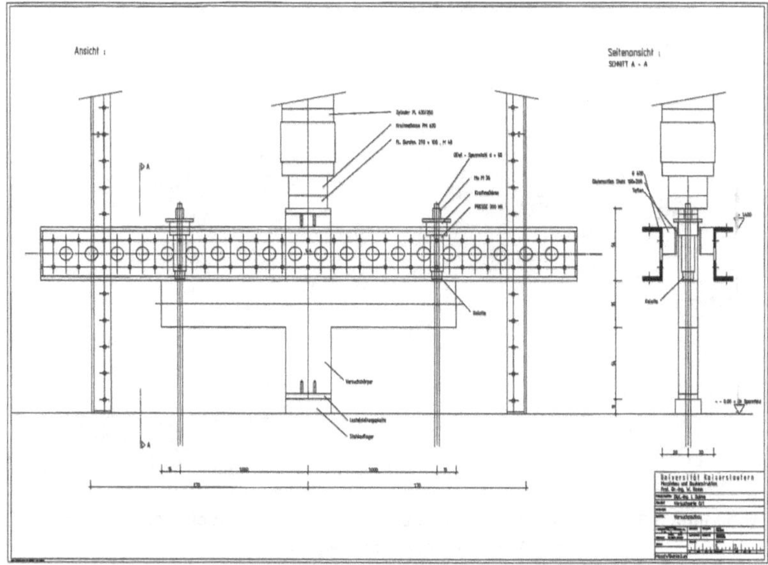

Abbildung 3-2: Allgemeiner Aufbau des Versuchsstandes in Ansicht und Schnitt

Der allgemeine Aufbau der Versuchseinrichtung kann Abbildung 3-2 entnommen werden. In der Mitte der Versuchseinrichtung war es möglich über einen Hydraulikzylinder eine Last von bis zu 1600 kN auf den Stützenteil des Versuchskörpers aufzubringen. Unabhängig davon konnten mit Hilfe von Hydraulikpressen die Kragarme belastet werden. Somit konnte in beliebiger Reihenfolge und Intensität die Belastung des Versuchskörpers gesteuert werden. Die Belastung der Stütze wurde weggesteuert aufgebracht. Bei der Aufbringung der Belastung auf den Stützenteil wurde der Zylinderweg so gesteuert, dass er vorher bestimmten Laststufen entsprach. Die Belastung der Kragarme wurde kraftgesteuert durchgeführt.

Der untere Stützenteil der Versuchskörper wurde so ausgeführt, dass ein Versagen auf den Knotenbereich oder auf den oberen Stützenteil beschränkt blieb. In einer ersten Tastversuchsserie (Versuchsserie 0) wurde dies durch einen vergrößerten Querschnitt des unteren Stützenteils und durch zusätzliche Längsbewehrung gewährleistet. In den anderen Versuchsserien (Versuchsserie 1 bis 3) wurde dagegen ein Beton höherer Festigkeit für den unteren Bereich verwendet ohne unterschiedliche Querschnitte im oberen und unteren Stützenteil vorzusehen.

Abbildung 3-3: **Fotos des Versuchsstands; links: Versuche ohne Querbiegung, rechts: Versuche mit Querbiegung**

Allgemeines zu den Festigkeitswerten des Betons

Parallel zum Betonieren der Versuchskörper wurden Probewürfel (150 x 150 x 150mm) und Probezylinder (300 mm Höhe, ∅ 150 mm) hergestellt, um die Entwicklung der Betondruck- bzw. -zugfestigkeit verfolgen zu können sowie um den Elastizitätsmodul zu bestimmen. Die Lagerung der Probekörper wurde nach DIN EN 12390-2 vorgenommen (7 Tage Wasserlagerung, anschließende Luftlagerung). Außerdem wurden Materialuntersuchungen an allen verwendeten Betonstählen vorgenommen. Bei der nachfolgenden Vorstellung der Versuche werden die wichtigsten Materialkennwerte direkt angegeben. Eine Zusammenstellung aller Materialdaten befindet sich im Anhang.

Die Bezugsbasis für die Bemessung von Stahlbeton ist die einachsige Betondruckfestigkeit, die der Festigkeit eines schlanken *Prismas* entspricht. Bei der Umrechnung der *Zylinderdruckfestigkeit* wird ein Abminderungsfaktor von 0,85 angewendet, so z.B.:

$$f_{cd} = \alpha \cdot f_{ck} / \gamma_m \quad \text{mit } \alpha = 0{,}85 \tag{3.1}$$

(siehe **DIN 1045-1, Abs. 9.1.6 (2)**). Dieser Faktor α umfasst zwei Einflüsse: die Langzeitwirkungen der Belastung und die Umrechnung der Zylinderdruckfestigkeit in die eines schlanken Prismas. Alle Versuche wurden jeweils innerhalb von höchstens drei Stunden durchgeführt. Bei der Bestimmung der Betondruckfestigkeit, d.h. Prismenfestigkeit, im Versuchskörper wurden daher Beiwerte zur Berücksichtigung der Dauerstandfestigkeit nicht berücksichtigt. Der Umrechnungsfaktor ohne den Einfluss der Dauerlast kann mit 0,95 angesetzt werden. Somit ergibt hier sich für die Bestimmung der Betondruckfestigkeit im Versuchskörper aus der ermittelten Zylinderdruckfestigkeit:

$$f_{c,Versuch} = 0{,}95 \cdot f_{c,cyl} \qquad \text{(Zylinder ∅ 150 mm, h = 300 mm)} \tag{3.2}$$

Die Betondruckfestigkeit wurde in dieser Untersuchung wie bereits erwähnt an Würfeln mit einer Kantenlänge von 150 mm ermittelt. Somit wird eine weitere Umrechnung der Würfeldruckfestigkeit in eine Versuchskörperfestigkeit $f_{c,Versuch}$ erforderlich. Die Formfaktoren zur Umrechnungen zwischen Zylinderdruckfestigkeit und den unterschiedlichen Würfeldruckfestigkeiten sind wie folgt berücksichtigt:

$$f_{c,Versuch} = 0{,}95 \cdot f_{c,cyl} = 0{,}79 \cdot f_{c,Würfel200} = 0{,}76 \cdot f_{c,Würfel150} \tag{3.3}$$

Messprogramm

In den Versuchen wurde die in Abbildung 3-4 und Abbildung 3-5 dargestellte Messtechnik verwendet. Horizontal angeordnete induktive Wegaufnehmer (WAN) dienten der Ermittlung der Dehnungsverteilung über die Messstrecke im Knoten- sowie in den Nachbarbereichen (Nr. 13 bis 24). Vertikal angeordnete Wegaufnehmer wurden zur Aufnahme der Stauchung des Stützenteils über die Messstrecke sowie der Durchbiegung der Kragarme der Versuchskörper verwendet. Um Dehnungen der Bewehrungsstäbe zu messen, wurden Dehnmessstreifen (DMS) angebracht. Inklinometer wurden nahe des Kragarmanschnitts zwischen dem zu erwartenden ersten und zweiten Biegeriss aus der Kragarmbelastung sowie kurz vor der Lasteinleitungsstelle am Kragarmende (Nr. 6 bis 9) angeordnet. Alle Messwerte wurden während der einzelnen Versuche von einer elektronischen Messanlage erfasst.

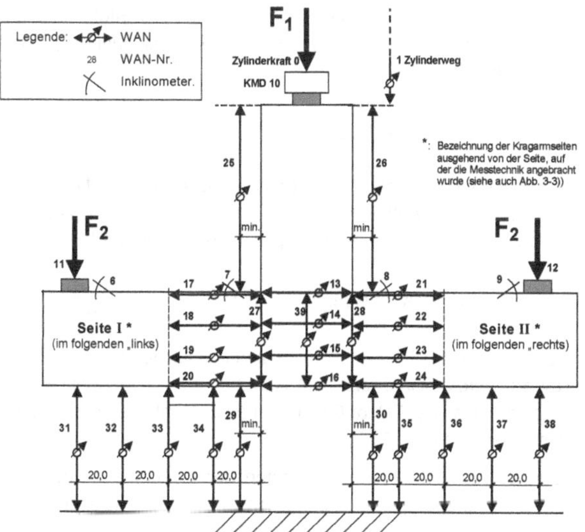

Abbildung 3-4: Darstellung des Messprogramms: Wegaufnehmer (WAN)

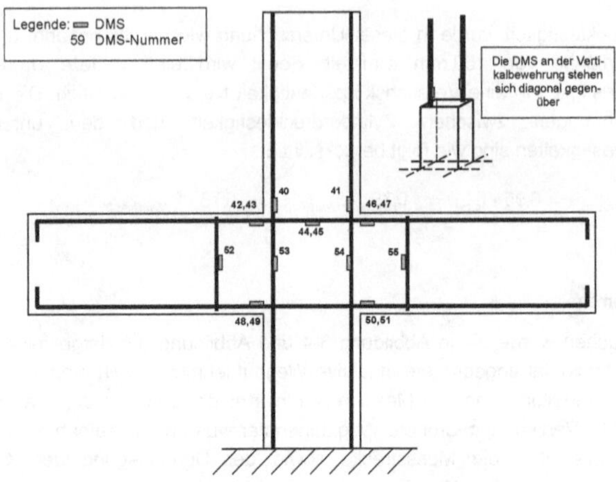

Abbildung 3-5: Darstellung des Messprogramms: Dehnmessstreifen (DMS)

Bestimmung der zu erwartenden Traglasten

Zur Bestimmung einer zu erwartenden Traglast des Stützenquerschnitts im Versuch wurde die Beziehung nach Gleichung (3.4) herangezogen. Aus der einaxialen Betondruckfestigkeit $f_{c,Versuch}$ nach Gleichung (3.3), der Querschnittsfläche des Stützenquerschnitts A_c, die Fließgrenze der Stützenlängsbewehrung f_y und der Betonstahlquerschnitt A_s ergibt sich der zu erwartende Traglast der Stütze wie folgt:

$$P_u = (A_c - A_s) * f_{c,Versuch} + A_s * f_y \qquad (3.4)$$

Eine gleichwertige Bestimmung der Traglast mittig gedrückter Stahlbetonstützen wird in der amerikanischen Norm ***ACI 318-99*** verwendet, in der die einachsige Zylinderdruckfestigkeit f'_c mit dem Faktor 0,85 in eine Bemessungsfestigkeit umgerechnet wird:

$$P_u = (A_c - A_s) * 0{,}85 * f'_c + A_s * f_y \qquad (3.5)$$

Hierin ist f'_c die Zylinderdruckfestigkeit nach amerikanischer Norm (9 %-Fraktilwert). Die kanadische Norm ***Canadian Standard CSA A23.3-94*** verwendet ebenfalls diese Beziehung mit dem Unterschied, dass der Faktor 0,85 durch eine Variable ersetzt wird, die abhängig ist von der Betonfestigkeitsklasse.

Zur Bestimmung der zu erwartenden Traglasten der Kragarme wurde durch die iterative Wahl von Grenzdehnungszuständen unter Annahme der tatsächlichen Materialeigenschaften, durch die Integration der resultierenden Spannungen, um zu den Schnittgrößen zu gelangen, und unter Aufstellung des inneren Gleichgewichts, die Kragarmtragfähigkeit bestimmt.

3.3 Versuchsprogramm und Versuchsziele

In allen durchgeführten Versuchsserien wurde ein Vergleichsversuch mit alleiniger Stützenbelastung durchgeführt. Dieser Vergleichsversuch diente der Bestimmung der Stützentraglast ohne den Einfluss einer Kragarmbelastung. Darüber hinaus wurden in jeder Serie weitere Versuche mit unterschiedlichen Belastungsgrößen und -reihenfolgen auf Stütze und Kragarm durchgeführt. Genauere Angaben zum jeweiligen Versuchsprogramm der einzelnen Serien können den nachfolgenden Kapiteln entnommen werden.

Zwei Versuchsziele wurden parallel verfolgt. Zum einen galt es die tatsächliche Tragfähigkeit des Knotenbereichs als Teil der Stütze unter den verschiedenen Belastungen und Belastungsreihenfolgen zu ermitteln, zum anderen der Einfluss einer vorhandenen Stützenbelastung auf das Trag- und Verformungsverhalten der Kragarme zu untersuchen. Das Verhältnis der Betonfestigkeiten $f_{c,Stütze}$ zu $f_{c,Knoten}$ wurde aufgrund der begrenzten Anzahl von Versuchen nicht als Versuchsparameter eingeführt. Der Knotenbereich und der obere Stützenteil wurden aus dem gleichen Beton hergestellt. Damit war sichergestellt, dass direkte Rückschlüsse auf die effektive Betondruckfestigkeit im Knoten gezogen werden konnten.

3.4 Versuchsreihe 0

In einer ersten Versuchsreihe wurden zwei Tastversuche (Versuche 0.1 und 0.2) durchgeführt. Sie dienten dazu, die Versuchseinrichtung zu prüfen und erste Erfahrungen und Ergebnisse zu sammeln. Versuch 0.1 wurde mit einer Stützen- und Kragarmbelastung durchgeführt. Versuch 0.2 war ein Vergleichsversuch mit alleiniger Stützenbelastung, um die Stützentraglast ohne Beeinflussung durch eine Riegelbelastung zu ermitteln.

3.4.1 Versuch 0.1: Stützentraglast mit Kragarmbelastung

Die genauen Abmessungen und die Bewehrungsführung des Versuchskörpers 0.1 sind Abbildung 3-6 zu entnehmen. Die Längsbewehrung des Stützenteils wurde mit 4 ∅ 12 mm ausgeführt. Die Riegel erhielten 3 ∅ 10 mm als obere Bewehrung und 2 ∅ 10 mm als untere Bewehrung. Als Bügelbewehrung wurden Stäbe mit ∅ 8 mm verwendet. Die Stütze erhielt eine Mindestbügelbewehrung nach ***DIN 1045 (7/88)*** [37], die im Bereich der Lasteinleitung, oberhalb der Knotenanschlüsse und im unteren Stützenteil enger ausgeführt wurde. Die Querkraftbewehrung in den Kragarmen wurde so gewählt, dass ein Querkraftversagen auszuschließen war. Der Knotenbereich wurde wie in allen anderen Versuchen nicht verbügelt.

Als Beton wurde ein Rezeptbeton gewählt. Diese niedrige Betonfestigkeitsklasse sollte eine möglichst große Stützenquerschnittsfläche zulassen, ohne dabei die maximal aufbringbare Kraft der Versuchseinrichtung von 1600 kN zu überschreiten. Der untere Stützenteil besaß eine größere Betonfläche und einen erhöhten Längsbewehrungsgrad. Dies sollte sicherstellen, dass ein Versagen auf den Knotenbereich oder den oberen Stützenteil des Versuchskörpers beschränkt blieb.

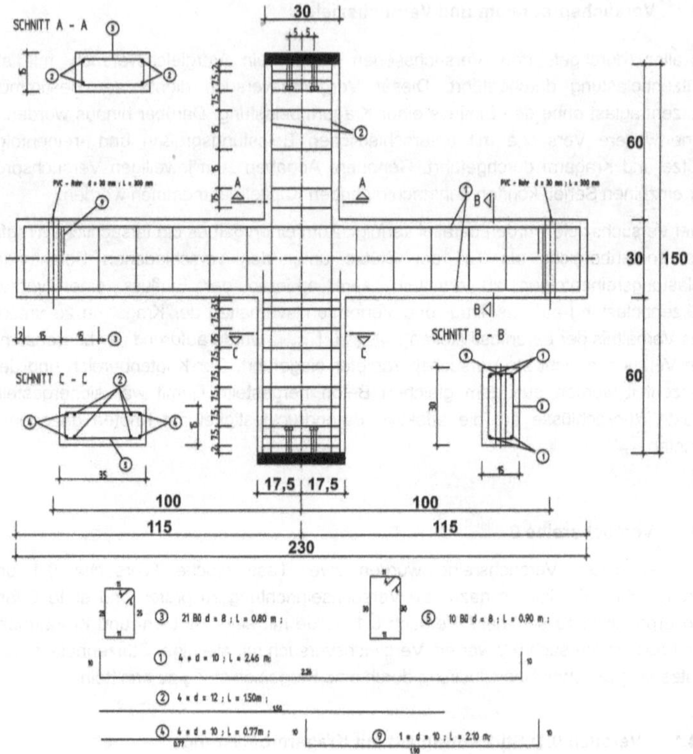

Abbildung 3-6: Abmessungen und Bewehrung des Versuchskörpers 0.1

Der Versuchskörper 0.1 wurde zusammen mit Versuchskörper 0.2 liegend betoniert. Versuch 0.1 wurde vierzehn Tage nach der Herstellung der Körper durchgeführt. Um aus der Würfelfestigkeit $f_{c,Würfel150}$ eine einachsige Bauwerksdruckfestigkeit $f_{c,Versuch}$ des Betons am Versuchstag zu ermitteln, wurde dieser Wert mit dem Faktor 0,76 multipliziert (siehe Gleichung (3.3)). Damit wird der Einfluss der Würfelform der Probenkörper Rechnung getragen:

$$f_{c,\,Versuch} = 0{,}76 \cdot f_{c,Würfel150} = 0{,}76 \cdot 25{,}5\ MN/m^2 = 19{,}4\ MN/m^2 \qquad (3.6)$$

Nach Gleichung (3.4) ergab sich somit eine zu erwartende Traglast des Stützenteils von 1098 kN. Die ermittelte untere Streckgrenze der warmgewalzten Zugbewehrung des Kragarms (∅ 10 mm) betrug 538,3 MN/m², die Zugfestigkeit der Bewehrung betrug 609 MN/m².

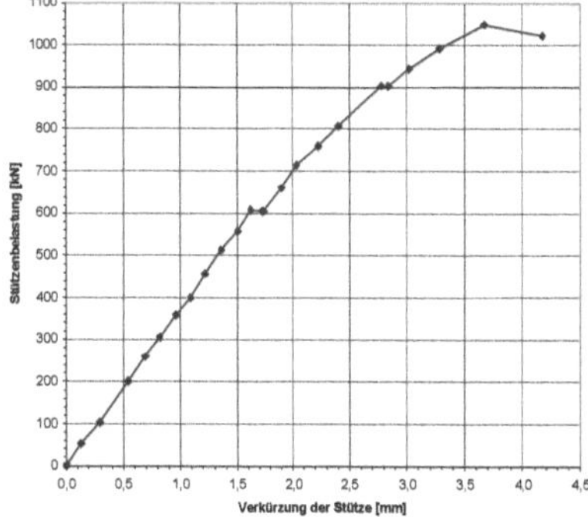

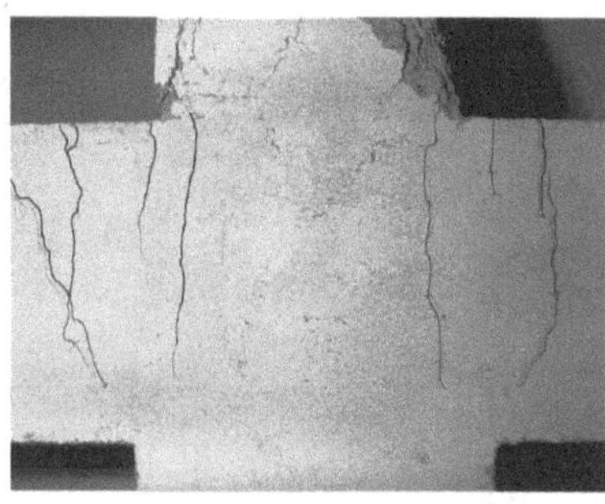

Abbildung 3-7: Last-Verformungs-Verhalten und Rissbild des Versuchskörpers 0.1

Es war mit einem Fließbeginn der Bewehrung bei einer Kragarmbelastung von 35,5 kN und mit einer voraussichtlichen Bruchlast der Kragarme von 36,5 kN zu rechnen. Diese Vorberechnung wurde in allen weiteren Versuchsserien auf diese Art durchgeführt. Nach dem Einbringen des Versuchskörpers in die Versuchseinrichtung wurde der Stützenteil zunächst mit 600 kN belastet. Die Stützenlast wurde konstant gehalten, während die Kragarme des Versuchskörpers belastet wurden, bis die Kragarmbewehrung den Bereich plastischer Stahldehnungen erreichte und dort keine weitere Last aufgenommen werden konnte. Dies trat bei einer Kragarmlast von 34,5 kN ein. Die Hauptrisse entstanden außerhalb des Knotenbereichs. Im Knoten wurden lediglich am Rande Risse beobachtet (siehe Abbildung 3-7). Anschließend wurde bei gleichbleibender Kragarmbelastung der Stützenteil bis zur Traglast belastet. Das Versagen des Stützenteils trat bei 1049 kN ein. Ein Knotenversagen wurde nicht beobachtet. Der Versuchskörper versagte im oberen Stützenteil mit einem anschließenden Ausknicken der Längsbewehrung zwischen den Bügeln.

3.4.2 Versuch 0.2: Stützentraglast

Der Vergleichsversuch 0.2 zur Bestimmung der Traglast des Stützenteils des Versuchskörpers ohne Riegelbelastung fand zwei Tage vor Versuch 0.1 statt. Der Versuchskörper besaß verkürzte Riegelteile, die den Knotenbereich ausreichend abbildeten, da bei diesem Versuch keine Riegelbelastung vorgesehen war.

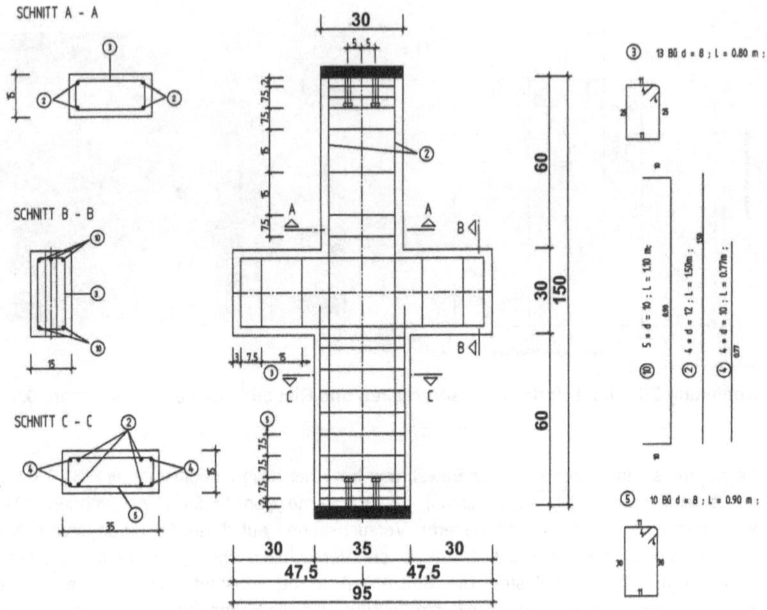

Abbildung 3-8: **Abmessungen und Bewehrung des Versuchskörpers 0.2**

Die Betondruckfestigkeit am Versuchstag betrug:

$$f_{c,\,Versuch} = 0{,}76 \cdot f_{c,Würfel150} = 0{,}76 \cdot 24{,}6\ MN/m^2 = 18{,}6\ MN/m^2 \qquad (3.7)$$

Hieraus ergab sich eine zu erwartende Traglast von 1062 kN nach Gleichung (3.4). Der Versuchskörper wurde mit einer monoton steigenden Last bis zur Traglast beaufschlagt. Bei 900 kN entstand der erste und einzige Riss am Rande des Knotenbereichs (siehe Abbildung 3-9). Der Versuchskörper versagte bei einer Belastung von 1056 kN auf die gleiche Art und Weise und an der gleichen Stelle wie Versuchskörper 0.1.

Fazit aus Versuchsreihe 0

Wenn man die Traglasten der beiden Versuche auf die Betonfestigkeit am Versuchstag des Vergleichsversuchs 0.2 bezieht, d.h. auf eine Betonfestigkeit normiert, dann erreicht Versuch 0.1 eine Traglast von 1093 kN, was ein Unterschied von lediglich rd. 3,5 % bedeutet. Somit konnte kein deutlicher, versuchstechnisch relevanter Unterschied zwischen den beiden Versuchen festgestellt werden. Dies hat u.a. zwei Gründe:

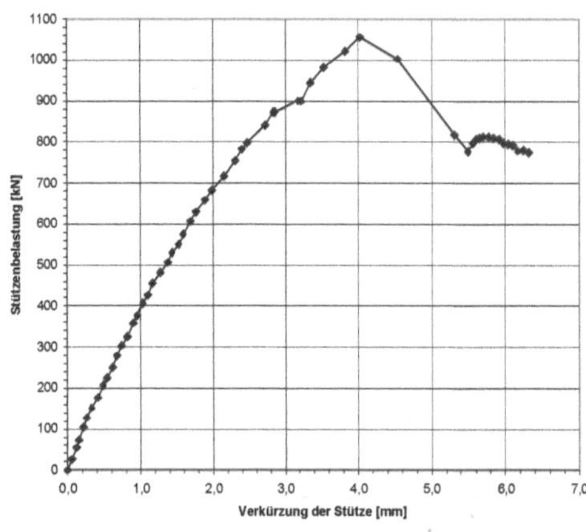

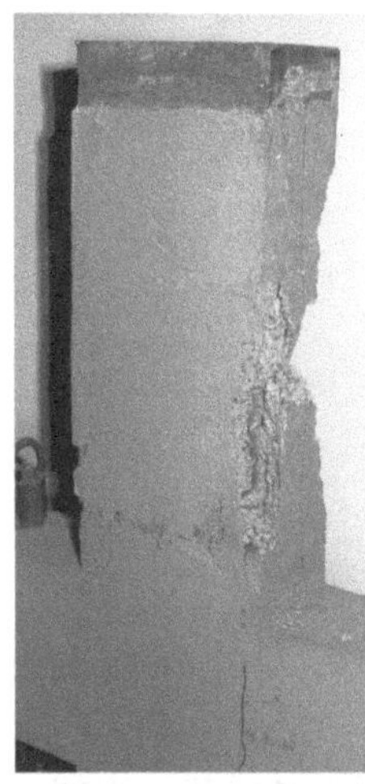

Abbildung 3-9: Last-Verformungs-Verhalten und Versagensbild im Versuch 0.2

- Die Versuchskörper 0.1 und 0.2 wurden (für Ortbeton) praxisfern horizontal betoniert und verdichtet ohne Arbeitsfugen im Stützenanschnitt, und anschließend in der vertikalen Position untersucht.
- Es zeigte sich keine ausgeprägte Rissbildung im Knotenbereich (siehe Abbildung 3-7). Somit konnte die erhoffte Schwächung des Knotenbereichs durch breite Risse mit einem engen Rissabstand nicht erzielt werden.

Eine Schädigung des unmittelbaren Knotenbereichs durch die Biegung der Kragarme wurde nicht erreicht. Folgerichtig versagten beide Versuchskörper auf gleiche Weise.

In Abbildung 3-10 und Abbildung 3-11 ist der Einfluss der Stützenbelastung auf die Verteilung der Dehnungen im Knoten zu sehen. Gänzlich ohne Kragarmbelastung traten in Versuch 0.2 Stahldehnungen von 0,5 ‰ in der oberen Kragarmbewehrung auf. Bei einer zusätzlichen Kragarmbelastung wurden in Versuch 0.1 Stahldehnungen bis zu 2,8 ‰ gemessen. Die in Abbildung 3-11 aufgetragenen Dehnungen sind gemittelte Werte über eine Messstrecke von 30 cm, also über die Knotenbreite. Bei alleiniger Stützenbelastung sind Querdehnungen in Knotenmitte von 0,75 ‰ zu verzeichnen. Bei der Überlagerung mit der Zugbeanspruchung aus Kragarmbelastung in Versuch 0.1 treten maximale Dehnungen von bis zu 2,5 ‰ im oberen Knotendrittel auf.

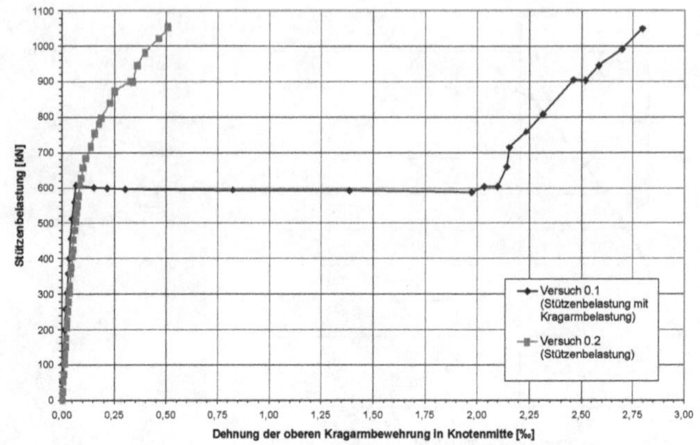

Abbildung 3-10: **Vergleich der Dehnungen der oberen Kragarmbewehrung in Knotenmitte (DMS-Messung von Versuch 0.1 und 0.2)**

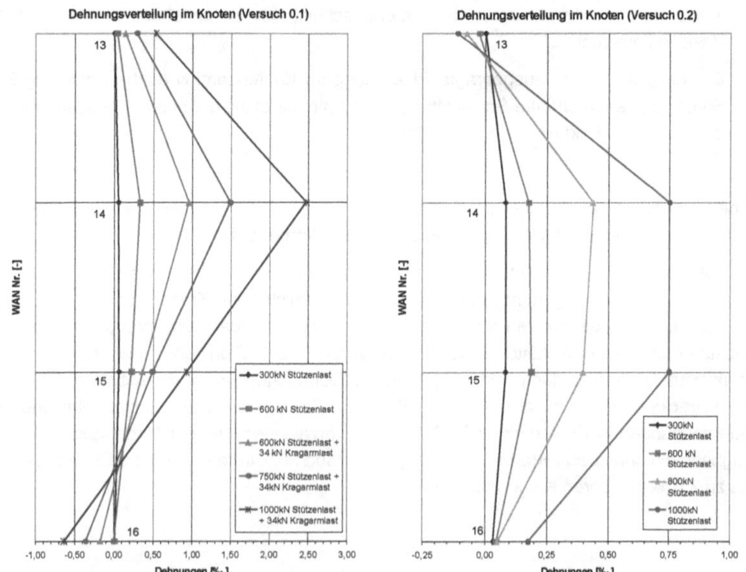

Abbildung 3-11: **Horizontale Dehnungsverteilung im Knoten (WAN-Messung Versuch 0.1 und 0.2)**

3.5 Versuchsreihe 1

Im Rahmen der Versuchsreihe 1 wurden insgesamt vier Versuchskörper untersucht. Nachfolgend ist ein tabellarischer Überblick gegeben. Versuch 1.1 diente der Bestimmung eines Richtwertes der Stützentragfähigkeit ohne den Einfluss einer Kragarmbelastung. In Versuch 1.2 wurde ohne Stützenbelastung die Trag- und Verformungsfähigkeit der Kragarme untersucht. In Versuch 1.3 wurden unter ca. 60 % der zu erwartenden Stützentraglast, die zu Beginn des Versuchs aufgebracht wurde, die Kragarmeigenschaften nochmals untersucht. Zum Schluss der Versuchsserie wurde in Versuch 1.4 die Stützentraglast bestimmt, nachdem die Kragarme zuvor bis zum horizontalen Plateau der Last-Verformungskurve belastet worden waren.

Bezeichnung	**Kurzbeschreibung**	**Versuchsdatum**
Versuch 1.1	Stützentraglast (Vergleichsversuch)	01.12.2000
Versuch 1.2	Kragarmtraglast ohne Stützenbelastung	07.12.2000
Versuch 1.3	Kragarmtraglast mit Stützenbelastung	05.12.2000
Versuch 1.4	Stützentraglast mit Kragarmbelastung	29.11.2000

Tabelle 3-1: Übersicht über Versuchsreihe 1

Die Abmessungen der Versuchskörper sind Abbildung 3-12 und Abbildung 3-15 zu entnehmen. Die Versuchskörper 1.2, 1.3 und 1.4 sind identisch, der Versuchskörper 1.1 besitzt aufgrund der fehlenden Kragarmbelastung wie schon in dem Vergleichsversuch der Versuchsserie 0 lediglich kurze Kragarmstummel, die den Knotenbereich für die vorliegenden Versuchszwecke ausreichend abbilden.

Die Versuchskörper wurden im Gegensatz zur Versuchsserie 0 in drei Abschnitten stehend betoniert: zuerst der untere Stützenteil, dann die Kragarme und zuletzt der obere Stützenteil. Für den unteren Stützenteil wurde ein Transportbeton B 45 verwendet. Damit sollte ein Versagen auf den Knotenbereich oder den oberen Stützenteil begrenzt werden. Für die beiden anderen Abschnitte wurde ein im Labor hergestellter Rezeptbeton verwendet, wie er schon zuvor in Versuchsserie 0 zur Anwendung gekommen war (siehe Anhang).

3.5.1 Versuch 1.1: Stützentraglast (Vergleichsversuch)

Der Vergleichsversuch 1.1 zur Bestimmung der Traglast ohne Riegelbelastung fand am 01.12.2000 statt. Die Versuchskörperabmessungen und die Anordnung der Bewehrung können Abbildung 3-12 entnommen werden. Die Betondruckfestigkeiten wurden am Versuchstag ermittelt. Hieraus ergab sich eine rechnerische Druckfestigkeit im Versuchskörper für den oberen Stützenteil von

$$f_{c,\,Versuch} = 0{,}76 \cdot f_{c,Würfel150} = 0{,}76 \cdot 32{,}8\ MN/m^2 = 24{,}9\ MN/m^2 \tag{3.8}$$

und für die Kragarme von

$$f_{c,\,Versuch} = 0{,}76 \cdot f_{c,Würfel150} = 0{,}76 \cdot 28{,}4\ MN/m^2 = 21{,}6\ MN/m^2 \quad (3.9)$$

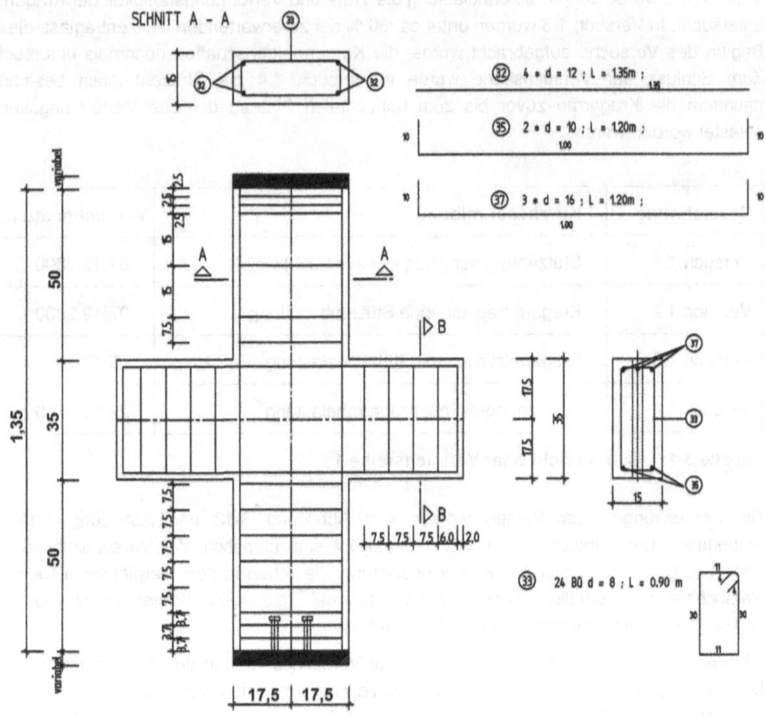

Abbildung 3-12: Abmessungen und Bewehrung des Versuchskörpers 1.1

Damit ergab sich nach Gleichung (3.4) eine zu erwartende Traglast des oberen Stützenteils von 1555 kN. Der untere Stützenteil blieb, wie angestrebt, bei allen Versuchen der Versuchsserien 1, 2 und 3 nicht maßgebend, da die Betondruckfestigkeit stets über 50 MN/m^2 lag.

Der Versuchskörper 1.1 wurde anfänglich in Schritten von etwa 100 kN belastet. Ab 800 kN wurden diese Schritte immer kleiner gewählt. Bei einer Last von 1100 kN waren durch das angebrachte Körperschallmikrofon die ersten deutlichen Knackgeräusche wahrnehmbar. Gleichzeitig entstand auch der erste und einzige Riss im Knotenbereich des Versuchskörpers (siehe Abbildung 3-14). Er verlief vertikal im unteren Drittel des Knotenbereichs. Bis zum Versagen bei 1286 kN änderte sich das Rissbild nicht mehr.

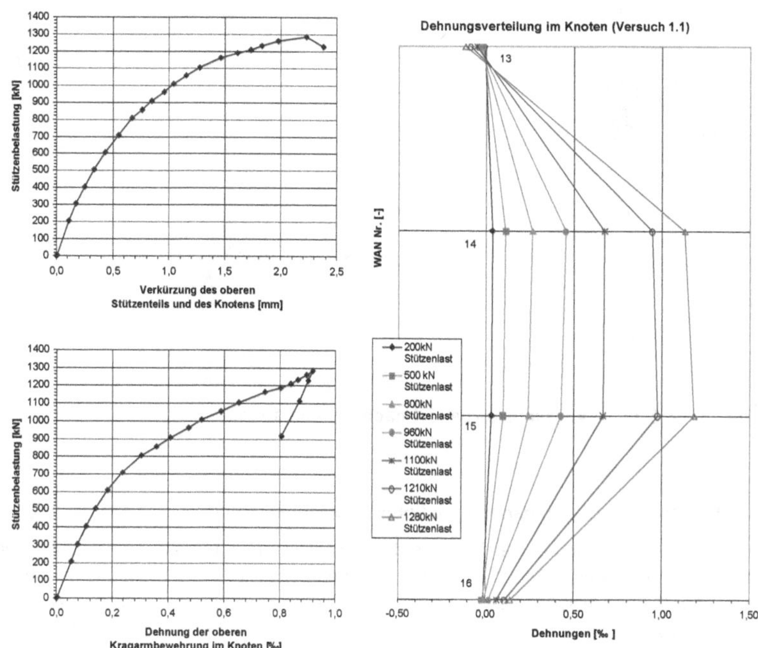

Abbildung 3-13: Last-Verformungs-Diagramm, Dehnungen der oberen Kragarmbewehrung und Verteilung der Dehnungen im Knoten

Der Versuchskörper versagte, wie schon in Versuch 0.1, erwartungsgemäß in der Hälfte des oberen Stützenteils mit einem anschließenden Ausknicken der Längsbewehrung zwischen zwei Bügeln. Dabei wurden Querdehnungen im Knoten von bis zu 1,2 ‰ gemessen, gemittelt über die Knotenbreite von 35 cm (siehe Abbildung 3-13). In der oberen Kragarmbewehrung wurden in Knotenmitte Stahldehnungen bis zu 0,9 ‰ gemessen.

Abbildung 3-14: Versuchskörper 1.1 nach Versuchsende

3.5.2 Versuch 1.2: Kragarmtraglast ohne Stützenbelastung

In Versuch 1.2 wurden nur die Kragarme des Versuchskörpers belastet. Der Versuch diente dazu, einen Richtwert für die Traglast und Verformungsfähigkeit der Kragarme zu erhalten, ohne den Einfluss einer Stützenbelastung in die Versuchsergebnisse einfließen zu lassen. Versuchskörper 1.2 war identisch mit den Versuchskörpern 1.3 und 1.4. Die Abmessungen und Bewehrungsanordnung sind Abbildung 3-15 zu entnehmen.

Die ermittelte untere Streckgrenze der warmgewalzten Zugbewehrung des Kragarms (∅ 16 mm) betrug 538,7 MN/m², die Zugfestigkeit der Bewehrung betrug 628,1 MN/m². Wie in allen durchgeführten Versuchen wurden auch hier am Versuchstag die Betondruckfestigkeiten ermittelt. Hieraus ergab sich eine Betondruckfestigkeit für den oberen Stützenteil von

$$f_{c,\,Versuch} = 0{,}76 \cdot f_{c,Würfel150} = 0{,}76 \cdot 34{,}93\ MN/m^2 = 26{,}6\ MN/m^2 \qquad (3.10)$$

und für die Kragarme von

$$f_{c,\,Versuch} = 0{,}76 \cdot f_{c,Würfel150} = 0{,}76 \cdot 31{,}11\ MN/m^2 = 23{,}6\ MN/m^2 \qquad (3.11)$$

Damit war laut Vorberechnung der rechnerische Fließbeginn der Bewehrung bei einer Kragarmbelastung von ca. 104 kN zu erwarten. Die Traglast der Kragarme sollte bei ca. 107 kN erreicht werden.

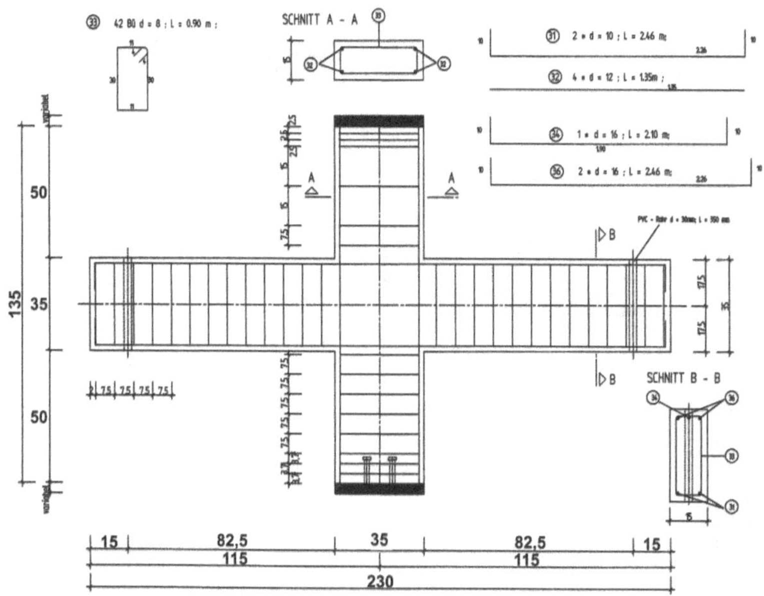

Abbildung 3-15: Abmessungen und Bewehrung der Versuchskörper 1.2, 3 und 4

Durch das frühe Erreichen der Risslast im linken Kragarm verhielt sich dieser anfangs weicher (siehe Abbildung 3-16). Beide Kragarme erreichten jedoch etwa gleichzeitig den Bereich mit plastischen Stahldehnungen. Anschließend konzentrierten sich die plastischen Verformungen fast ausschließlich auf den linken Kragarm, während der rechte Kragarm sich nur noch unwesentlich verformte. Die plastische Dehnung der Bewehrung konzentrierte sich erwartungsgemäß auf den Riss, der dem Knotenanschnitt am nächsten gelegen war (siehe Abbildung 3-17). Bei zunehmender Durchbiegung wurde die Druckzone sichtbar eingeschnürt, bis die ersten Betonabplatzungen am unteren Kragarmrand beobachtet werden konnten. Die Versuchseinrichtung erlaubte keine weiteren Kragarmverformungen. Die maximal erreichte Kragarmbelastung betrug 115,6 kN.

Das Rissbild zeigte die zu erwartende fächerartige Form. Das Bild setzte sich mit vier weiteren Rissen im Knotenbereich nahtlos mit etwas größeren Rissabständen fort (siehe Abbildung 3-17). Hier war auffällig, dass die Ausdehnung der Risse bis zur Arbeitsfuge unter dem oberen Stützenteils reichte. Die Risse fanden hier keine Fortsetzung im oberen Teil des Versuchskörpers. Dort waren lediglich zwei kurze Risse zu beobachten, die unabhängig von den Rissen im Knotenbereich waren. Sie rührten vom nötigen Ausgleich der unterschiedlichen Dehnungen der beiden Betonierabschnitte her. Es wurden Dehnungen quer zur Stützenlängsrichtung im Knoten von bis zu 5 ‰ und Stauchungen von bis zu 3,5 ‰ gemessen (siehe Abbildung 3-16). In der oberen Bewehrung der Kragarme wurden in Knotenmitte Stahldehnungen bis zu 3,0 ‰ gemessen. Damit hatte aber diese Bewehrung noch nicht das horizontale Fließplateau der Werkstoffkennlinie erreicht, siehe Anhang.

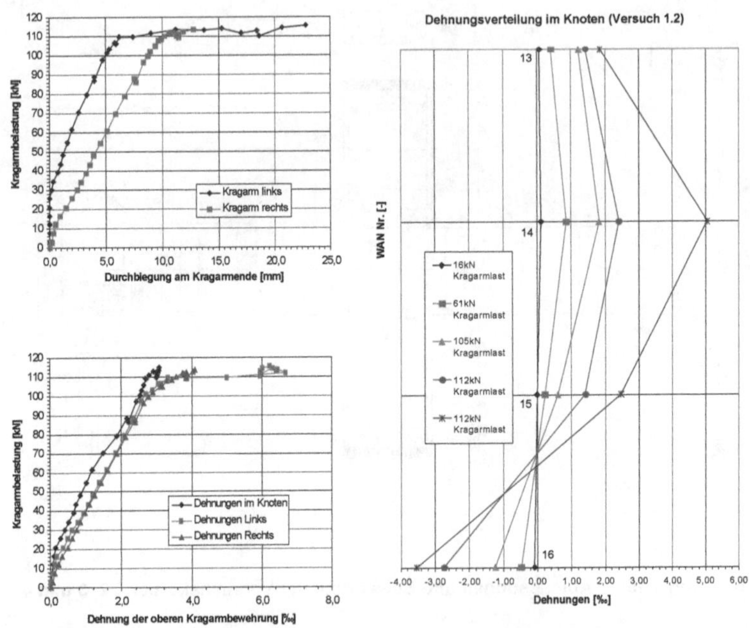

Abbildung 3-16: Last-Verformungs-Diagramm, Dehnungen der oberen Kragarmbewehrung im Knoten und Verteilung der Dehnungen im Knoten

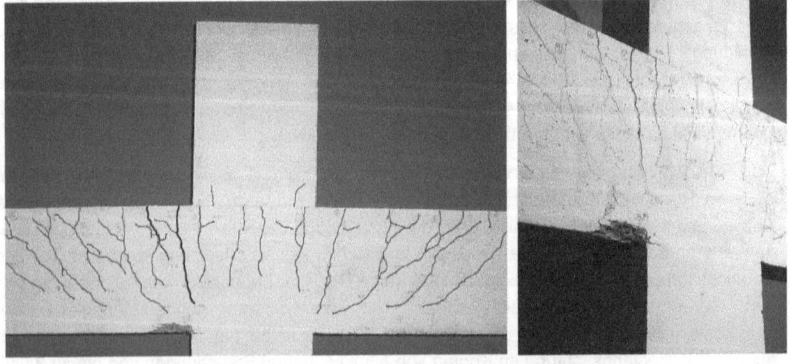

Abbildung 3-17: Versuchskörper 1.2 nach Versuchsende

3.5.3 Versuch 1.3: Kragarmtraglast mit Stützenbelastung

Versuch 1.3 diente dazu, den Einfluss der Stützenbelastung auf das Trag- und Verformungsverhalten der Kragarme aufzuzeigen. Hierzu sollte der direkte Vergleich zu Versuch 1.2 die wesentlichen Unterschiede aufzeigen. Wie in allen Versuchen wurde auch hier am Versuchstag die Betondruckfestigkeiten ermittelt. Hieraus ergab sich eine Betondruckfestigkeit für den oberen Stützenteil

$$f_{c,\,Versuch} = 0{,}76 \cdot f_{c,Würfel150} = 0{,}76 \cdot 33{,}69\ MN/m^2 = 25{,}6\ MN/m^2 \tag{3.12}$$

und für die Kragarme von

$$f_{c,\,Versuch} = 0{,}76 \cdot f_{c,Würfel150} = 0{,}76 \cdot 30{,}44\ MN/m^2 = 23{,}1\ MN/m^2 \tag{3.13}$$

Laut Vorberechnung war daher der rechnerische Fließbeginn der Bewehrung bei einer Kragarmbelastung von ca. 104 kN zu erwarten. Die Traglast der Kragarme sollte bei ca. 106,5 kN eintreten.

Im Versuch wurde die Stützenbelastung zunächst auf 700 kN eingestellt ohne dabei die Kragarme zu belasten. Anschließend wurde die Kragarmbelastung bei gleichbleibender Stützenbelastung analog zur Vorgehensweise in Versuch 1.2 gesteigert. Der Versuchskörper 1.3 zeigte im Kragarmbereich ein nahezu identisches Verhalten wie Versuchskörper 1.2, wobei der rechte Kragarm sich etwas steifer verhielt. Bis zu ca. 100 kN verhielten sich die Kragarme in beiden Versuchen ansonsten gleichartig. Anschließend konzentrierte sich die plastische Dehnung in Versuch 1.3 auf den linken Kragarm. Die Kragarme wurden wie im Versuch 1.2 weiter in den plastischen Bereich hinein weggesteuert verformt, ließen sich aber auch hier aufgrund der Versuchseinrichtung nicht bis zum endgültigen Bruch verformen. Bei Versuchsende betrug die aufgezeichnete Last aufgrund des unterschiedlichen Ansprechverhaltens der Kragarme 106,4 kN im linken Kragarm, im rechten 112,1 kN.

Der Unterschied im Verhalten zeigte sich im Knotenbereich. Auch hier setzte sich die Rissbildung im Knotenbereich fort, allerdings mit einem etwas anderen Rissbild im direkten Vergleich zu Versuch 1.2 (siehe Abbildung 3-19). Hier entstanden nur drei statt vier Rissen. Im Unterschied zu Versuch 1.2 endeten die Risse im Knotenbereich nicht an der Arbeitsfuge, sondern setzten sich hier infolge der Stützenbelastung nahtlos durch die Betonierabschnitte in dem oberen Stützenteil fort. Damit zeigte sich der Einfluss der vertikalen Stützenbelastung auf das sich einstellende Rissbild. Die Messung der Dehnungen zeigte kaum Unterschiede zum Versuch 1.2. Die Querdehnungen im Knoten von bis zu 5,2 ‰ fielen etwas größer aus, die Stauchungen in Querrichtung am unteren Knotenrand von bis zu 2,7 ‰ etwas geringer (siehe Abbildung 3-18). In der oberen Bewehrung der Kragarme wurden im Knotenmitte Stahldehnungen bis 2,9 ‰ gemessen, also fast identisch mit den Werten in Versuch 1.2. In Abbildung 3-18 kann der Einfluss der Stützenlast von 700 kN auf die Dehnung der oberen Kragarmbewehrung mit 0,15 ‰ auf der horizontalen Koordinatenachse direkt abgelesen werden, da die Auftragung der Dehnungen über die Kragarmbelastung erfolgt. Insgesamt zeigte sich im Versuch 1.3 ein recht geringer Einfluss der Stützenbelastung.

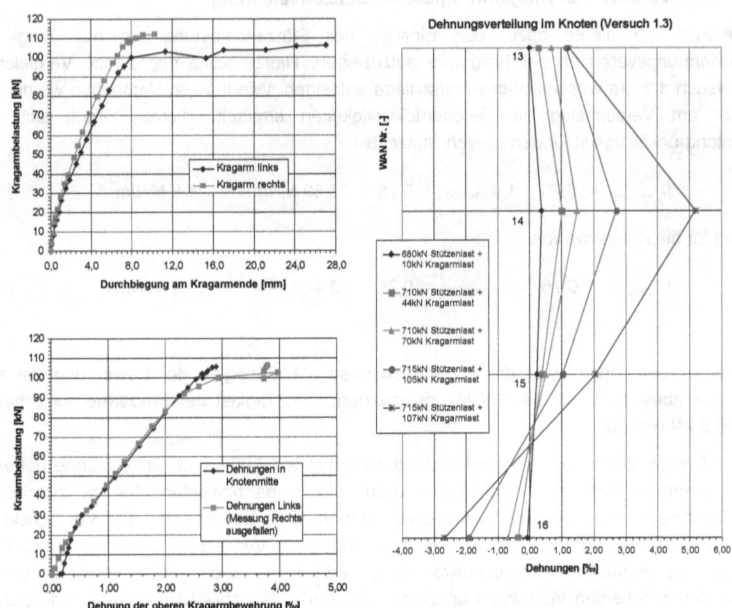

Abbildung 3-18: Last-Verformungs-Diagramm, Dehnungen der oberen Kragarmbewehrung im Knoten und Verteilung der Dehnungen im Knoten

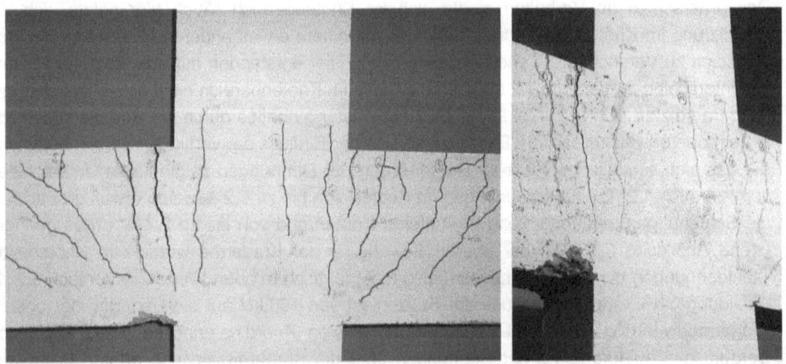

Abbildung 3-19: Versuchskörper 1.3 nach Versuchsende

3.5.4 Versuch 1.4: Stützentraglast mit Kragarmbelastung

Beim Versuch 1.4 wurde zu Beginn der Versuchskörper durch Aufbringung einer Stützenlast von 200 kN fixiert. Anschließend wurde die Kragarmbelastung bis zum Fließen der Kragarmbewehrung aufgebracht, und dann wurde die Stütze bei konstant gehaltener Kragarmlast bis zum Bruch belastet. Versuchsziel war es, hierdurch den Einfluss der belasteten Kragarme auf die Stützentraglast im direkten Vergleich zu Versuch 1.1 zu bestimmen.

Im Vorfeld wurden am Versuchstag die Betonfestigkeiten bestimmt. Aus den Druckversuchen an den Würfeln ergab sich eine rechnerische Betondruckfestigkeit im Versuchskörper für den oberen Stützenteil von:

$$f_{c,\,Versuch} = 0{,}76 \cdot f_{c,Würfel150} = 0{,}76 \cdot 32{,}09\ MN/m^2 = 24{,}4\ MN/m^2 \tag{3.14}$$

und für die Kragarme von

$$f_{c,\,Versuch} = 0{,}76 \cdot f_{c,Würfel150} = 0{,}76 \cdot 27{,}20\ MN/m^2 = 20{,}7\ MN/m^2 \tag{3.15}$$

Die mit diesen Werten durchgeführte Vorberechnung ergab sich eine zu erwartende Belastung der Kragarme von ca. 103 kN bei Fließbeginn der Hauptzugbewehrung. Ein Bruch der Kragarme war hiernach bei ca. 105,4 kN zu erwarten. Ein Versagen im oberen Stützenteil wurde nach Gleichung (3.4) bei 1529 kN erwartet.

Beide Kragarme verhielten sich nahezu identisch (siehe Abbildung 3-20). Das aus den Versuchen 1.2 und 1.3 bekannte Rissbild stellte sich am Versuchskörper außerhalb des Knotens ein. Die Risse verteilten sich fächerartig um den Knoten, und es stellten sich im unmittelbaren Knotenbereich Risse ein, die einen etwas größeren Rissabstand aufwiesen. Wie schon in Versuch 1.3 erstreckten sich diese Risse bis in den oberen Stützenteil hinein, womit im Knoten ein beinahe identisches Rissbild zu Versuch 1.2 entstand. Im linken Kragarm wurde eine maximale Kragarmbelastung von 106,1 kN vor Beginn der Stützenbelastung erreicht (siehe Abbildung 3-20).

Der Versuchskörper versagte bei einer Belastung von 1173,4 kN. Der Bruch beschränkte sich auf den Knotenbereich und den unmittelbar angrenzenden Kragarmbereich. Die oberen und unteren Stützenteile blieben unversehrt. Der obere Stützenteil drückte sich in den von den Vertikalrissen durchzogenen oberen Knotenbereich hinein. Zwei Bruchkegel entstanden, die in der Dickenrichtung des Versuchskörpers aneinander vorbeiglitten, was zu einem Auseinanderplatzen des Knotenbereichs führte (siehe Abbildung 3-21). Die Längsbewehrungsstäbe der Stütze sowie die untere Bewehrung der Kragarme im Knotenbereich knichten aufgrund der fehlenden Umschließung durch Bügel aus.

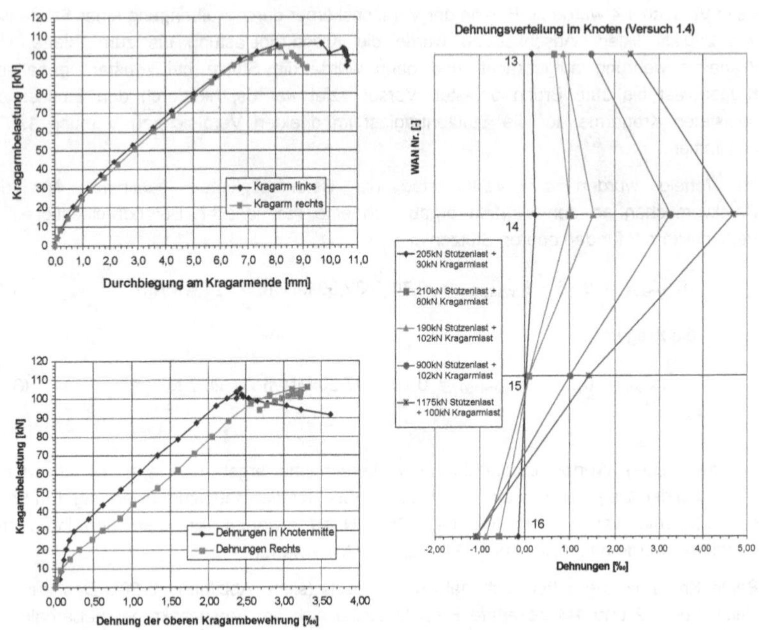

Abbildung 3-20: Last-Verformungs-Diagramm, Dehnungen der oberen Kragarmbewehrung im Knoten und Verteilung der Dehnungen im Knoten

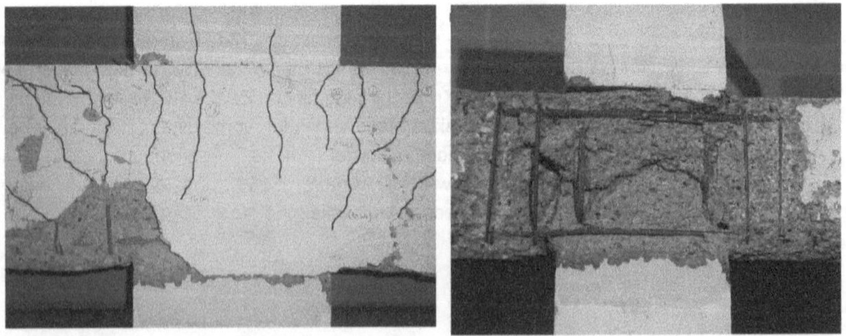

Abbildung 3-21: Versuchskörper 1.4 nach Versuchsende

3.6 Versuchsreihe 2

Im Rahmen der Versuchsreihe 2 wurden insgesamt fünf Versuchskörper untersucht. In Tabelle 3-3 wird ein Überblick über die Eckdaten dieser Versuchsserie gegeben.

Bezeichnung	Kurzbeschreibung	Versuchsdatum
Versuch 2.1	Stützentraglast (Vergleichsversuch ohne Kragarmbelastung)	08.01.2002
Versuch 2.2	Kragarmtraglast (anschließend Stützentraglast)	11.01.2002
Versuch 2.3	Kragarmlast knapp unterhalb der Traglast (anschließend Stützentraglast)	16.01.2002
Versuch 2.4	Stützenlast 80 % der Traglast anschließend Kragarmtraglast, dann Stützentraglast	21.01.2002
Versuch 2.5	Stützen und Kragarmbelastung gleichzeitig (parallel gesteigert bis zur Traglast, siehe Versuchsbeschr.)	23.01.2002

Tabelle 3-2: Übersicht über Versuchsreihe 2

Die Versuchskörper 2.2, 2.3. 2.4 und 2.5 waren identisch, der Versuchskörper 2.1 hatte aufgrund der fehlenden Kragarmbelastung, wie schon bei den Vergleichsversuchen der Versuchsserien 0 und 1, lediglich kurze Kragarmstummel. Die Änderungen gegenüber Versuchsserie 1 bestanden in der Wahl der Versuchskörperabmessungen, in der Bewehrungswahl sowie in der Reihefolge der Lastaufbringung (siehe Tabelle 3-2 und die genaueren Angaben in den folgenden Kapiteln). Die Querschnittsabmessungen der Stütze und des Kragarms wurden auf 40 cm x 16 cm vergrößert. Die Höhe des oberen Stützenteils wurde von 50 cm auf 70 cm verändert, um einen größeren ungestörten Stützenbereich zu erhalten. Die Längsbewehrung des Stützenteils wurde unverändert mit 4 ∅ 12 mm ausgeführt, die Verbügelung der Kragarme wurde prinzipiell wie in der vorigen Serie angeordnet, d.h. ein Querkraftversagen wurde ausgeschlossen. Die Bügel mit ∅ 8 mm wurden aber in Abständen von 7,5 cm statt 10 cm angeordnet. Der Querschnitt der Biegebewehrung im Kragarm wurde verändert. Die Riegel erhielten 4 ∅ 14 mm als Zugbewehrung oben und 2 ∅ 10 mm als untere Bewehrung. Einen Überblick über die Versuchskörper bieten Abbildung 3-22 und Abbildung 3-25.

Wie schon in den beiden vorangegangenen Versuchsserien wurde ein Rezeptbeton gewählt. Die Versuchskörper wurden auch hier in drei Abschnitten stehend betoniert: zuerst der untere Stützenteil, dann die Kragarme und zuletzt der obere Stützenteil. Für den unteren Stützenteil wurde wiederum ein Transportbeton B 45 verwendet, um ein Versagen im unteren Stützenteil auszuschließen. Die ermittelten Materialkennwerte des verwendeten Betons und des Betonstahls sind im Anhang aufgeführt.

3.6.1 Versuch 2.1: Stützentraglast (Vergleichsversuch)

Wie schon bei Versuch 1.1 handelt es sich bei Versuch 2.1 um den Vergleichsversuch für die zweite Serie zur Bestimmung der Stützen ohne Riegelbelastung. Die Abmessungen und die Anordnung der Bewehrung können Abbildung 3-22 entnommen werden. Am Versuchstag wurde eine Betonfestigkeit des Stützenteils ermittelt:

$$f_{c,\,Versuch} = 0{,}76 \cdot f_{c,Würfel150} = 0{,}76 \cdot 20{,}50\ MN/m^2 = 15{,}6\ MN/m^2 \qquad (3.16)$$

und für den Beton der Kragarme:

$$f_{c,\,Versuch} = 0{,}76 \cdot f_{c,Würfel150} = 0{,}76 \cdot 19{,}02\ MN/m^2 = 14{,}5\ MN/m^2 \qquad (3.17)$$

Die zu erwartende Traglast des oberen Stützenteils betrug nach Gleichung (3.4) 1225 kN.

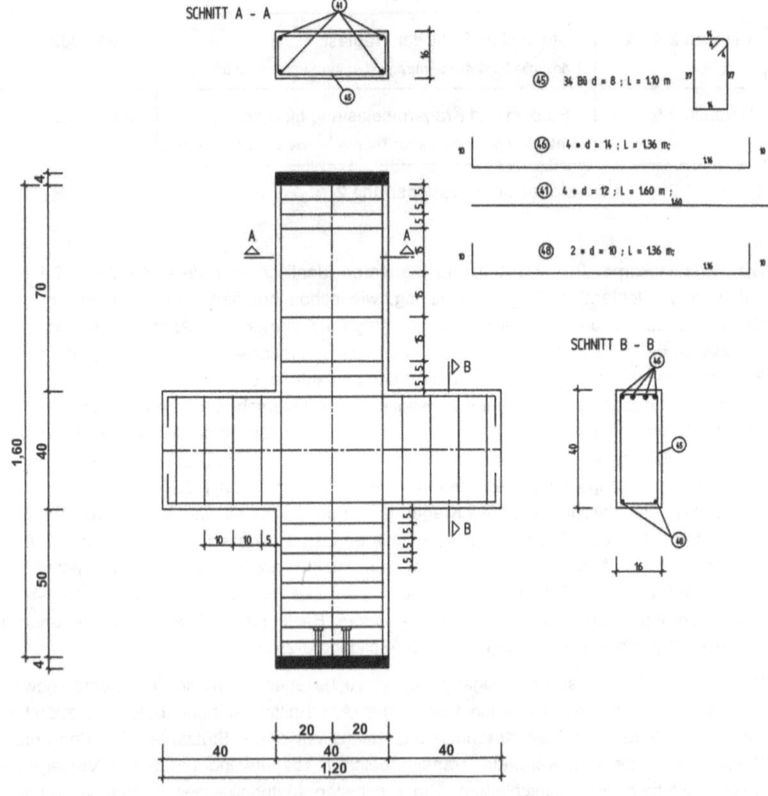

Abbildung 3-22: Abmessungen und Bewehrung des Versuchskörpers 2.1

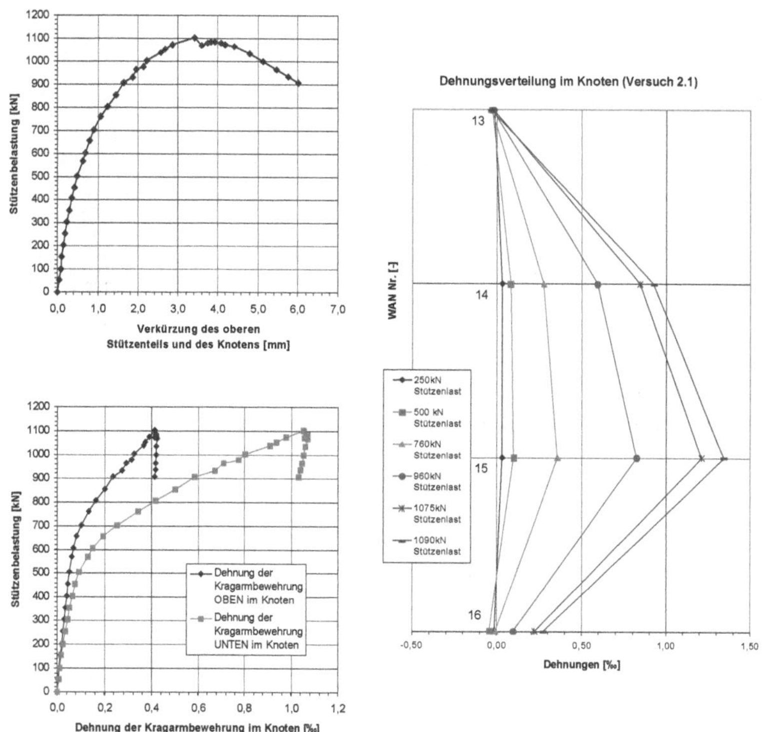

Abbildung 3-23: Last-Verformungs-Diagramm, Dehnungen der oberen Kragarmbewehrung im Knoten und Verteilung der Dehnungen im Knoten

Der erste Riss trat in der Mitte des Knotenbereichs bei einer Stützenbelastung von 700 kN auf. Bis zu einer Last von 800 kN traten weitere Risse im Knotenbereich auf, anschließend bildeten sich im linken unteren Drittel des Knotens in unmittelbarer Nähe eines schon vorhandenen Risses weitere kleinere Risse. Der obere Stützenteil des Versuchskörpers war zu dieser Zeit noch äußerlich unbeschädigt. Erst bei einer Last von 1009 kN trat der erste Riss in diesem Bereich auf, und dort zeichnete sich das Abplatzen der Betondeckung ab. Bei einer Last von 1103 kN ging der obere Stützenteil zu Bruch. Die Längsbewehrung knickte zwischen zwei Bügeln auf einer Seite aus und sprengte die Betondeckung ab. Die Bruchebene erstreckte sich von dieser Stelle aus bis zur Vorderseite der gegenüberliegenden Stützenseite, direkt oberhalb des Knotenbereichs (siehe Abbildung 3-24). Damit war erwartungsgemäß der Stützenquerschnitt maßgebend.

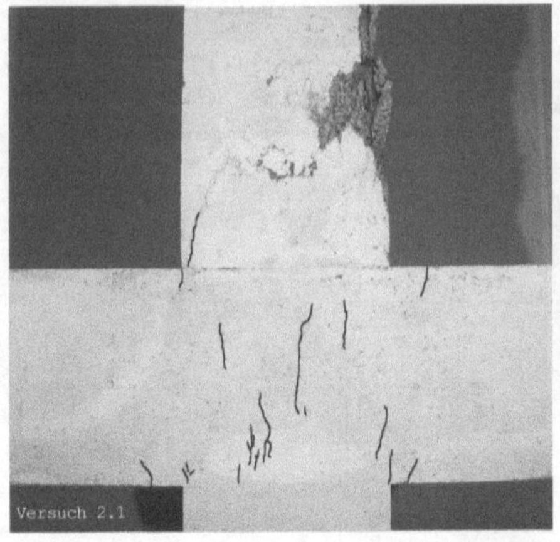

Abbildung 3-24: Versuchskörper 2.1 nach Versuchsende

3.6.2 Versuch 2.2: Kragarmtraglast ohne Stützenbelastung

Versuch 2.2 wurde in zwei Teilversuche unterteilt. Im ersten und vorrangigen Teilversuch wurde das Verhalten der Kragarme ohne den Einfluss einer Stützenbelastung untersucht. Hier sollten Trag- und Verformungsverhalten als Richtwert für die nachfolgenden Versuche bestimmt werden. Demnach wurden hier ausschließlich die Kragarme belastet. Im zweiten Teilversuch wurde anschließend die Traglast der Stütze ermittelt. Hierbei wurde die Belastung der Kragarme beim Versagen aufrechterhalten. Die Abmessungen und Bewehrungsanordnung wurden eingangs von Kapitel 3.6.1 erläutert, nähere Angaben sind Abbildung 3-25 zu entnehmen.

Die ermittelte untere Streckgrenze der warmgewalzten Zugbewehrung des Kragarms (∅ 14 mm) betrug 535,5 MN/m², die Zugfestigkeit der Bewehrung betrug 617,8 MN/m². Am Versuchstag wurde eine Betonfestigkeit des Stützenteils ermittelt:

$$f_{c,\,Versuch} = 0{,}76 \cdot f_{c,Würfel150} = 0{,}76 \cdot 21{,}60\ MN/m^2 = 16{,}4\ MN/m^2 \quad (3.18)$$

und für den Beton der Kragarme:

$$f_{c,\,Versuch} = 0{,}76 \cdot f_{c,Würfel150} = 0{,}76 \cdot 19{,}85\ MN/m^2 = 15{,}1\ MN/m^2 \quad (3.19)$$

Mit dieser Betondruckfestigkeit des Kragarmbetons war im ersten Teilversuch rechnerisch ein Fließen der Bewehrung bei ca. 124 kN, ein Bruch des Kragarms bei 128,6 kN durch Versagen der Betondruckzone zu erwarten. Im zweiten Teilversuch wurde eine zu erwartende Traglast des Stützenquerschnitts von ca. 1275 kN nach Gleichung (3.4) ermittelt.

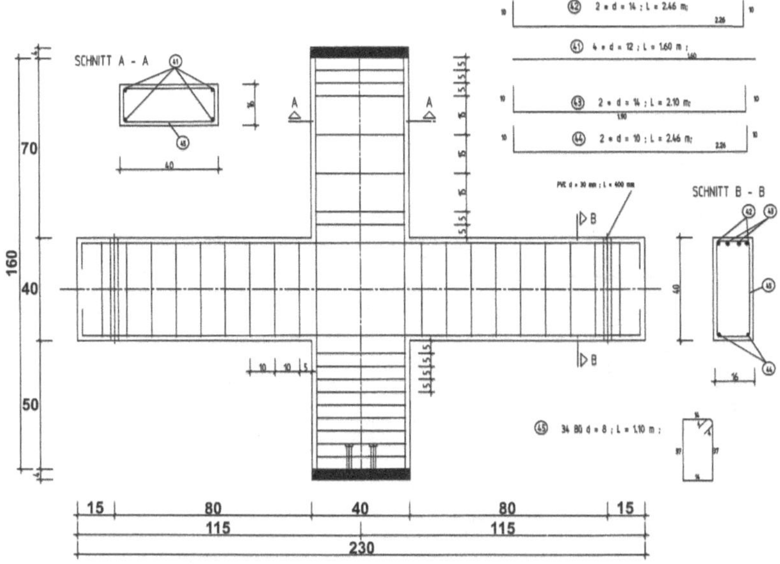

Abbildung 3-25: Abmessungen und Bewehrung der Versuchskörper 2.2 bis 2.5

Teilversuch 1 verlief wie erwartet mit dem Auftreten der ersten Risse im Kragarmanschnitt bei einer Belastung von ca. 15 kN. Im zunehmenden Abstand vom Knotenbereich erzeugte die Laststeigerung die erwarteten Biegerisse, die sich deutlich zu fächerförmig verlaufenden Biege-Schubrissen ausbildeten. Die größten Rissweiten traten im ersten Riss am Kragarmanschnitt auf. Im Knoten selbst bildeten sich ebenfalls Risse mit nahezu gleichen Rissabständen (siehe Abbildung 3-27), allerdings mit deutlich kleineren Rissweiten. Diese Risse setzten sich nahtlos in den oberen Stützenteil fort, im Gegensatz zu den Rissen im Versuch 1.2, in der die Risse keine Fortsetzung in der Stütze fanden. Dies war darin begründet, dass Versuch 1.2 ohne Stützenbelastung gefahren wurde, während Versuch 2.2 mit 50 kN Druck auf der Stütze ablief. Diese Belastung diente in Versuch 2.2 zur Fixierung des Versuchsaufbaus.

Die Zugbewehrung des linken Kragarms begann bei einer Belastung von 125 kN zu plastizieren. Anschließend wurde nur der rechte Kragarm weiter belastet, bis auch hier bei einer Last von 131 kN plastische Stahldehnungen in der Biegebewehrung auftraten. Die Stabilisierungslast auf der Stütze verhinderte hierbei ein Schiefstellen des Versuchskörpers. Beide Kragarme wurden im weiteren Verlauf wieder gemeinsam gleich belastet, bis der Versuchsaufbau keine weiteren Durchbiegungen zuließ. Die dazugehörige Kragarmlast betrug 136 kN (siehe Abbildung 3-26).

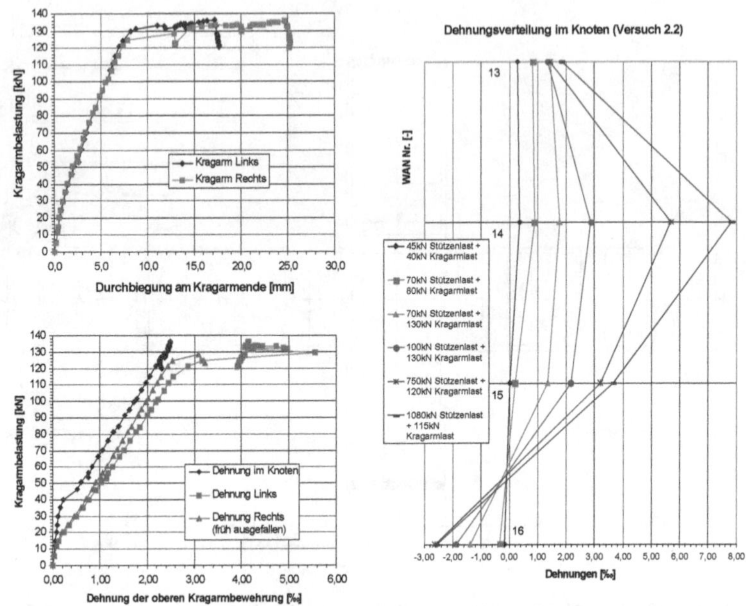

Abbildung 3-26: **Last-Verformungs-Diagramm, Dehnungen der oberen Kragarmbewehrung im Knoten und Verteilung der Dehnungen im Knoten**

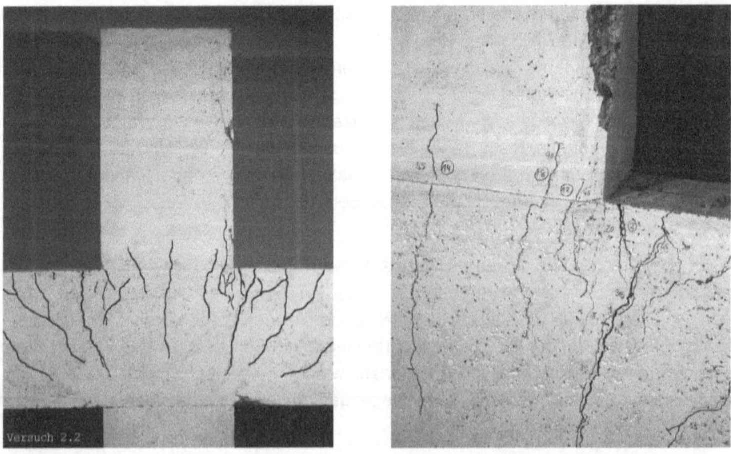

Abbildung 3-27: **Versuchskörper 2.2 nach dem Ende des zweiten Teilversuchs**

Im zweiten Teilversuch wurde die Stützenbelastung unter Aufrechterhaltung der Kragarmbelastung bis zum Bruch gesteigert. Bei zunehmender Last trat eine Vielzahl von kleineren Rissen zwischen dem ersten großen Biegeriss im Kragarmanschnitt und dem ersten Riss im Knotenbereich auf (siehe Abbildung 3-27 rechts). Einer dieser kleineren Risse auf der rechten Knotenseite wuchs nach oben in den Stützenteil, bis sich auf dieser Stützenseite die Betondeckung ablöste. Die maximal erreichte Last auf der Stütze betrug 1082,6 kN und fiel anschließend rasch ab. Die Längsbewehrungsstäbe begannen, wie schon im Versuch 2.1, auf der rechten Seite auszuknicken. Versuch 2.2 versagte unter einer Stützenbelastung vom oberen rechten Knotenbereich ausgehend ein Stück höher in der Stütze.

3.6.3 Versuch 2.3: Stützentraglast nach Kragarmbelastung

In diesem Versuch wurde das Tragverhalten der Stütze bei einer gleichzeitigen Kragarmbelastung untersucht. Der prinzipielle Ablauf war demnach analog zu Versuch 2.2, allerdings mit dem Unterschied, dass die Kragarme nur bis zum ersten Auftreten von plastischen Stahldehnungen belastet wurden. Unter Aufrechterhaltung der dazugehörigen Kragarmbelastung wurde dann mit der Stützenbelastung begonnen.

Am Versuchstag wurde eine Betonfestigkeit des Stützenteils ermittelt:

$$f_{c,\,Versuch} = 0{,}76 \cdot f_{c,Würfel150} = 0{,}76 \cdot 24{,}19\ MN/m^2 = 18{,}4\ MN/m^2 \qquad (3.20)$$

und für den Beton der Kragarme:

$$f_{c,\,Versuch} = 0{,}76 \cdot f_{c,Würfel150} = 0{,}76 \cdot 21{,}42\ MN/m^2 = 16{,}3\ MN/m^2 \qquad (3.21)$$

Demnach war rechnerisch ein Fließen der Zugbewehrung der Kragarme bei ca. 124,4 kN, ein Bruch des Kragarms bei ca. 130 kN durch Versagen der Betondruckzone zu erwarten. Die zu erwartende Traglast des oberen Stützenteils betrug 1403 kN nach Gleichung (3.4).

In diesem Versuch wurde eine anfängliche Belastung in Höhe von 100 kN auf die Stütze aufgebracht, bevor mit der Kragarmbelastung begonnen wurde. Das Kragarmverhalten war identisch zum vorangegangenen Versuch 2.2. Auch hier gab es die größten Biegerisse im Kragarmanschnitt sowie ein fächerartiges Gesamtrissbild. Auch im Knoten stellten sich die zu erwartenden Risse ein. Ab einer Belastung von 129,6 kN erfuhr die Zugbewehrung des rechten Kragarms plastische Dehnungen. Anschließend wurde nur der linke Kragarm weiter belastet, bis auch hier bei einer Last von 132,1 kN plastische Stahldehnungen in der Biegebewehrung auftraten. Beide Kragarme wurden im weiteren Verlauf wieder gemeinsam belastet, bis der Versuchsaufbau keine weiteren Durchbiegungen zuließ. Die dazugehörige Last im linken Kragarm betrug 129,6 kN, im rechten Kragarm 133,1 kN. Die unterschiedliche Belastung der Kragarme hatte keine versuchstechnisch relevante Auswirkung auf das Verhalten des Versuchskörpers.

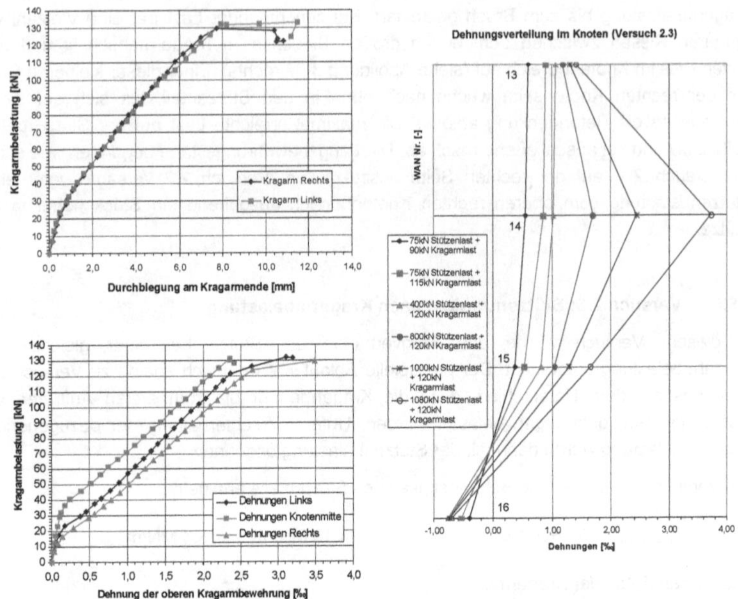

Abbildung 3-28: Last-Verformungs-Diagramm, Dehnungen der oberen Kragarmbewehrung im Knoten und Verteilung der Dehnungen im Knoten

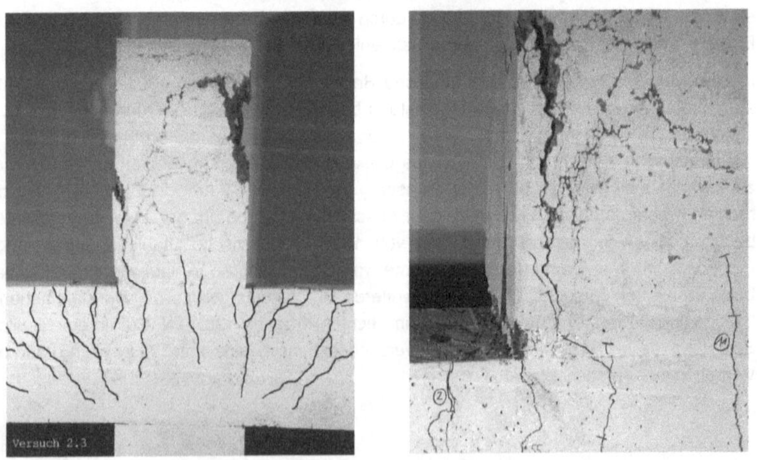

Abbildung 3-29: Versuchskörper 2.3 nach Versuchsende

Bei der anschließenden Stützenbelastung zeigte sich ein ähnliches Verhalten wie in Versuch 2.2. Auffälligster Unterschied war, dass hier keine weiteren Zwischenrisse im oberen Randbereich des Knotens auftraten (siehe Abbildung 3-29 rechts). Der erste Riss im oberen linken Knotenbereich wuchs gegen Versuchsende immer weiter in den oberen Stützenteil hinein. Hier kündigte sich, wie schon in Versuch 2.2, ein Abplatzen der Betondeckung auf der linken Seite an. Bei der Traglast von 1182,2 kN versagte der obere Stützenteil auf der gegenüberliegenden Seite mit einem anschließenden Ausknicken der Stützenlängsbewehrung.

3.6.4 Versuch 2.4: Kragarmtraglast nach Stützenbelastung

In Versuch 2.4 wurde der Einfluss einer vorangegangenen Stützenbelastung bis kurz unter der Traglast auf das Trag- und Verformungsverhalten der Kragarme untersucht. Im Anschluss an die Untersuchung der Kragarme wurde in einem zweiten Schritt die verbleibende Stützentraglast bestimmt.

Am Versuchstag wurde eine Betonfestigkeit des Stützenteils ermittelt:

$$f_{c,\,Versuch} = 0{,}76 \cdot f_{c,Würfel150} = 0{,}76 \cdot 25{,}13\ MN/m^2 = 19{,}1\ MN/m^2 \qquad (3.22)$$

und für den Beton der Kragarme:

$$f_{c,\,Versuch} = 0{,}76 \cdot f_{c,Würfel150} = 0{,}76 \cdot 24{,}10\ MN/m^2 = 18{,}3\ MN/m^2 \qquad (3.23)$$

Somit war mit einem Fließen der Kragarmebiegebewehrung bei einer Last von 127,8 kN zu rechnen. Ein Bruch des Kragarms war bei 130,6 kN zu erwarten. Die zu erwartende Traglast des oberen Stützenteils betrug nach Gleichung (3.4) 1447 kN.

Im ersten Teil des Versuchs wurde die Stütze bis 1100 kN, also weit über die Gebrauchslast hinaus belastet und stand somit kurz vor der Traglast. Ab einer Belastung von ca. 800 kN entstanden erste Risse. Bei einer Last von 1000 kN waren schon drei Risse im Knotenbereich vorhanden. Sie traten in fast identischer Anordnung auf, wie dies schon in Versuch 2.1 zu beobachten war.

Im zweiten Teil des Versuchs wurde unter Beibehaltung der Stützenbelastung von 1100 kN die Kragarmbelastung aufgebracht. Plastische Stahldehnungen traten gleichzeitig in beiden Kragarmen bei einer Belastung von 131,4 kN auf. Soweit es die Versuchseinrichtung erlaubte, wurden die Kragarme weiter verformt. Die maximale Kragarmlasten betrugen links 135,7 kN und rechts 135,8 kN.

Die anschließende Steigerung der Stützenbelastung bis zur Traglast erzeugte zunächst mehrere kleinere Risse im Knotenbereich, die sich im gesamten Knoten verteilten. Dies führte schließlich zu dem endgültigen Rissbild (siehe Abbildung 3-31). Ausgehend von einem Riss im rechten oberen Knotenbereich, löste sich auf dieser Stützenseite die Betondeckung ab. Die Traglast der Stütze wurde bei 1272,1 kN erreicht. Die Längsbewehrungsstäbe knickten, spiegelbildlich zu Versuch 2.3, auf der linken Seite aus als Folge des Versagens des oberen Stützenquerschnitts.

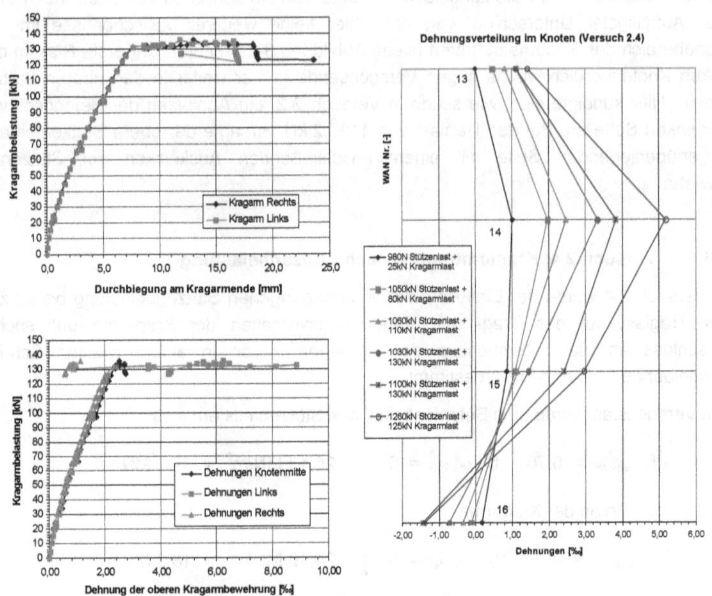

Abbildung 3-30: Last-Verformungs-Diagramm, Dehnungen der oberen Kragarmbewehrung im Knoten und Verteilung der Dehnungen im Knoten

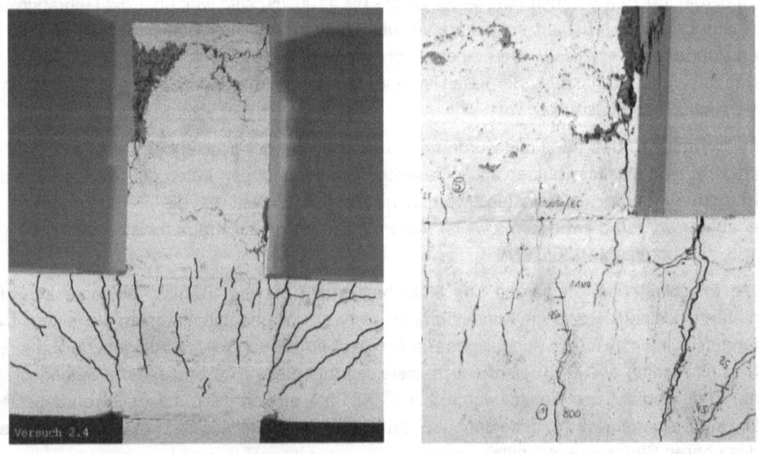

Abbildung 3-31: Versuchskörper 2.4 nach Versuchsende

3.6.5 Versuch 2.5: Stützen- und Kragarmbelastung

Im letzten Versuch der zweiten Serie wurde das Trag- und Verformungsverhalten bei einer gleichzeitigen Steigerung der Stützen- und Kragarmbelastung im Verhältnis 10:1 untersucht.

Am Versuchstag wurde die Betonfestigkeit des Stützenteils ermittelt zu:

$$f_{c,\,Versuch} = 0{,}76 \cdot f_{c,Würfel150} = 0{,}76 \cdot 25{,}52\ MN/m^2 = 19{,}4\ MN/m^2 \qquad (3.24)$$

und für den Beton der Kragarme:

$$f_{c,\,Versuch} = 0{,}76 \cdot f_{c,Würfel150} = 0{,}76 \cdot 26{,}06\ MN/m^2 = 19{,}8\ MN/m^2 \qquad (3.25)$$

Mit diesen Werten war rechnerisch ein Fließbeginn der Bewehrung bei einer Kragarmbelastung von 128,7 kN und ein Bruch der Bewehrung bei ca. 132 kN zu erwarten. Die zu erwartende Traglast des oberen Stützenteils betrug ca. 1466 kN nach Gleichung (3.4).

Da die Traglasten der Kragarme ca. ein Zehntel der Stützentraglast betrugen, wurden die Lasten gesteigert. Die Rissbildung in den Kragarmen setzte wie gewohnt ein, bis bei einer Belastung von 50 kN / 500 kN der erste Riss im Knoten auftrat. Bei einer Belastung von 60 kN / 600 kN waren im Knotenbereich zwei nahezu symmetrisch verteilte Risse vorhanden. Die ersten beiden Risse außerhalb des Knotens verliefen in den oberen Zweidrittel im Gegensatz zu den vorangegangenen Versuchen (siehe Abbildung 3-33) vertikal.

Bei einer Last von 70 kN / 700 kN traten die ersten Risse auf, die die Arbeitsfuge zwischen dem Knotenbereich und dem oberen Stützenteil überbrückten. Die Kragarme zeigten, bis auf die oben genannte Besonderheit, die übliche Rissbildung auf. Bei einer Last von 90 kN / 900 kN waren schon drei Risse in der oberen Arbeitsfuge, sowie drei große Risse inmitten des Knotenbereichs zu verzeichnen. Die Traglast der Stütze wurde bei einer Last von 1254 kN erreicht, die dazugehörige Kragarmbelastung betrug 132,8 kN.

Das Versagen brachte eine großflächige Abplatzung der Betondeckung unmittelbar an und direkt über der Arbeitsfuge zwischen Knotenbereich und oberem Stützenteil mit sich. In der Folge knickten wiederum die Längsbewehrungsstäbe der Stütze zwischen den Bügeln aus, was ein weiteres Aufspalten des Stützenteils bewirkte.

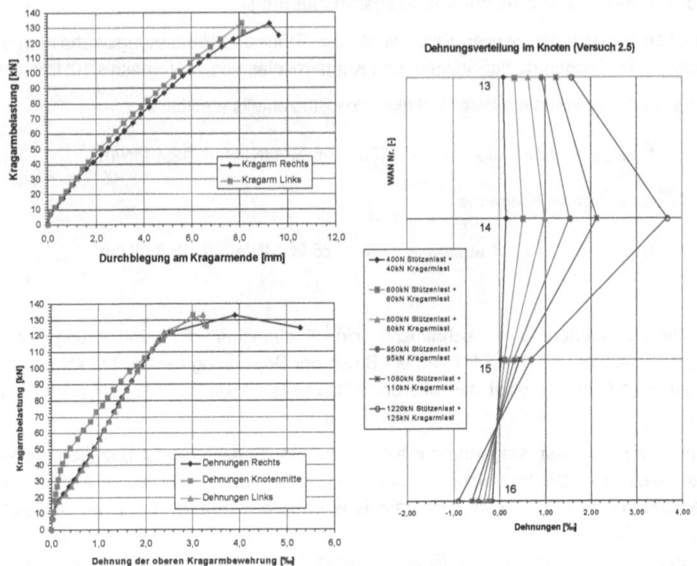

Abbildung 3-32: Last-Verformungs-Diagramm, Dehnungen der oberen Kragarmbewehrung im Knoten und Verteilung der Dehnungen im Knoten

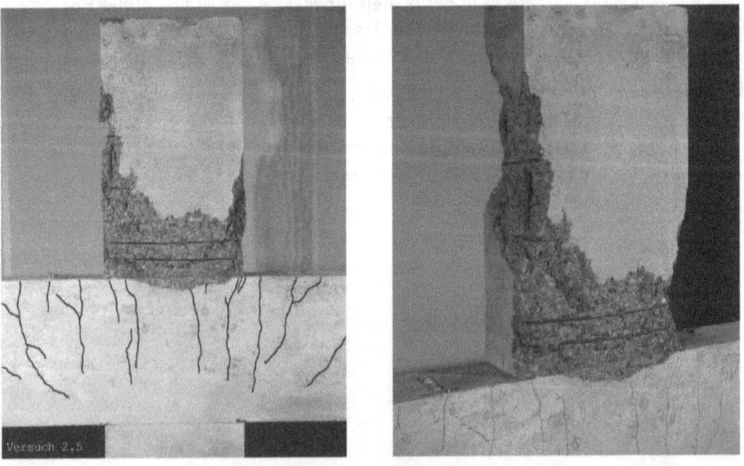

Abbildung 3-33: Versuchskörper 2.5 nach Versuchsende

3.7 Versuchsreihe 3

Im Rahmen der Versuchsreihe 3 wurden wiederum insgesamt fünf Versuchskörper untersucht. Nachfolgend ist ein tabellarischer Überblick über die Eckdaten dieser Versuchsserie gegeben.

Bezeichnung	Kurzbeschreibung	Versuchsdatum
Versuch 3.1	Stützentraglast (Vergleichsversuch ohne Kragarmbelastung)	19.03.2002
Versuch 3.2	Kragarmtraglast (anschließend Stützentraglast)	22.03.2002
Versuch 3.3	Kragarmlast 50 % der Traglast anschließend parallel gesteigert bis zur Traglast	26.03.2002
Versuch 3.4	Stützenlast 80 % der Traglast anschließend Kragarmtraglast, dann Stützentraglast	28.03.2002
Versuch 3.5	Stützen und Kragarmbelastung gleichzeitig (parallel gesteigert bis zur Traglast, siehe Versuchsbeschr.)	03.04.2002

Tabelle 3-3: Übersicht über Versuchsreihe 3.

Im Vergleich zu Versuchsreihe 2 wurde an den Versuchskörpern lediglich eine geringfügige Änderung der Bügelanordnung in der Stütze oberhalb des Knotens vorgenommen und eine etwas engere Verbügelung der Kragarme gewählt. Die wesentlichste Änderung wurde in der Wahl der Lastpfade vorgenommen (siehe Tabelle 3-3).

3.7.1 Versuch 3.1: Stützentraglast (Vergleichsversuch)

Auch in dieser Versuchsreihe wurde ein Vergleichsversuch zur Bestimmung der Stützentragfähigkeit ohne Einfluss der Kragarmbelastung durchgeführt. Die Abmessungen und die Anordnung der Bewehrung von Versuchskörper 3.1 können Abbildung 3-34 entnommen werden. Die rechnerische Betondruckfestigkeit für den oberen Stützenteil am Versuchstag betrug:

$$f_{c,\,Versuch} = 0{,}76 \cdot f_{c,Würfel150} = 0{,}76 \cdot 22{,}82\ MN/m^2 = 17{,}3\ MN/m^2 \qquad (3.26)$$

und für den Beton der Kragarme:

$$f_{c,\,Versuch} = 0{,}76 \cdot f_{c,Würfel150} = 0{,}76 \cdot 19{,}61\ MN/m^2 = 14{,}9\ MN/m^2 \qquad (3.27)$$

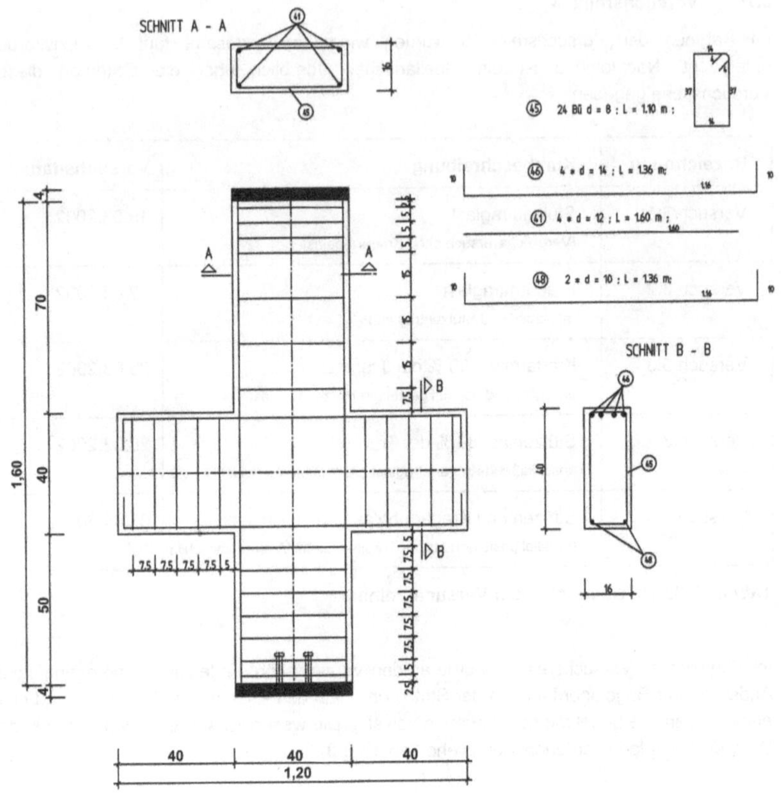

Abbildung 3-34: Abmessungen und Bewehrung des Versuchskörpers 3.1

Somit konnte wiederum vereinfacht mit einer Stützentragfähigkeit von 1338 kN nach Gleichung (3.4) gerechnet werden.

Der Versuchskörper wurde zu Beginn in Schritten von 50 kN belastet. Die Lastschritte wurden im Bereich der Traglast zunehmend verkleinert (siehe Abbildung 3-35). Bei einer Laststufe von 1150 kN trat der erste Riss in der Mitte vom Knotenbereich auf (siehe Abbildung 3-36). In Traglastnähe traten kleinere Risse in unmittelbarer Nähe des Erstrisses auf, aber die Risse blieben auf diesen Bereich beschränkt. Der Versuchskörper versagte im oberen Stützenteil bei einer Belastung von 1179,8 kN. Anschließend knickten die Längsstäbe zwischen zwei Bügeln einseitig aus. Im Knoten wurden Querdehnungen bis zu 0,47 ‰ gemessen, gemittelt über die Knotenbreite von 35 cm. Die Hauptkragarmbewehrung wies in Knotenmitte Dehnungen von bis zu 0,21 ‰ auf.

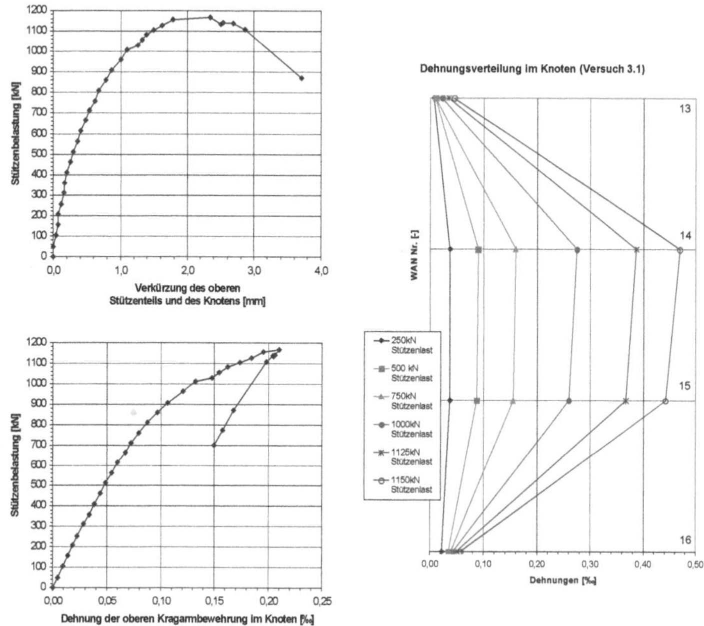

Abbildung 3-35: Last-Verformungs-Diagramm, Dehnungen der oberen Kragarmbewehrung im Knoten und Verteilung der Dehnungen im Knoten

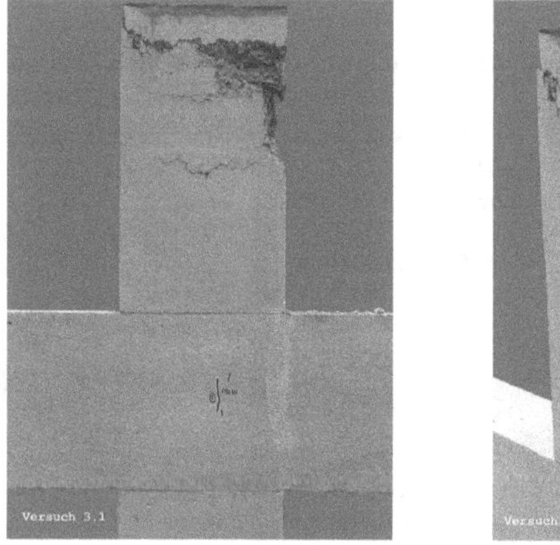

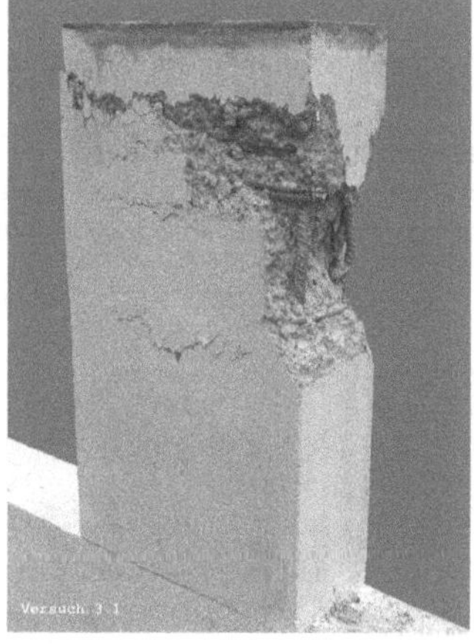

Abbildung 3-36: Versuchskörper 3.1 nach Versuchsende

3.7.2 Versuch 3.2: Kragarmtraglast ohne Stützenbelastung

Im Versuch wurde zunächst die Kragarmtraglast ermittelt. Anschließend wurde in einem zweiten Teilversuch bei beibehaltener Kragarmbelastung noch zusätzlich die Stützenresttragfähigkeit ermittelt. Die Versuchskörper 3.2, 3.3, 3.4 und 3.5 waren identisch und sind in mit ihren Abmessungen und Bewehrungsführung in Abbildung 3-37 dargestellt.

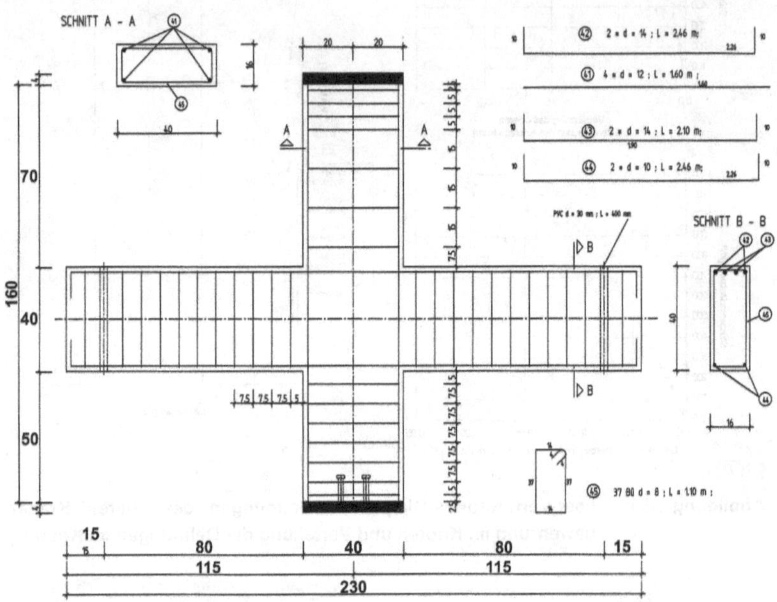

Abbildung 3-37: Abmessungen und Bewehrung der Versuchskörper 3.2 bis 3.5

Die ermittelte untere Streckgrenze der Zugbewehrung des Kragarms (∅ 14 mm) betrug 536,4 MN/m², die Zugfestigkeit der Bewehrung betrug 671,1 MN/m². Am Versuchstag wurde eine rechnerische Betonfestigkeit des Stützenteils ermittelt zu:

$$f_{c,\,Versuch} = 0{,}76 \cdot f_{c,Würfel150} = 0{,}76 \cdot 24{,}00\ MN/m^2 = 18{,}2\ MN/m^2 \qquad (3.28)$$

und für den Beton der Kragarme zu:

$$f_{c,\,Versuch} = 0{,}76 \cdot f_{c,Würfel150} = 0{,}76 \cdot 21{,}29\ MN/m^2 = 16{,}2\ MN/m^2 \qquad (3.29)$$

Somit war für den Stützenteil eine Traglast von 1396 kN nach Gleichungen (3.4) zu erwarten. Ein Fließbeginn der oberen Kragarmbewehrung Bewehrung wurde bei ca. 126 kN und ein Versagen der Kragarme durch das Einschüren der Betondruckzone bei 131,6 kN ermittelt.

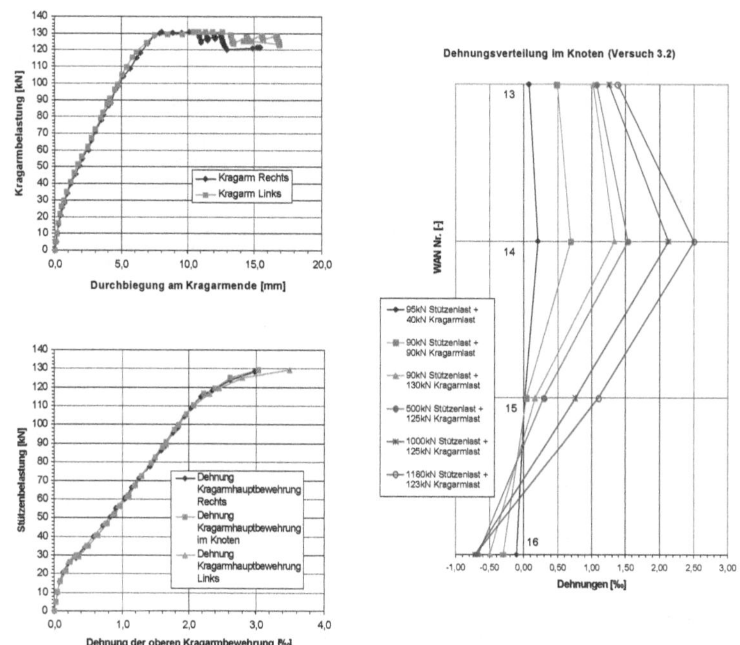

Abbildung 3-38: Last-Verformungs-Diagramm, Dehnungen der oberen Kragarmbewehrung im Knoten und Verteilung der Dehnungen im Knoten (Die DMS an der Hauptkragarmbewehrung sind früh ausgefallen)

Zunächst wurde eine Stützenlast von 100 kN zur Stabilisierung aufgebracht. Danach wurde die Kragarmbelastung kontinuierlich bis zum Fließen der Hauptkragarmbewehrung im Knotenanschnitt gesteigert. Das zu erwartende Rissbild stellte sich ein, mit den ersten Rissen direkt außerhalb des Knotens. Im Knotenbereich entstanden ebenfalls Risse, die sich aufgrund der Verzahnung der Betonierabschnitte durch die Stabilisierungslast in dem oberen Stützenteil fortsetzten. Das Rissbild ist in Abbildung 3-39 dargestellt. Beide Kragarme verhielten sich gleichartig und zeigten gleichzeitig plastische Stahldehnungen (siehe Abbildung 3-38). Hier fällt auf, dass die Stahldehnungen in Knotenmitte und im Knotenanschnitt in diesem Versuch sich nahezu ohne Unterschied zueinander vergrößerten. Dies kann damit zusammenhängen, dass einer der Risse im Knoten in der Mitte auftrat an der Stelle, an der die DMS angebracht waren. Nachdem plastische Stahldehnungen im Knotenanschnitt verzeichnet wurden, wurde bei konstant gehaltener Kragarmbelastung die Stützenbelastung bis zum Bruch gesteigert. Die maximale Belastung auf den Kragarmen betrug 131 kN.

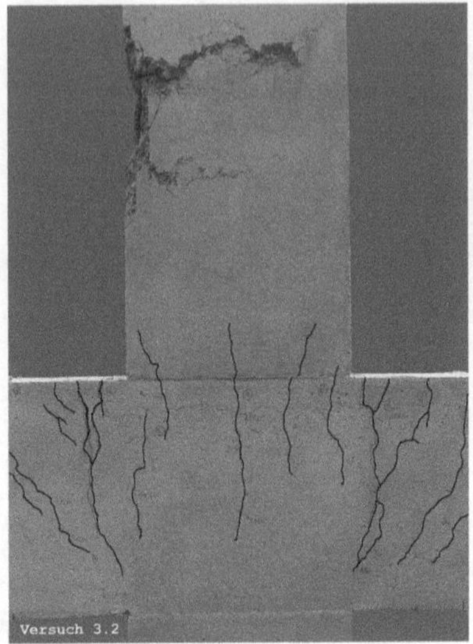

Abbildung 3-39: Versuchskörper 3.2 nach Versuchsende

Das Versagen trat im oberen Stützenteil bei einer Belastung von 1199,9 kN auf. Anschließend knickten zwei Längsstäbe der Stütze einseitig aus. Hierbei zeigte der Knotenbereich mit Ausnahme der Risse keine weitere Schädigung. Die Stützenbelastung erzeugte eine Querdehnung im Knoten von zusätzlich ca. 1,0 ‰ zu der Querdehnung von 1,5 ‰ aus der Kragarmbelastung.

3.7.3 Versuch 3.3: Stützentraglast nach Kragarmbelastung

In diesem Versuch wurden zunächst die Kragarme mit ihrer halben Traglast belastet und anschließend die Stützentraglast ermittelt bei gleichzeitiger Steigerung der Kragarm- und Stützenlast. Am Versuchstag wurde eine rechnerische Betonfestigkeit des Stützenteils ermittelt zu:

$$f_{c,\,Versuch} = 0{,}76 \cdot f_{c,W\ddot{u}rfel150} = 0{,}76 \cdot 25{,}63\ MN/m^2 = 19{,}5\ MN/m^2 \qquad (3.30)$$

und für den Beton der Kragarme zu:

$$f_{c,\,Versuch} = 0{,}76 \cdot f_{c,W\ddot{u}rfel150} = 0{,}76 \cdot 21{,}84\ MN/m^2 = 16{,}6\ MN/m^2 \qquad (3.31)$$

Hiermit war eine Traglast des oberen Stützenteils von 1478 kN nach Gleichung (3.4) zu erwarten. Ein Fließen der Kragarmbewehrung wurde bei ca. 126 kN, ein Kragarmversagen durch Einschnüren der Betondruckzone bei ca. 132 kN rechnerisch ermittelt.

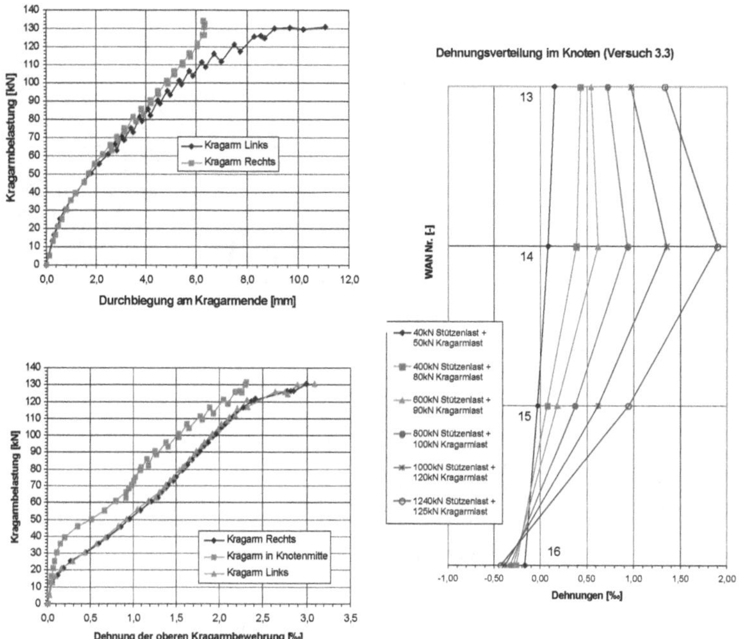

Abbildung 3-40: Last-Verformungs-Diagramm, Dehnungen der oberen Kragarmbewehrung im Knoten und Verteilung der Dehnungen im Knoten

Zunächst wurde eine Kragarmbelastung von 65 kN eingestellt. Hierbei trat neben den zu erwartenden Rissen im Kragarmbereich auch schon der erste Riss im Knoten auf, in Abbildung 3-39 mit "A" gekennzeichnet. Die anschließende Steigerung der Stützenbelastung erfolgte parallel zur Steigerung der Kragarmbelastung. Dabei wurde das Verhältnis zwischen Stützen- und Kragarmbelastung so gewählt, dass beide gleichzeitig ihre vorberechnete Traglasten erreichen sollten.

Bei einer Kragarmbelastung von 126 kN waren die ersten plastischen Stahldehnungen im Kragarm zu verzeichnen. Das Versagen trat kurz darauf auch hier im oberen Stützenteil bei einer Stützenbelastung von 1264,6 kN auf. Die dazugehörige Kragarmbelastung lag bei 131,5 kN. Die größte Kragarmbelastung während des Versuchs lag bei 134,4 kN. Die aufgetretenen Dehnungen und Verformungen können Abbildung 3-40 entnommen werden. In Abbildung 3-41 ist der Versuchskörper nach Versuchsende mit dem Rissbild und der Versagensstelle zu sehen.

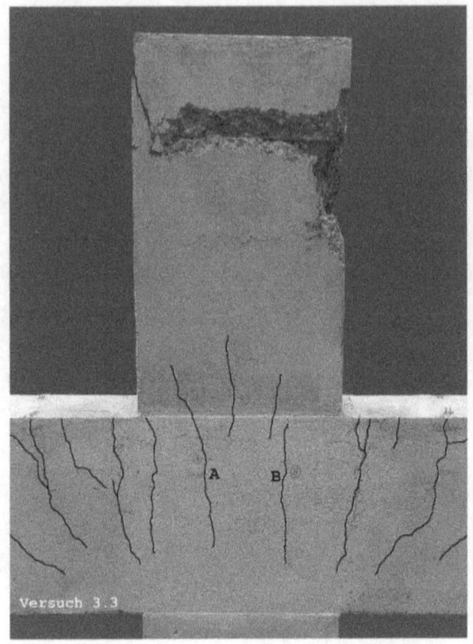

Abbildung 3-41: Versuchskörper 3.3 nach Versuchsende

3.7.4 Versuch 3.4: Kragarmtraglast nach Stützenbelastung

In Versuch 3.4 wurden zunächst 70 % der Stützentraglast aus Versuch 3.1 aufgebracht und konstant gehalten, bevor das Kragarmverhalten untersucht wurde. Nach Erreichen der Traglast des Kragarms wurde der Stützenteil zu Bruch gefahren. Am Versuchstag wurde eine rechnerische Betonfestigkeit des Stützenteils ermittelt zu:

$$f_{c,\,Versuch} = 0{,}76 \cdot f_{c,Würfel150} = 0{,}76 \cdot 25{,}71\ MN/m^2 = 19{,}5\ MN/m^2 \tag{3.32}$$

und für den Beton der Kragarme zu:

$$f_{c,\,Versuch} = 0{,}76 \cdot f_{c,Würfel150} = 0{,}76 \cdot 22{,}18\ MN/m^2 = 16{,}9\ MN/m^2 \tag{3.33}$$

Aufgrund der fast identischen Festigkeiten zu Versuch 3.3 war auch hier eine Traglast des oberen Stützenteils von 1478 kN nach der Gleichung (3.4) zu erwarten. Ein Fließen der Kragarmbewehrung wurde bei ca. 126,2 kN, ein Kragarmversagen durch Einschnüren der Betondruckzone bei ca. 132 kN erwartet. Bei der Aufbringung der Stützenlast wurden keinerlei Risse beobachtet. Diese traten erst bei einer Kragarmbelastung von 40 kN auch im Knotenbereich auf. Auffällig war die Tatsache, dass diese Risse nahe am Knotenrand auftraten. Der Knotenbereich blieb weitestgehend frei von Rissen (siehe Abbildung 3-43). Der Stützentraglast betrug 1310,9 kN und das Versagen trat wiederum im oberen Stützenteil auf. Verformungen und Dehnungen können Abbildung 3-42 entnommen werden. Durch einen messtechnischen Fehler wurden alle Messwerte ab einer Kragarmlast von 93 kN bis 123 kN nicht aufgezeichnet.

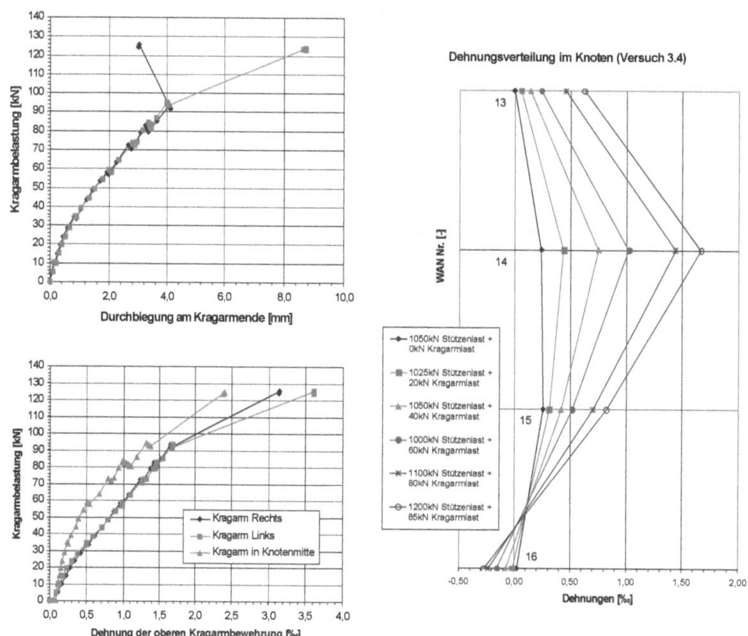

Abbildung 3-42: **Last-Verformungs-Diagramm, Dehnungen der oberen Kragarmbewehrung im Knoten und Verteilung der Dehnungen im Knoten**

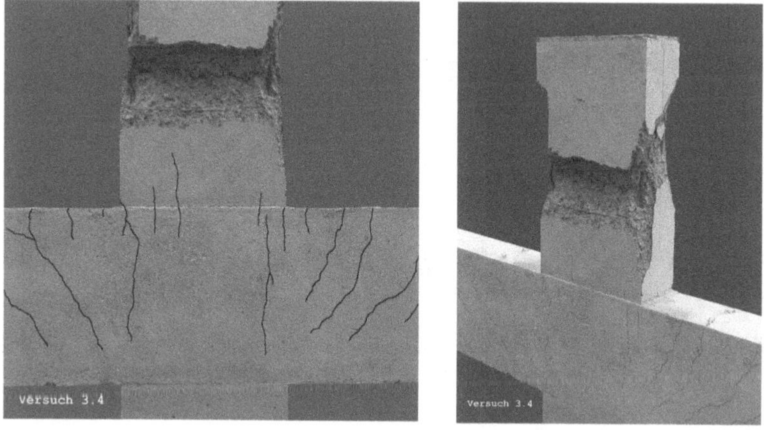

Abbildung 3-43: **Versuchskörper 3.4 nach Versuchsende**

3.7.5 Versuch 3.5: Stützen- und Kragarmbelastung

In diesem Versuch wurden wie schon in Versuch 2.5 die Stützen- und Kragarmlasten gleichzeitig gesteigert. Dabei wurde angestrebt, dass beide ihre vorherberechneten Traglasten etwa gleichzeitig erreichen sollten. Am Versuchstag wurde eine rechnerische Betonfestigkeit des Stützenteils ermittelt zu:

$$f_{c,\,Versuch} = 0{,}76 \cdot f_{c,W\ddot{u}rfel150} = 0{,}76 \cdot 26{,}63\ MN/m^2 = 20{,}2\ MN/m^2 \qquad (3.34)$$

und für den Beton der Kragarme zu:

$$f_{c,\,Versuch} = 0{,}76 \cdot f_{c,W\ddot{u}rfel150} = 0{,}76 \cdot 23{,}34\ MN/m^2 = 17{,}7\ MN/m^2 \qquad (3.35)$$

Die zu erwartende Traglast des oberen Stützenteils betrug 1523 kN nach Gleichung (3.4).

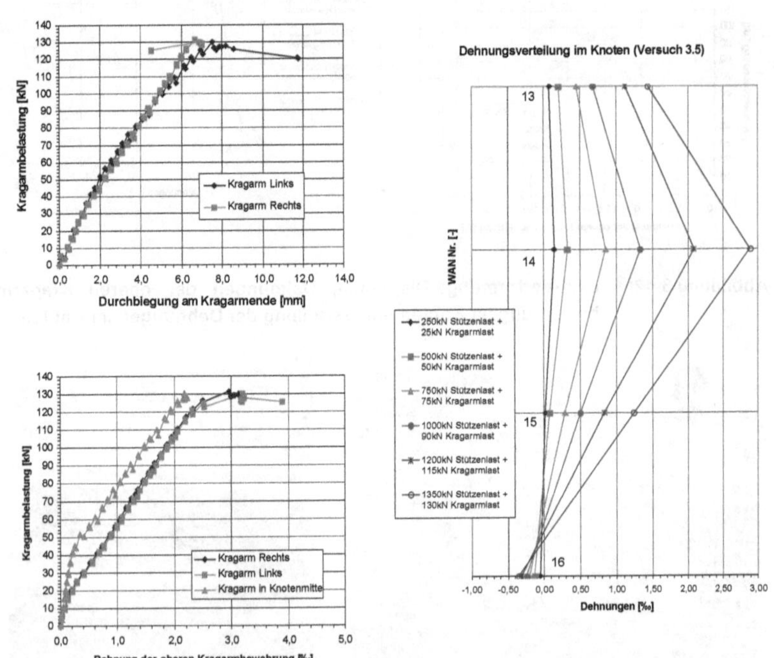

Abbildung 3-44: Last-Verformungs-Diagramm, Dehnungen der oberen Kragarmbewehrung im Knoten und Verteilung der Dehnungen im Knoten

Die Kragarmbelastung erreichte maximal 131,1 kN. Dabei versagte der Versuchskörper bei einer Belastung von 1377,2 kN im oberen Stützenteil wie in den vorangegangenen Versuchen dieser Serie (siehe Abbildung 3-45). Risse wurden im Knotenbereich beobachtet, aber das Versagen blieb gänzlich auf den oberen Stützenteil begrenzt.

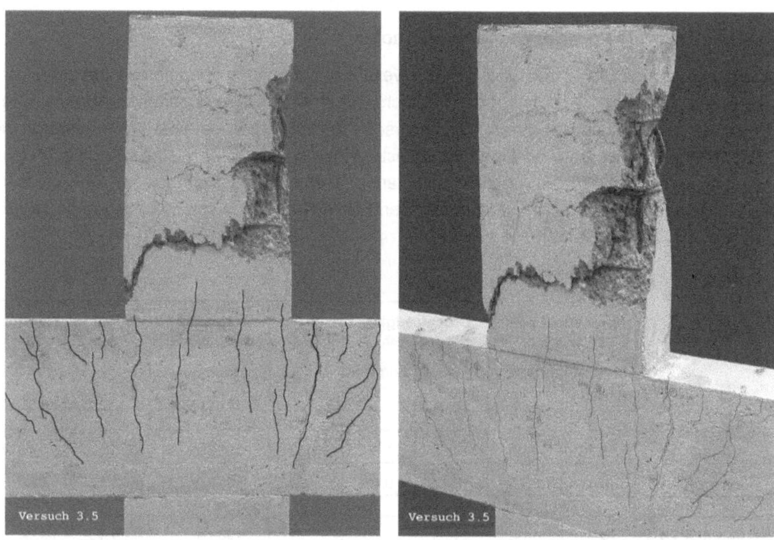

Abbildung 3-45: Versuchskörper 3.5 nach Versuchsende

3.8 Zusammenfassung der Versuchsergebnisse

Im folgenden werden die Ergebnisse der Versuchsserien 0 bis 3 zusammenfassend dargestellt. Um eine bessere Übersicht zu ermöglichen werden Tragverhalten und Verformungsverhalten getrennt voneinander behandelt.

3.8.1 Tragverhalten der Stützen und Knoten

Zunächst werden die in den Versuchen jeweils erreichten Stützentraglasten betrachtet. Da die unterschiedlichen Abschnitte der Versuchskörper einer Serie zusammen an einem Tag betoniert, die Versuchskörper aber an unterschiedlichen Tagen getestet wurden, waren die Betonfestigkeiten an den jeweiligen Versuchsterminen unterschiedlich. Um die tatsächlich im Versuch erreichten Traglasten direkt miteinander vergleichen zu können, werden diese im Folgenden auf den Vergleichsversuch der Serie ohne Kragarmbelastung bezogen (in Tabelle 3-4 grau hinterlegte Zeilen).

	Druckfestigkeit Oberer Stützenteil *(1)*		**Druckfestigkeit** Knotenbereich *(2)*		*(1) / (2)*	**Traglast** *im Versuch*	**Traglast** *bezogen*	**Traglast** *normiert*
	$f_{c,Versuch}$ [MN/m²]	*normiert* [/]	$f_{c,Versuch}$ [MN/m²]	*normiert* [/]	[/]	[kN]	[/]	[/]
Versuch 0.2	**19,38**	1,00	**19,38**	1,00	*1,00*	**1056,0**	*1056,0*	**1,00**
Versuch 0.1	**18,57**	0,96	**18,57**	0,96	*1,00*	**1049,0**	1092,7	**1,03**
Versuch 1.1	**24,93**	1,00	**21,58**	1,00	*1,15*	**1286,4**	*1286,4*	**1,00**
Versuch 1.4	**24,40**	0,98	**20,67**	0,96	*1,18*	**1173,4**	1199,0	**0,93**
Versuch 2.1	**15,58**	1,00	**14,46**	1,00	*1,08*	**1103,4**	*1103,4*	**1,00**
Versuch 2.2	**16,42**	1,05	**15,09**	1,04	*1,09*	**1082,6**	1027,5	**0,93**
Versuch 2.3	**18,39**	1,18	**16,28**	1,13	*1,12*	**1182,2**	1001,8	**0,91**
Versuch 2.4	**19,10**	1,23	**18,32**	1,27	*1,04*	**1272,1**	1037,9	**0,94**
Versuch 2.5	**19,40**	1,24	**19,81**	1,37	*0,98*	**1254,9**	1008,8	**0,91**
Versuch 3.1	**17,34**	1,00	**14,90**	1,00	*1,16*	**1179,8**	**1179,8**	**1,00**
Versuch 3.2	**18,24**	1,05	**16,18**	1,09	*1,13*	**1199,9**	**1140,7**	**0,97**
Versuch 3.3	**19,48**	1,12	**16,60**	1,11	*1,17*	**1264,4**	**1125,5**	**0,95**
Versuch 3.4	**19,54**	1,13	**16,86**	1,13	*1,16*	**1310,9**	**1163,4**	**0,99**
Versuch 3.5	**20,24**	1,17	**17,74**	1,19	*1,14*	**1377,2**	**1180,2**	**1,00**

Tabelle 3-4: Überblick über die Traglasten aller Versuche

Normierung der Stützentraglasten (Tabelle 3-4)

In Tabelle 3-4 sind alle rechnerischen Betondruckfestigkeiten $f_{c,Versuch}$ im Versuchskörper am Versuchstag angegeben. Bezieht man diese Betondruckfestigkeiten auf die des Vergleichsversuches der jeweiligen Serien (d.h. respektive auf Versuch 0.2, 1.1, 2.1 und 3.1) in dem sie durch die Druckfestigkeit des Vergleichsversuchs geteilt werden, ergeben sich normierte und direkt miteinander vergleichbare Druckfestigkeiten, die in den Spalten mit der Überschrift "normiert" eingetragen sind. Unter Verwendung dieser Festigkeiten können die tatsächlich erreichten Traglasten auf die der Vergleichsversuche bezogen werden in dem sie durch den normierten Wert der Druckfestigkeit geteilt werden (Spalte "Traglast *bezogen*"). Setzt man anschließend die Traglasten der Vergleichsversuche zu eins, können die Traglasten der übrigen Versuche normiert werden. Diese normierten Traglasten sind in der rechten grau hinterlegten Spalte der Tabelle dargestellt. Zur besseren Gesamtübersicht sind die unterschiedlichen Orte des Versagens in Abbildung 3-46 nochmals graphisch dargestellt.

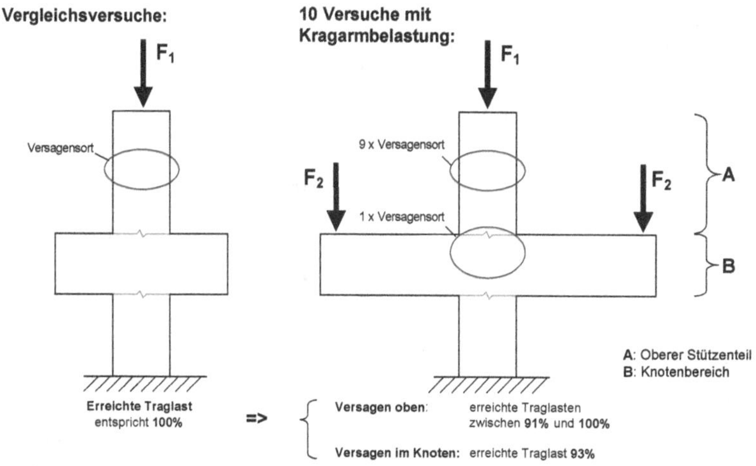

(Anmerkung: In Versuchsserie 0 waren keine Arbeitsfugen vorhanden)

Abbildung 3-46: Graphische Übersicht der Versuchsergebnisse: Traglasten

In den Versuchsserien 1 bis 3 wurde die größte normierte Traglast bei den Versuchen ohne Kragarmbelastung erreicht (siehe Tabelle 3-4). Bei allen anderen Versuchen dieser drei Serien wurden geringere oder identische normierte Traglasten erreicht. Der größte Unterschied bezüglich der Traglasten betrug 9 %. Alle Versuchskörper bis auf Versuchskörper 1.4 versagten im oberen Stützenteil. Versuch 1.4 zeigte eine Abminderung von nur 7 % gegenüber dem Vergleichsversuch 1.1. Dieser Versuch war der einzige, bei dem ein Versagen des Knotenbereichs auftrat. Die Gründe für das Knotenversagen werden im Folgenden erläutert.

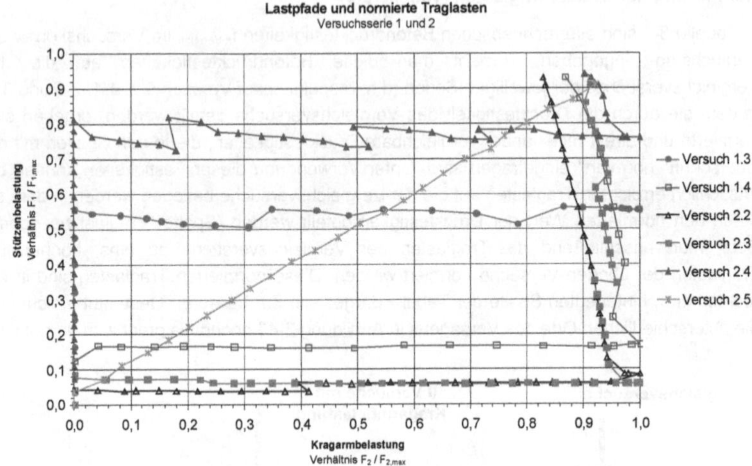

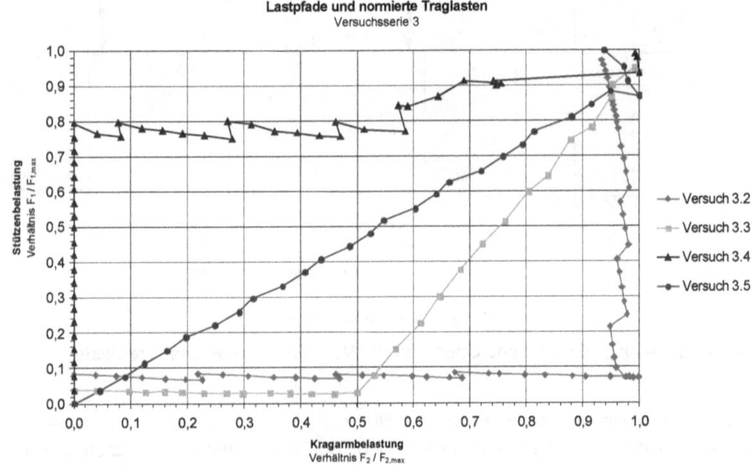

Anmerkungen:
1. Die Lastpfade der Vergleichsversuche sind nicht dargestellt, da keine Kragarmbelastung vorhanden war
2. Der Lastpfad von Versuch 1.2 ist nicht dargestellt, da keine Stützenbelastung vorhanden war
3. Der Lastpfad von Versuch 0.1 ist analog zu Versuch 1.3, 2.4 und 3.4

Abbildung 3-47: Graphische Darstellung der Lastpfade

In Abbildung 3-47 sind die unterschiedlichen Lastpfade der einzelnen Versuche grafisch dargestellt. Sowohl die Kragarmlasten als auch die Stützenlasten wurden normiert, um die Vergleichbarkeit zu ermöglichen. Hieraus können ebenfalls die erreichten normierten Stützentraglasten abgelesen werden.

Unterschiedliche Betonfestigkeiten in einem Versuchskörper

Beim Vergleich der Versuche untereinander müssen zwangsläufig auch die unterschiedlichen Betondruckfestigkeiten innerhalb eines Versuchskörpers berücksichtigt werden. Hier zeigt sich, dass in allen Versuchen bis auf 2.5 die Druckfestigkeit des oberen Stützenteils größer war als die des Knotenbereichs (siehe Tabelle 3-4, vierte Spalte von rechts). Der größte Unterschied betrug 18 % (bezogen auf den kleineren der beiden Werte) und wurde in Versuch 1.4 erreicht. In Versuch 3.3 wurde ein Unterschied von 17 % verzeichnet. In beiden Versuchen hatten die Kragarme zum Zeitpunkt des Stützenversagens ihre Traglasten schon erreicht (siehe Abbildung 3-20 und Abbildung 3-40). Damit waren keine weiteren Risse im Knotenbereich aus der Kragarmbiegung zu erwarten. Obwohl bei beiden genannten Versuchen der Knotenbereich infolge der Druckfestigkeitsunterschiede und das Betongefüge des Knotens durch die vorhandenen Risse und die verbleibenden Betonzugspannungen zwischen den Rissen geschwächt war (vgl. Abbildung 3-16), versagten sie an unterschiedlichen Stellen.

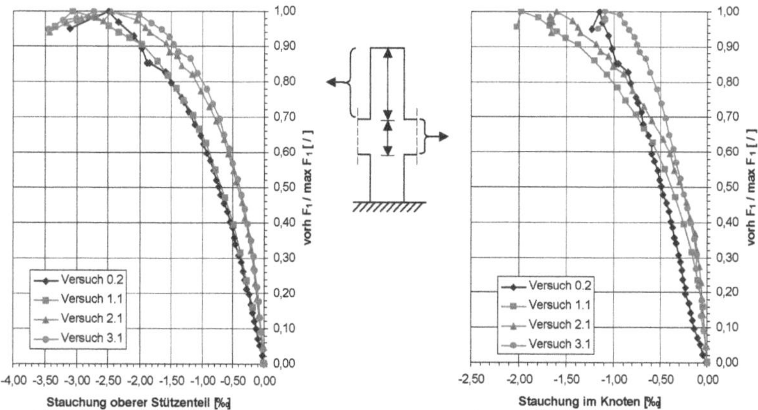

Abbildung 3-48: Stauchungen im oberen Stützenbereich und im Knotenbereich ohne Kragarmbelastung

Vergleich der Stauchungen in den einzelnen Abschnitten

Die graphische Darstellung der aufgetretenen Betonstauchungen in Stützenlängsrichtung der Versuche ohne Kragarmbelastung in Abbildung 3-48 zeigt im oberen Stützenteil eine

Bruchstauchung zwischen -2,5 ‰ und -3,0 ‰. Die größte Stauchung im Knotenbereich lag hingegen nur bei -2,0 ‰ (erreicht in Versuch 1.1). Deshalb trat bei den Vergleichsversuchen stets ein Versagen im oberen Stützenteil auf. Die aufgezeichneten Stauchungen der Stützenlängsbewehrung bestätigen dieses Bild. Beim Erreichen der Traglast traten Stauchungen der Bewehrung im oberen Stützenteil auf mit Werten von -2,0 ‰ oder dem Betrag nach größer. Im Knoten lagen sie hingegen zwischen -0,85 ‰ und -2,0 ‰ (ohne Abbildung).

In Abbildung 3-49 sind die Stauchungen in Stützenlängsrichtung der Versuche 0.2, 1.4, 2.2, 2.3 und 3.2 dargestellt. In allen fünf Versuchen wurden die Kragarmtraglasten aufgebracht, bevor die Stützenlast bis zur Traglast gefahren wurde. Betrachtet man die Stauchungen dieser fünf direkt miteinander vergleichbaren Versuche, kann das Knotenversagen von Versuch 1.4 nachvollzogen werden. Die oberen Stützenteile verhielten sich bis auf Versuch 1.4 alle sehr ähnlich (siehe Abbildung 3-49 links). Unabhängig vom Lastpfad trat ein Versagen bei einer Stauchung zwischen -3,5 ‰ und -4,2 ‰ ein. Versuch 1.4 blieb mit einer Stauchung von nur -2,7 ‰ dahinter. Im Knotenbereich hingegen zeigten die übrigen Versuche Stauchungen zwischen -1,25 ‰ und -2,7 ‰, während Versuch 1.4 schon infolge der Kragarmbelastung eine größere Knotenstauchung aufwies, sich danach zunehmend weicher verhielt und schließlich zum Versagensort wurde (siehe Abbildung 3-49 rechts).

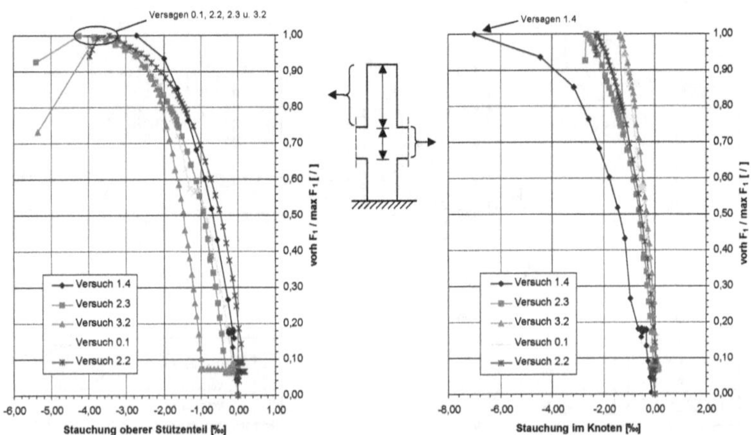

Abbildung 3-49: Stauchungen im oberen Stützenbereich und im Knotenbereich: Versuche mit Kragarmtraglast vor Stützentraglast

Ein Vergleich der in den Versuchen 1.1 und 1.4 auftretenden Knotenstauchungen mit denen der restlichen Versuche zeigt ein insgesamt weicheres Verhalten des Knotenbetons dieser Serie. In Vergleichsversuch 1.1 wurden mit -2,0 ‰ die größten Knotenstauchungen erreicht, während die anderen Vergleichsversuche maximale Stauchungen zwischen -1,1 ‰ und -1,6 ‰ erreichten (siehe Abbildung 3-48 rechts). In Versuch 1.4 mit Kragarmbelastung äußerte sich die zusätzliche Schwächung des Knotenbereichs infolge der Risse durch ein noch weicheres Verhalten (siehe Abbildung 3-49 rechts). Zudem war das Elastitizitätsmodul des Knotenbetons von Versuch 1.4 kleiner als im Versuch 1.1 (siehe Materialkennwerte im Anhang). Das Knotenversagen des Versuchs 1.4 hat neben dieser Schwächung des Betongefüges weitere Gründe. In diesem Versuch wurde das größte Verhältnis zwischen $f_{c,Stütze}$ und $f_{c,Knoten}$ von 1,18 erreicht. Die geringe Bauteildicke und die fehlende Querdehnungsbehinderung begünstigten das beobachtete Aufplatzen des Knotens in der Dickenrichtung.

Eine Gegenüberstellung der Versuche 2.5, 3.3 und 3.5, bei denen Kragarm- und Stützenbelastung parallel zueinander gesteigert wurden, zeigt trotz der leicht unterschiedlichen Lastpfade ein fast identisches Verhalten der oberen Stützenteile (siehe Abbildung 3-50 links). Die Bruchstauchungen aller drei Versuche lagen zwischen -3,1 ‰ und -3,3 ‰ und somit dem Betrag nach etwas geringer als die Werte der Versuche 0.2, 2.2, 2.3 und 3.2 (siehe Abbildung 3-49). In den Knotenbereichen traten dabei Stauchungen zwischen -1,45 ‰ und -1,85 ‰ auf, vergleichbar mit den Werten der vorgenannten Versuche.

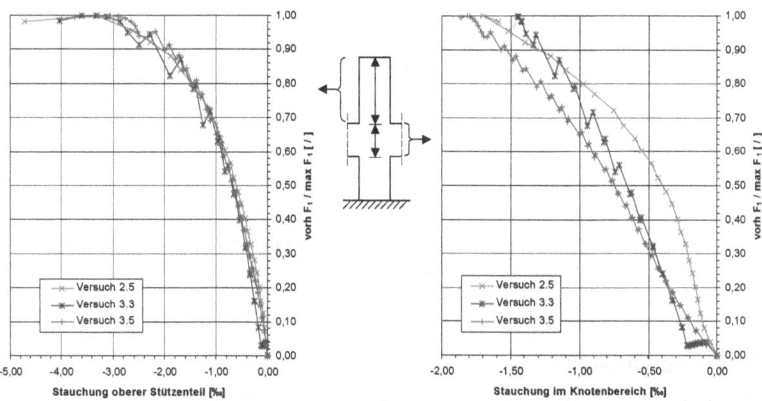

Abbildung 3-50: Stauchungen im oberen Stützenbereich und im Knotenbereich: Versuche mit gleichzeitiger Steigerung der Kragarm- und Stützenlasten

Zuletzt bleibt der Vergleich zwischen Versuch 2.4 und 3.4. In beiden Versuchen wurde eine Stützenlast in der Größe von 80 % bis 85 % der Traglast aufgebracht und konstant gehalten. Hier zeigte sich der Einfluss des Kriechens in den horizontalen Ästen der Last-Stauchungskurven trotz der in beiden Fällen kurzen Versuchsdauer von nur rd. 1,5 Stunden. Der Knotenbereich von Versuch 2.4 erwies sich dabei als besonders weich mit Stauchungen bis zu -2,9 ‰. Das Versagen trat aber bei über -3,5 ‰ im oberen Stützenteil auf. Versuch 3.4 versagte schon bei -2,2 ‰, verglichen mit -2,7 ‰ im Vergleichsversuch 3.1, während im Knoten eine maximale Stauchung von nur -1,1 ‰ erreicht wurde.

Das unterschiedliche Verhalten rührt zum Teil daher, dass sich die Kragarmtraglast im Versuch 2.4 schon vor dem Erreichen der Stützentraglast ergab, während im Versuch 3.4 die Kragarmtraglast erst mit dem Versagen des oberen Stützenteils, also etwas später und bei einer höheren Stützenbelastung, erreicht wurde (siehe Abbildung 3-30 und Abbildung 3-42). Die größeren gemessenen Querdehnungen und Rissbreiten im Knotenbereich traten in Versuch 2.4 auf, und der Versuchskörper verhielt sich entsprechend weicher.

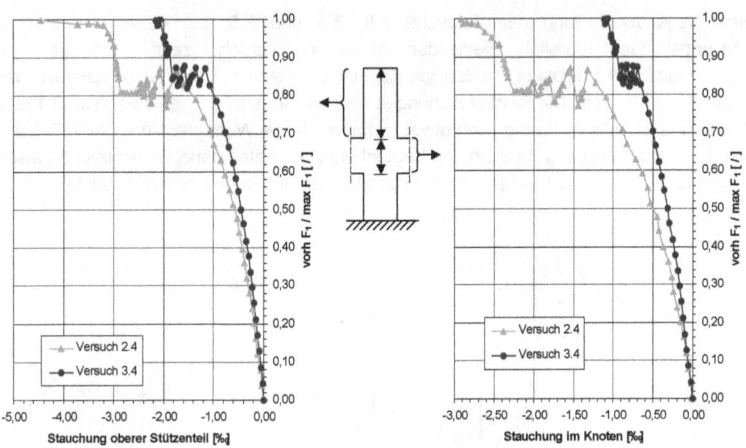

Abbildung 3-51: Stauchungen im oberen Stützenbereich und im Knotenbereich bei Versuch 2.4 und 3.4

Stauchung der Längsbewehrung

Durch die Geometrie der Versuchskörper besitzt der Knotenbereich eine größere Fläche zur Durchleitung der Stützenlast im Vergleich zum reinen Stützenquerschnitt. So kommt es zu einer Lastausbreitung und damit verbundenen Dehnungen quer zur Stützenlängsrichtung (siehe Abbildung 6-2). Diese Querdehnungen wurden schon in den einzelnen Versuchen im Rahmen der Kurzbeschreibungen dargestellt. An dieser Stelle werden ergänzend die unterschiedlichen Stauchungen der Stützenlängsbewehrung knapp oberhalb der Stütze und in Knotenmitte angegeben (siehe Tabelle 3-5 und Abbildung 3-52). Hieraus ist die Abnahme der Stauchung zwischen Stütze und Knoten infolge der Lastausbreitung und der damit verbundenen Spannungsabnahme im Knotenrandbereich zu entnehmen. Es war zu beobachten, dass in allen Versuchen die Stauchungen im Knoten erwartungsgemäß kleiner sind als in der Stütze. Dieser Unterschied nahm aber ab mit wachsender Betonstauchung und Kragarmbelastung und mit der damit verbundenen Gefügezerstörung im Knoten (siehe Abbildung 3-52).

	Stauchung Oberer Stützenteil [mm/m]	**Stauchung** im Knoten [mm/m]	**Differenz** Oben / Unten [mm/m]
Versuch 2.1	-1,88	-1,52	0,36
Versuch 2.2	-4,02	-3,24	0,78
Versuch 2.3	-2,50	-2,19	0,31
Versuch 2.4	-3,23	-3,06	0,17
Versuch 2.5	-2,19	-2,03	0,16
Versuch 3.1	ausgefallen	-0,85	-
Versuch 3.2	-2,05	-1,56	0,49
Versuch 3.3	-1,53	-1,37	0,16
Versuch 3.4	-1,45	-1,35	0,10
Versuch 3.5	-1,48	-1,42	0,06

(Anmerkung: bedingt durch d. Ausfall von Messstellen der Serie 0 u. 1 werden hier nur Serien 2 und 3 präsentiert)

Tabelle 3-5: Stauchungen der Stützenlängsbewehrung unter der Traglast

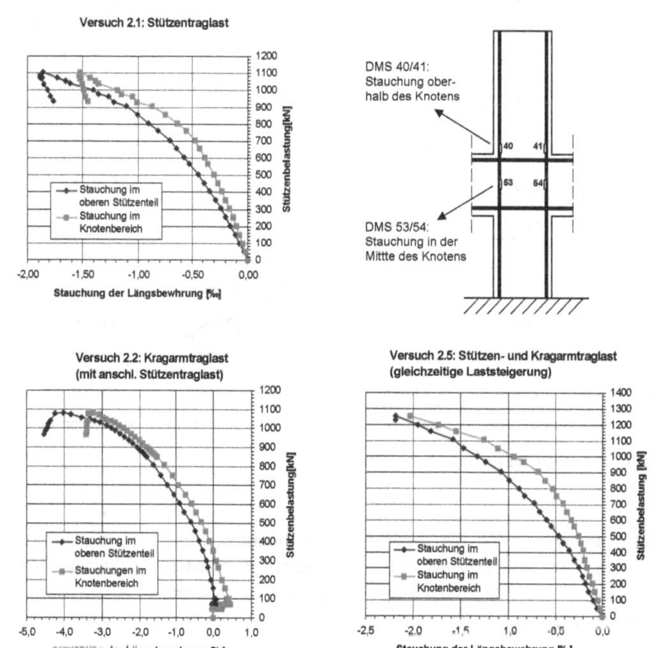

Abbildung 3-52: Stauchungen der Längsbewehrung: Beispielhaft für Serie 2

3.8.2 Tragverhalten der Kragarme

In Tabelle 3-6 sind die Ergebnisse der Versuche mit einer Kragarmbelastung dargestellt. Die Übereinstimmung zwischen Versuch und Rechnung ist sehr gut. In fast allen Versuchen wurden mindestens die durch die iterative Wahl von Grenzdehnungszuständen und unter Aufstellung des inneren Gleichgewichts vorberechneten Kragarmtraglasten erreicht. Lediglich die Traglasten der beiden Versuche 3.4 und 3.5 lagen nur 6 % bzw. 1 % darunter. In Versuch 3.4 wäre allerdings eine weitere Laststeigerung auf den Kragarmen theoretisch noch möglich gewesen, aber nachdem das Stützenversagen eintrat, musste der Versuch aus technischen Gründen beendet werden. Das Tragverhalten der Kragarme erwies sich insgesamt als unabhängig von einer vorhandenen Stützenbelastung.

	Oben $f_{c,Versuch}$ [MN/m²]	**Knoten** $f_{c,Versuch}$ [MN/m²]	**% von F_1** *bei max F_2 **)* [%]	**Traglast** *Vorberechnet* [kN]	**Traglast *)** *im Versuch* [kN]	**Versuch / Rechnung** [/]
Versuch 1.2	**26,55**	***23,64***	0	***107,00***	**114,60**	**1,07**
Versuch 1.3	**25,60**	***23,13***	55	***106,50***	**109,25**	**1,03**
Versuch 1.4	**24,40**	***20,67***	15	***105,40***	**105,20**	**1,00**
Versuch 2.2	**16,42**	***15,09***	5	***128,60***	**136,00**	**1,06**
Versuch 2.3	**18,39**	***16,28***	5	***129,70***	**131,35**	**1,01**
Versuch 2.4	**19,10**	***18,32***	8	***130,60***	**135,75**	**1,04**
Versuch 2.5	**19,40**	***19,81***	90	***132,00***	**132,85**	**1,01**
Versuch 3.2	**18,24**	***16,18***	8	***131,60***	**130,95**	**1,00**
Versuch 3.3	**19,48**	***16,60***	95	***131,90***	**132,60**	**1,01**
Versuch 3.4	**19,54**	***16,86***	100	***132,00***	**124,10**	**0,94**
Versuch 3.5	**20,24**	***17,74***	100	***132,50***	**130,70**	**0,99**

*) : Mittelwert (links / rechts)   **) : Prozentualer Anteil (ca.) von max F_1 beim Erreichen der maximalen Kragarmlast F_2

Tabelle 3-6: Traglasten der Kragarme

In allen Versuchen wurden die größten Stahldehnungen außerhalb des Knotenbereichs direkt vor dem Anschnitt gemessen, wie bereits in den Kurzbeschreibungen der Versuche zu sehen war. Bestätigt werden diese Ergebnisse durch die maximalen Rissbreiten, die in den ersten Rissen im Kragarmanschnitt neben der Stütze gemessen wurden und ebenfalls optisch leicht zu erkennen waren. Dieser Versagensquerschnitt der Kragarme war demnach unbeeinflusst von den Vorgängen im Knoten, was sich im gleichartigen Trag- und Verformungsverhalten aller Kragarme zeigte.

3.8.3 Verformungsverhalten des Knotenbereichs

In den folgenden drei Abbildungen sind die im Knotenbereich aufgezeichneten vertikalen Betonstauchungen in Stützenlängsrichtung und Betondehnungen in Knotenmitte quer dazu zusammen aufgetragen. Die Werte der horizontalen Dehnungen wurden aus den WAN-Messwerten 14 und 15 gebildet (siehe Abbildung 3-4). In Abbildung 3-53 ist zu sehen, dass das Verhältnis der vertikalen Stauchung zur horizontalen Dehnungen bei alleiniger Stützenbelastung betragsmäßig etwa 2:1 beträgt. Im Knotenbereich traten hier nur einzelne Risse mit geringen Rissbreiten auf, die keine Störung des Tragverhaltens hervorriefen.

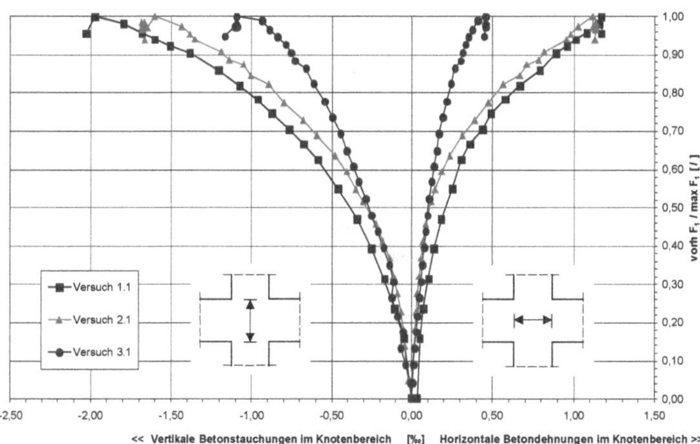

Abbildung 3-53: Stauchungen in Stützenlängsrichtung und Dehnungen quer dazu im Knotenbereich der Vergleichsversuche 1.1, 2.1 und 3.1

Betrachtet man dagegen die Versuche mit hintereinander geschalteter Stützen- und Kragarmbelastung, ist der Zuwachs an Querdehnung infolge der Kragarmbelastung klar abzulesen (siehe Abbildung 3-54 rechts). Das abweichende Verhalten von Versuch 1.4 ist an der großen Knotenstauchung hier auf der linken Seite nochmals deutlich zu sehen. Auffällig bei allen Versuchen ist die Tatsache, dass nach der Aufbringung der Kragarmlast die Steifigkeit des Knotens in Stützenlängsrichtung bei einer weiteren Stützenbelastung nahezu unverändert bleibt, was an den unveränderten Steigungen der einzelnen Versuchskurven links in Abbildung 3-54 zu erkennen ist. In Versuch 2.4 und 3.4 ist der Kriecheinfluss der zu Beginn aufgebrachten Stützenlast auf die Knotenstauchung während der Kragarmbelastung deutlich zu erkennen. In den Versuchen 2.3 und 2.4 wurden die dem Betrag nach größten Betonstauchungen von knapp –3,0 ‰, erreicht. Hier zeigte sich, dass ein Knotenversagen in diesen Versuchen nicht weit entfernt war. Das Verhältnis der Stauchung zur Querdehnung beträgt, mit Ausnahme von Versuch 2.4, beim Bruch ca. 1:1.

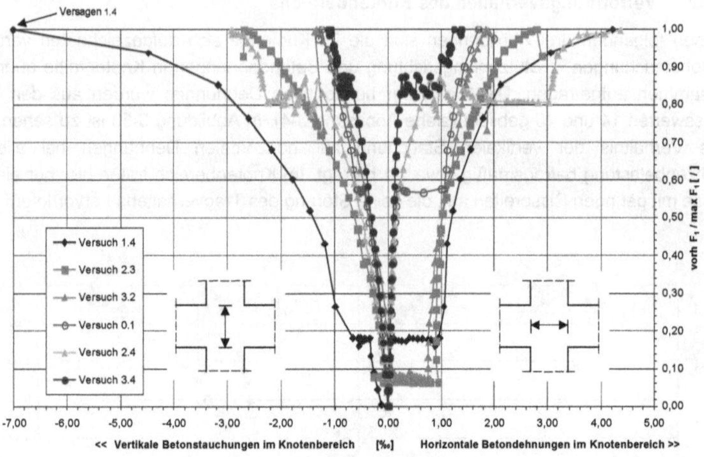

Abbildung 3-54: Stauchungen und Querdehnungen im Knotenbereich der Versuche mit Kragarmbelastung

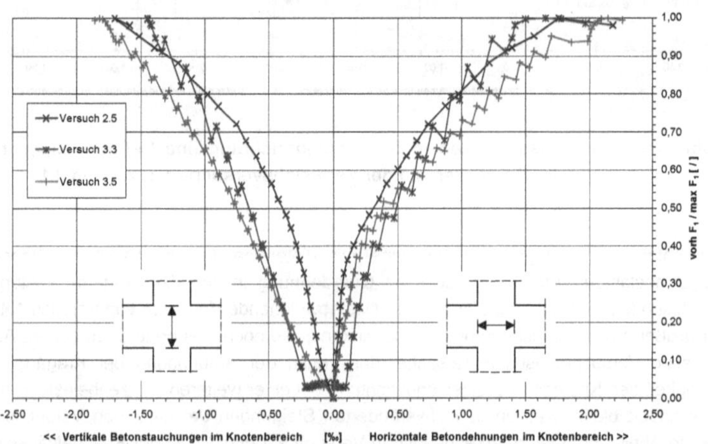

Abbildung 3-55: Stauchungen und Querdehnung im Knotenbereich bei gleichzeitiger Steigerung der Stützen- und Kragarmbelastung

Im Falle einer gleichzeitigen Steigerung der Stützen und Kragarmbelastung zeigt sich ein sehr ähnliches Bild (siehe Abbildung 3-55). Die unterschiedlichen Lastpfade in den Versuchen 3.3 und 3.5 bewirken keine merkliche Änderung im Knotenverhalten in der Querrichtung. In Stützenlängsrichtung verhält sich Versuch 3.3 sogar steifer trotz der Aufbringung von 50 % der Kragarmtraglast vor Beginn der parallelen Steigerung beider Lasten F_1 und F_2.

Rissbilder und -breiten

Die Vergleichsversuche zeigten aufgrund der Ausbreitung der Stützenlast im Knoten und der damit verbundenen Querdehnungen stets einzelne Risse in diesem Bereich. In den Versuchen mit Kragarmbelastung traten in Abhängigkeit vom Lastpfad charakteristische Rissbilder auf. Bei diesen Rissbildern ist eine Gesetzmäßigkeit zu erkennen (siehe Abbildung 3-56). Ohne vorhandene Stützenbelastung setzte sich die Rissentwicklung der Kragarme im Knotenbereich fort, lediglich gekennzeichnet durch einen größeren Rissabstand und ein zeitlich verzögertes Auftreten der Risse. Dieses Verhalten war durch die unterschiedlichen Hebelarmverhältnisse im Kragarm und Knoten bedingt. Die Druckzone konnte sich im Knotenbereich, weiter nach unten im unteren Stützenteil ausbreiten. Somit vergrößerte sich der innere Hebelarm im Knotenbereich und es traten geringere Stahlzugkräfte auf. Die im Knoten verbleibenden Betonzugspannungen zwischen den Rissen sind aus diesem Grunde stets kleiner im Vergleich zu denen im Kragarm. Bei einer vorhandenen Arbeitsfuge zwischen Knoten und oberen Stützenteil blieben die Risse auf den Knotenbereich beschränkt. Die Aufbringung einer geringen Stützenbelastung bewirkte die Fortsetzung der Knotenrisse im oberen Stützenteil.

War vor Beginn der Kragarmbelastung schon eine große Stützenbelastung vorhanden, führte dies dazu, dass sich die Rissbildung infolge der Kragarmbelastung außerhalb des Knotenbereichs konzentrierte. Lediglich im Knotenrandbereich traten Risse infolge der Kragarmbelastung auf, während die Risse in Knotenmitte vorwiegend aus der Stützenbelastung herrührten. So entstanden die Risse in Knotenmitte bei Versuch 2.4 vor Beginn der Kragarmbelastung. Die vielen kleineren Risse im Knotenbereich von Versuch 2.4 lassen sich mit der geringeren Betonzugfestigkeit von Versuchsserie 2 im Vergleich zu Versuchsserie 3 erklären (siehe Anhang).

Die gleichzeitige Steigerung der Kragarm- und Stützenbelastung führte zu einem "kombinierten" Rissbild: hier entstanden ebenfalls Risse im Knoten, die sich allerdings im Rissbild unterschieden. Die Versuche 2.5, 3.3 und 3.5 zeigten genau in Knotenmitte keine Risse, wie sie in Versuch 2.2, 2.3 und 3.2 zu beobachten waren.

Versuch	0.2	0.1	1.1	1.4	2.1	2.2	2.3	2.4	2.5	3.1	3.2	3.3	3.4	3.5
max. Rissbreite [mm]	0,10	0,25	0,15	0,40	0,10	0,35	0,30	0,25	0,45	0,05	0,40	0,25	0,15	0,30

Tabelle 3-7: Größte gemessene Rissbreite im jeweiligen Hauptriss im Knoten

In den Versuchen ohne Kragarmbelastung wurden die geringsten Rissbreiten im Knoten gemessen (siehe Tabelle 3-7). In den anderen Versuchen wurden je nach Kragarmbelastung und den sich darauf hin einstellenden Rissbild weitaus größere Rissweiten gemessen.

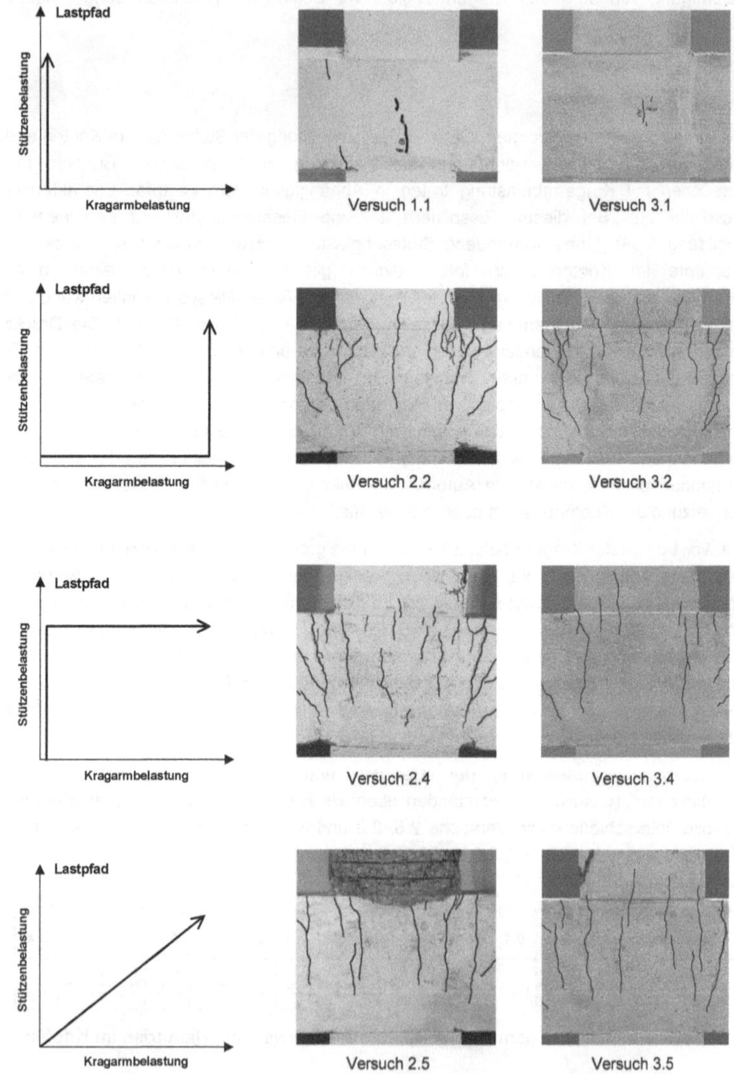

Abbildung 3-56: Gegenüberstellung der Lastpfade und der Rissbilder

Hierbei ist zu erwähnen, dass auf die Messung der Risse mit einer Risslupe aus sicherheitstechnischen Gründen bei Belastungen nahe der Traglast verzichtet werden musste und in dieser Versuchsphase mit einer Risskarte gemessen wurde.

3.8.4 Verformungsverhalten der Kragarme

Wie bereits bei der Kurzbeschreibung der einzelnen Versuche angeführt, konnte die volle Verformungsfähigkeit der Kragarme aus versuchstechnischen Gründen nicht ganz ausgenutzt werden. Ab einer gewissen Durchbiegung der Kragarme hätte eine weitere Verformung zu einer Verkantung der Lasteinleitungskonstruktion und so zu Schäden an der Versuchseinrichtung geführt. Ohne diese Einschränkung wäre eine weitere Kragarmverformung möglich gewesen. Zudem wurde aufgrund der kraftgesteuerten Lastaufbringung und des gewählten Versuchsablaufes nur das plastische Verformungsvermögen einer Kragarmseite ausgenutzt. Trotzdem wurden am Kragarmende große Verformungen erreicht und zum Teil erhebliche Rotationen gemessen. Die Versuche geben Aufschluss über den Einfluss einer vorhandenen Stützenbelastung auf das Verformungsverhalten der horizontalen Bauteile.

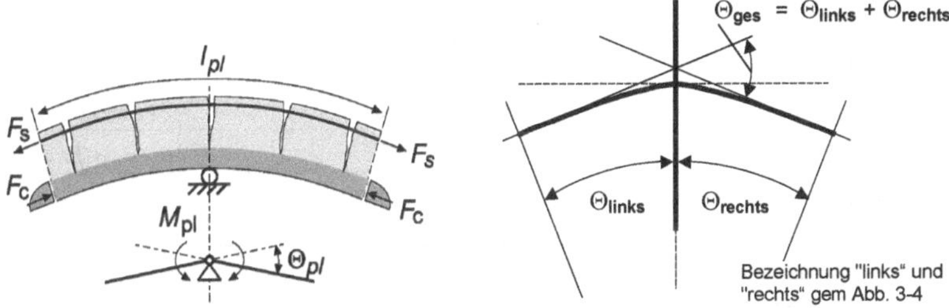

Abbildung 3-57: Links: Biegerissgelenk über der Stütze eines Durchlaufträgers und Modell des dazugehörigen plastischen Gelenks; rechts: Definition der gesamten Rotationen am Versuchskörper

Im linken Teil der Abbildung 3-57 ist das plastische Gelenk über der Stütze eines Durchlaufträgers mit der zugehörigen Modelldarstellung der Rotationen dargestellt. Im rechten Teil der Abbildung ist der hier untersuchte Versuchskörper zu sehen. Hier wird allgemein zwischen den Rotationen im linken und rechten Kragarm unterschieden.

In Tabelle 3-8 sind die wesentlichen Verformungsgrößen der Kragarme zusammengetragen. Als plastische Rotation wird hierbei diejenige Rotation definiert, die zwischen dem ersten Auftreten plastischer Stahldehnungen in der oberen Kragarmbewehrung und der maximal erreichten Kragarmlast *ohne Lastabfall* auftrat (siehe auch Abb. 3-58, 3-59 und 3-60). Hier ist nochmals die Konzentration der plastischen Rotationen auf einer Seite zu sehen. Aufgrund der Versuchskörpersymmetrie betragen demnach die gesamte theoretisch mögliche plastische Rotationen des jeweiligen Versuchskörpers den zweifachen Wert der größeren Rotation.

In den Abbildungen 3-58, 3-59 und 3-60 sind Momenten-Rotations-Kurven der einzelnen Versuche angegeben, wobei zur besseren Übersicht immer nur die Ergebnisse der Kragarmseite mit den größeren Verformungen dargestellt ist.

	max w WAN [1]) [mm]	**max ε_s** DMS [2]) [mm/m]	**max ε_c** WAN [3]) [mm/m]	**Θ_{pl} links** [4]) [mrad]	**Θ_{pl} rechts** [4]) [mrad]	**Kommentar**
Versuch 1.2	22,8	3,10	5,46	**23,00**	3,50	$F_1 = 0$
Versuch 1.3	27,1	2,90	4,78	**26,00**	0,20	F_1 = 700 kN, konst.
Versuch 1.4	10,7	3,60	2,80	-	-	kein Θ_{pl} aufgetreten [5)]
Versuch 2.2	25,3	2,55	8,00	14,80	**21,00**	F_1 = 100 kN, konst.
Versuch 2.3	15,0	4,15	4,00	**6,50**	4,00	F_1 = 75 kN, konst. [6)]
Versuch 2.4	23,7	5,80	5,20	16,50	**19,00**	F_1 = 1000 kN, konst.
Versuch 2.5	7,2	3,50	3,70	-	-	kein Θ_{pl} aufgetreten [5)]
Versuch 3.2	16,9	2,60	2,60	**12,00**	8,60	F_1 = 100 kN, konst.
Versuch 3.3	15,6	2,45	1,95	**2,10**	0	F_1 mitgesteigert [6)]
Versuch 3.4	9,6	2,35	2,75	-	-	Messung früh ausgef.
Versuch 3.5	12,9	2,45	3,00	-	-	kein Θ_{pl} aufgetreten [5)]

Anmerkung: Die Angabe der Stützenbelastung F_1 ist die Größe bei Beginn der Kragarmbelastung

[1]): Maximale Durchbiegung am Ende des Kragarms mit der größten plast. Rotation

[2]): Maximalwert in der oberen Kragarmbewehrung im Knotenanschnitt; DMS 42, 43, 46 und 47

[3]): Maximalwert in der oberen WAN im Kragarm (WAN 17 oder 21)

[4]): aus versuchstechnischen Gründen konnte die volle Rotationskapazität der Kragarme nicht ausgeschöpft werden

[5]): aufgrund des Versuchsablaufes (siehe jeweilige Versuchsbbeschreibung)

[6]): Verformungsfähigkeit im Rahmen der Versuchseinrichtung nicht ausgeschöpft (bedingt durch Versuchsablauf)

Tabelle 3-8: Gemessene Verformungen der Kragarme

Der Vergleich zwischen Versuch 1.2 und 1.3 bzw. 2.2 und 2.4 in zeigt, dass die Größe der Stützenlast vor Beginn der Kragarmbelastung keinen Einfluss auf die bis zum Versuchsende gemessenen Rotationen hatte. Während in Versuch 1.2 und 2.2 keine bzw. eine nur sehr geringe Stützenlast vorhanden war, wurden die Versuche 1.3 und 2.4 vor Beginn der Kragarmbelastung mit Stützenlasten von 50 % bzw. 80 % der Stützentraglast beaufschlagt. Alle vier Versuche erreichten trotzdem plastische Rotationen in der gleichen Größenordnung. Bei den Versuchen 2.3 und 3.2 wurde die mögliche Verformungsfähigkeit des Kragarms in der Versuchseinrichtung nicht voll ausgenutzt, da die Versuche nach dem Stützenversagen und dem Abfallen der Stützenlast beendet wurden. Gleiches gilt für Versuch 3.3 und 3.5 (siehe auch Abbildung 3-60).

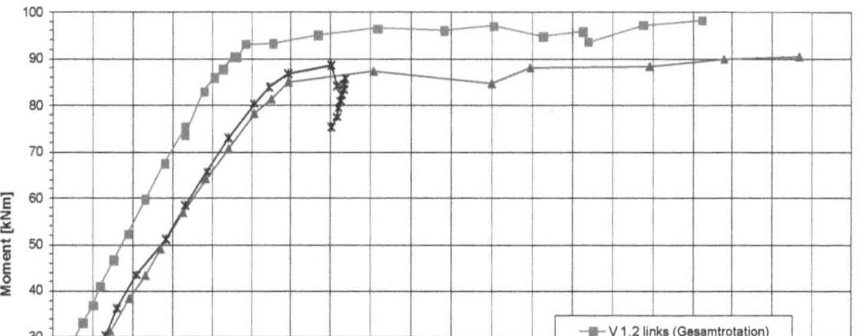

Abbildung 3-58: Momenten-Rotations-Kurven von Versuchsserie 1

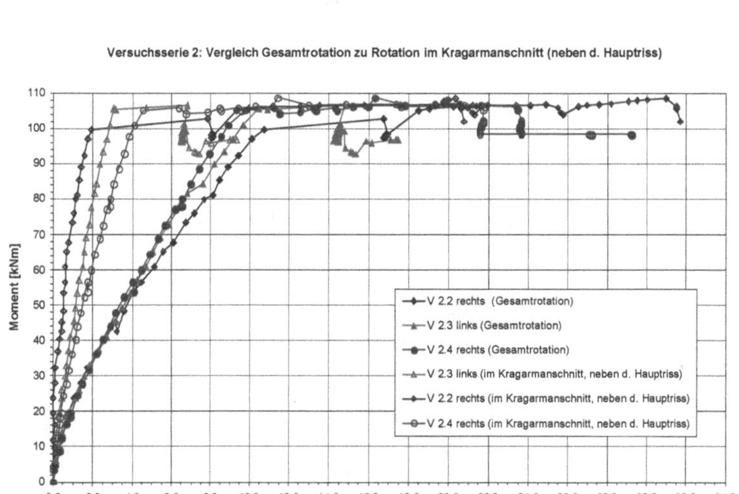

Anmerkung: Die vertikal abfallenden Äste nahe der Kurvenenden rühren aus der steigenden Stützenbelastung und damit einhergehender Entlastung der Kragarme.

Abbildung 3-59: Momenten-Rotations-Kurven von Versuchsserie 2

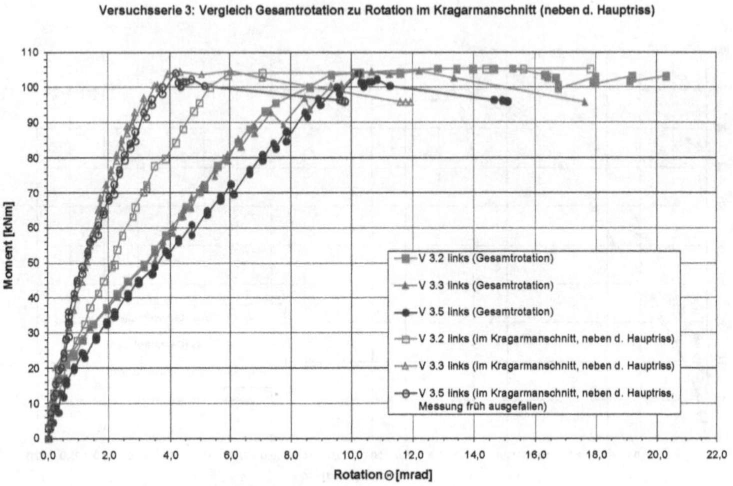

Versuchsserie 3: Vergleich Gesamtrotation zu Rotation im Kragarmanschnitt (neben d. Hauptriss)

Moment [kNm]

Rotation Θ [mrad]

V 3.2 links (Gesamtrotation)
V 3.3 links (Gesamtrotation)
V 3.5 links (Gesamtrotation)
V 3.2 links (im Kragarmanschnitt, neben d. Hauptriss)
V 3.3 links (im Kragarmanschnitt, neben d. Hauptriss)
V 3.5 links (im Kragarmanschnitt, neben d. Hauptriss, Messung früh ausgefallen)

Anmerkung: In Versuch 3.3 und 3.5 sind die abfallenden Äste der Kurve bedingt durch den *Lastpfad* (siehe Versuchsbeschreibung). Nach dem Stützenversagen wurden die Versuche beendet.

Abbildung 3-60: Momenten-Rotationskurven von Versuchsserie 3

In Abbildung 3-59 und Abbildung 3-60 ist zu sehen, dass der Hauptriss der Kragarme im Knotenanschnitt stets einen sehr großen Anteil an der Gesamtverdrehung hat. In Versuch 2.4 und 3.2 resultiert fast die gesamte Verdrehung aus dem Verformungsanteil im ersten Riss. Hier wird nochmals deutlich, dass der Querschnitt, in dem die größten Rotationen erzielt wurden, im Kragarmanschnitt liegt. Die Stahldehnungen konzentrieren sich in diesem Riss und sorgen für den Hauptanteil der Rotationskapazität der Kragarme.

	Versuchsserie 1 $\Theta_{pl,d}$ [mrad]		Versuchsserie 2 u. 3 $\Theta_{pl,d}$ [mrad]	
	Gesamt	Eine Kragarmseite	Gesamt	Eine Kragarmseite
CEB Model Code 90*	11,5	5,75	12,9	6,45
Eurocode 2	12,7	6,35	13,5	6,75
DIN 1045-1	9,7	4,85	10,2	5,1

*: Ermittelt für die Duktilitätsklasse A

Tabelle 3-9: Zulässige plastische Rotationen nach unterschiedlichen Normen

In Tabelle 3-9 sind die zulässigen plastischen Rotationen des gesamten Versuchskörpers gemäß der Definition in Abbildung 3-57 (links) nach unterschiedlichen Normen zusammengestellt. Diese Grenzverformungsgrößen wurden nach den Ansätzen in Abbildung 2-40 ermittelt. Die bezogene Druckzonenhöhe x_d wurde mit den Bemessungswerten der Baustoffeigenschaften und unter Berücksichtigung der Schubschlankheit der Versuchskörper bestimmt. Diese Werte stellen Bemessungswerte möglicher plastischen Rotationen der Versuchskörper dar und enthalten daher einen Teilsicherheitsbeiwert.

Der Vergleich mit den Versuchsbeobachtungen in Tabelle 3-8 soll lediglich zeigen, dass in allen Fällen, in denen die Verdrehfähigkeit eines Kragarms in den Grenzen der Versuchseinrichtung ausgenutzt wurde, die Bemessungswerte erreicht und um mehr als den Faktor 2 (und somit grösser als etwaige Sicherheitsabstände) überschritten wurden. Das Vorhandensein der Stütze, ob belastet oder unbelastet, hatte keinen Einfluss auf die Verformungsfähigkeit der Kragarme. Die volle Rotationskapazität des Bauteils konnte ohne Einschränkung im Sinne der Vorschriften ausgenutzt werden.

In den folgenden drei Abbildungen sind die Stahldehnungen in der Kragarmhauptbewehrung aufgetragen. Hier ist der Unterschied zwischen den Stahldehnungen im Kragarmanschnitt (DMS 42/43 sowie 46/47) und in Knotenmitte (DMS 44/45) zu erkennen.

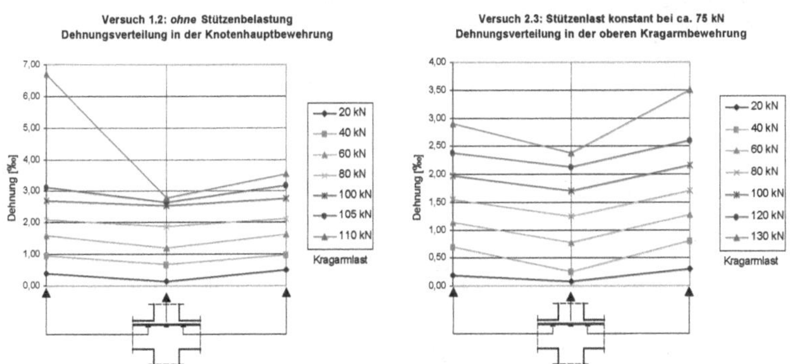

Abbildung 3-61: Dehnungsverteilung in der Kragarmhauptbewehrung ohne vorhandener Stützenbelastung

Ohne vorhandene Stützenbelastung zeigen die Stahldehnungen in Knotenmitte aus den schon in Kapitel 3.8.3 genannten Gründen nach der anfänglichen Rissbildung betragsmäßig etwa den gleichen Differenzbetrag zu den Stahldehnungen außerhalb des Knotens zurück. Die in Abbildung 3-61 dargestellten Versuche sind repräsentativ für die übrigen Versuche ohne Stützenbelastung.

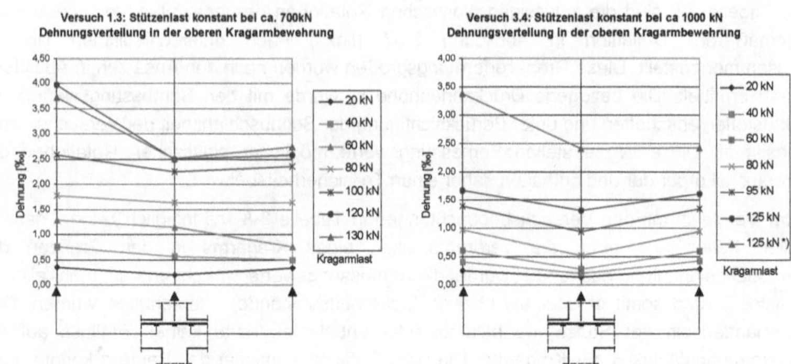

Abbildung 3-62: Dehnungsverteilung in der Kragarmhauptbewehrung bei vorhandener Stützenbelastung

Im Falle einer vorhandenen Stützenbelastung ist in Abbildung 3-62 zu sehen, dass diese Stützenlast Einfluss auf die Dehnungsverteilung ausüben kann. Während in Versuch 3.4 nur bei hohen Kragarmlasten ein sehr geringer Unterschied zu den Versuchen ohne Stützenlast zu sehen ist, zeigt Versuch 1.3 schon früh größere Stahldehnungen im Knoten als im Knotenanschnitt. Dies liegt an dem unterschiedlichen Verhalten des linken und rechten Kragarms in diesem Versuch (siehe auch Abbildung 3-18).

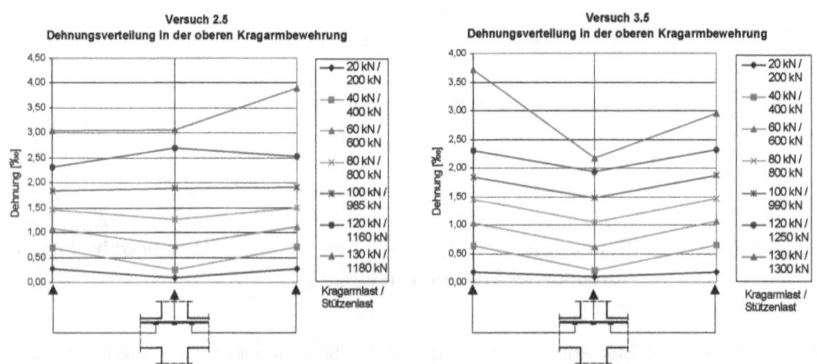

Abbildung 3-63: Dehnungsverteilung in der Kragarmhauptbewehrung bei gleichzeitiger Steigerung der Stützen- und Kragarmlast

Die gleichzeitige und parallele Steigerung der Kragarm- und Stützenbelastung zeigt ein ebenfalls geteiltes Bild. Während Versuch 3.5 sich ähnlich zu den anderen Versuchen ohne Stützenlast verhält, weist Versuch 2.5 den Einfluss der Dehnungen in Querrichtung infolge der Stützenbelastung deutlich auf. Bei einer Stützenlast von 1160 kN treten die größten Stahldehnungen im Knoten und nicht im Kragarmanschnitt auf. Bei einer weiteren Laststeigerung tritt allerdings die Lokalisierung der Dehnungen wie in allen anderen Versuchen schließlich außerhalb des Knotenbereichs auf.

Das Vorhandensein einer Stützenbelastung kann also einen Einfluss auf die Verteilung der Stahldehnungen in der Kragarmzugbewehrung haben. Dieser Einfluss rührt zum Teil aus der Querdehnung im Knotenbereich, hervorgerufen durch die Stützenbelastung. Es kann auch infolge der hohen Auflast zu einer Störung des Betongefüges und so zu einer Veränderung des Verbundverhaltens zwischen Beton und Bewehrung gekommen sein. Der letztgenannte Einfluss würde zu einer Vergleichmäßigung der Stahlspannungen im verbundlosen Bereich führen, was letzten Endes zu einem Durchplastizieren der Kragarmzugbewehrung über die Knotenbreite führen könnte. Hierzu ist es nachweislich nicht gekommen, da in keinem Versuch plastische Stahldehnungen im Knotenbereich gemessen wurden. Alle Werte in Knotenmitte blieben unterhalb der in den Materialuntersuchungen des Bewehrungsstahls ermittelten elastischen Dehngrenze (siehe Anhang).

3.8.5 Schlußfolgerungen aus den Versuchen

Lastpfad, Rissbilder und Rissbreiten

Die Stützen- und Kragarmbelastung wirkte sich unterschiedlich auf die Rissbildung im Knotenbereich aus. Eine alleinige Stützenbelastung führte zu wenigen kleinen Rissen in Knotenmitte mit geringen Rissweiten bis 0,15 mm. Die alleinige Kragarmbelastung führte zu einer vermehrten Rissbildung im oberen Knotenbereich mit Rissweiten bis maximal 0,40 mm. War zuvor eine Stützenbelastung vorhanden, neigte die Rissbildung dazu, sich im Knotenrandbereich und außerhalb zu konzentrieren. Eine gleichzeitige und parallele Steigerung beider Lasten führte im Falle der zuerst stattfindenden Stützenbelastung zu einem unterschiedlichen Rissbild im Knoten, aber zu ähnlichen Rissweiten.

Stützentraglast

Bis auf eine Ausnahme konnte in allen Versuchen die Stützenbelastung durch den Knotenbereich hindurchgeleitet werden, ohne dass es zum Knotenversagen kam. Die Schädigung des Betongefüges infolge der Kragarmbelastung reichte nicht aus, um den Beton entscheidend zu schwächen, eine Ausbreitung der Stützenbelastung im Knoten zu verhindern und ein Knotenversagen auszulösen. Im Knotenbereich wurden nichtsdestotrotz Stauchungen bis zu -2,7 ‰ verzeichnet, ohne dass eine Knotenversagen auftrat. Die größten Traglasten wurden in den jeweiligen Vergleichsversuchen ohne Kragarmbelastung erzielt. Einer der anderen Versuche mit Kragarmbelastung erreichte den gleichen bezogenen Traglast wie im Vergleichsversuch, alle anderen geringere Traglasten. Die größte Abweichung der Traglast im Vergleich zum Vergleichsversuch lag bei 9 %. Der Versuch mit Knotenversagen wies eine um 7 % geringere Traglast gegenüber dem Vergleichsversuch ohne Kragarmbelastung auf. Der Variationskoeffizient aller normierten Stützentraglasten betrug 3,54 %. Der Versuch mit Knotenversagen wies eine Abweichung von 3,4% zum Mittelwert auf und lag somit innerhalb des Streubereichs.

Die Gründe für das Knotenversagen von Versuch 1.4 wurden in Kapitel 3.8.1 und 3.8.3 erläutert. Neben der Schwächung des Betongefüges infolge der Kragarmbelastung wurde in diesem Versuch die größte Differenz zwischen $f_{c,Stütze}$ und $f_{c,Knoten}$ erreicht und der Beton in dieser Serie verhielt sich im Knoten insgesamt weicher im Vergleich zu den anderen Serien. Die geringe Bauteildicke von 15 cm und die fehlende Querdehnungsbehinderung begünstigten zusätzlich das beobachtete Knotenversagen.

Mit diesem Versuchsaufbau konnte zum einen gezeigt werden, dass eine Rissbildung mit entsprechenden Rissweiten im Knoten und bei den gegebenen Verhältnissen das Versagen im Knoten und nicht in der Stütze auftreten kann. Zum anderen wurde deutlich, wie wichtig eine Behinderung der Dehnungen im Knotenbereichs quer zur Stützenlängsrichtung ist, um ein frühzeitiges Versagen zu verhindern.

Kragarmtraglast

Bis auf einen Versuch, in der die volle Tragfähigkeit des Kragarms aus versuchstechnischen Gründen nicht erreicht wurde, konnte überall die vorberechnete Traglast der Kragarme ohne Einschränkung erreicht werden. Die Kragarmtragfähigkeit war unabhängig von der Größe der Stützenbelastung. Dies liegt darin begründet, dass der Versagensquerschnitt des Kragarms außerhalb des Knotenbereichs lag und dieser Querschnitt von den Vorgängen im Knoten unbeeinflusst blieb.

Verformungsverhalten des Knotens

Der Beton des Knotenbereichs wurde sowohl durch die Stützen- als auch durch die Kragarmbelastung zum Reißen gebracht und erfuhr dadurch eine Gefügeschädigung. Die hohen Auflasten aus der Stütze und die Zugwirkungen quer zur Stützenlängsrichtung aus der Kragarmbelastung wirkten sich zusammengenommen am ungünstigsten auf das Gefüge des Betons aus und führten zu einem weicheren Knotenverhalten in Stützenlängsrichtung.

Verformungsverhalten der Kragarme

Das Verformungsvermögen der Kragarme blieb unbeeinflusst von der Stützenbelastung. Die Hauptanteile an der Verdrehung wurden im ersten Riss unmittelbar neben dem Knoten erzeugt. Im Knotenbereich entstanden große Dehnungen in der Kragarmhauptbewehrung, diese blieben aber immer im elastischen Bereich. Der Knotenbereich hatte bei den gegeben Verhältnissen keinen nennenswerten Anteil am plastischen Verformungsvermögen der Kragarme. In allen Fällen, in denen die Rotationskapazität der Kragarme in den vorgegebenen Grenzen des Versuchsaufbaus erreicht wurde, konnten gleiche Rotationen erzielt werden, unabhängig von den Vorgängen in der Stütze.

4 Rechnerische Untersuchungen mit Hilfe der Finite-Element-Methode

4.1 Allgemeines

Neben den bereits beschriebenen Bauteilversuchen wird im Rahmen dieser Arbeit eine rechnerische Untersuchung mit Hilfe der Finite-Elemente-Methode durchgeführt. Ziel dieser Untersuchung ist die Erstellung eines mechanisch-numerischen Modells unter einer möglichst zutreffenden Berücksichtigung des tatsächlichen nichtlinearen Materialverhaltens von Stahlbeton. Dieses Modell wird zur Nachrechnung der Bauteilversuche sowie zur Durchführung einer Parameterstudie verwendet.

Im folgenden werden die Anforderungen an das zu entwickelnde FE-Modell erläutert. Die gewählten Ansätze für das Materialverhalten und das Zusammenwirken der Werkstoffe Beton und Betonstahl vor dem Hintergrund des tatsächlichen Material- und Bauteilverhaltens werden zunächst in allgemeiner Form und anschließend im Rahmen des verwendeten FE-Programms vorgestellt. Eine Modellüberprüfung anhand ausgesuchter, in der Literatur bereits beschriebener numerischer Bauteilberechnungen weist dann die Eignung des Modells zur Nachrechnung der durchgeführten Versuche und zur Durchführung einer Parameterstudie nach.

Auf eine ausführliche Beschreibung der Finite-Elemente-Methode wird an dieser Stelle verzichtet und auf andere Arbeiten verwiesen wie z.B. von ***Bathe*** [7] sowie ***Meißner*** und ***Maurial*** [106] für die Methode der Finiten Elemente im Allgemeinen und ***Borg*** [21], ***Hofstetter*** und ***Mang*** [69], ***Mehlhorn*** [103] und ***Stempniewski*** und ***Eibl*** [134] für die Anwendung der FE-Methode im Stahlbetonbau.

4.2 Anforderungen an das FE-Modell

Ein Stahlbetonrahmenknoten weist unter Belastung einen mehraxialen Spannungszustand auf. Um das Trag- und Verformungsverhalten dieses Diskontinuitätsbereiches mit Hilfe eines FE-Modells zutreffend beschreiben zu können, muss das Modell unterschiedliche Merkmale aufweisen. Je nachdem, welches Ziel verfolgt wird, sind dabei unterschiedliche Vereinfachungen möglich, sinnvoll und sogar notwendig.

Der Abbildung des Betons kommt hier natürlich die größte Bedeutung zu. Gerade das hochgradig nichtlineare Materialverhalten gilt es hier zutreffend abzubilden. Vereinfacht lässt sich der Spannungszustand der untersuchten Stahlbetonrahmenknoten in zwei Dimensionen abbilden, vorausgesetzt, dass mehraxiale Effekte in der vernachlässigten Dimension wie z.B. Druckzonenumschnürung im Materialverhalten berücksichtigt werden. Die Rissbildung nach Überschreitung der Betonzugfestigkeit ist aufgrund des großen Einflusses unbedingt zu modellieren. Auch das Nachbruchverhalten des Betons im Druckbereich ist zu implementieren, um plastische Verformungsreserven des Betons nicht zu vernachlässigen. Die Abbildung der Bewehrung muss eine zutreffende Beschreibung des Materialverhaltens beinhalten. Das Zusammenwirken der beiden Werkstoffe im Verbund muss ebenfalls wiedergeben werden.

In den folgenden Kapiteln 4.3 und 4.4 wird allgemein auf die konstitutiven Materialbeziehungen eingegangen. In Kapitel 4.5 wird die Berücksichtigung des Zusammenwirkens von Beton und Betonstahl im Verbund ebenfalls allgemein besprochen. In Kapitel 4.6 wird die Umsetzung der Anforderungen im verwendeten FE-Programm ***ATENA*** und die für die Nachrechnung verwendeten Materialgesetze erläutert.

4.3 Konstitutive Beziehungen für den Beton

4.3.1 Einaxiales Bruchverhalten

Als Ausgangspunkt zur Beschreibung des Werkstoffverhaltens von Beton dient die Modellierung des einaxialen Verhaltens.

Beton im Druckbereich

Das schon im unbelasteten Zustand durch Mikrorisse beschädigte Betongefüge verhält sich unter Druck durchgehend nichtlinear. In der Anfangsphase der Belastung kann das Verhalten jedoch hinreichend genau als nahezu linear elastisch bezeichnet werden (siehe Abbildung 4-1 links). Die Grenze dieser annähernden Linearität liegt bei ca. 30 % der Bruchlast. Der ansteigende Ast der uniaxialen Spannungs-Dehnungs-Linie ist ausgiebig erforscht. Eine erschöpfende Beschreibung des Nachbruchverhaltens hingegen ist nach wie vor Forschungsgegenstand.

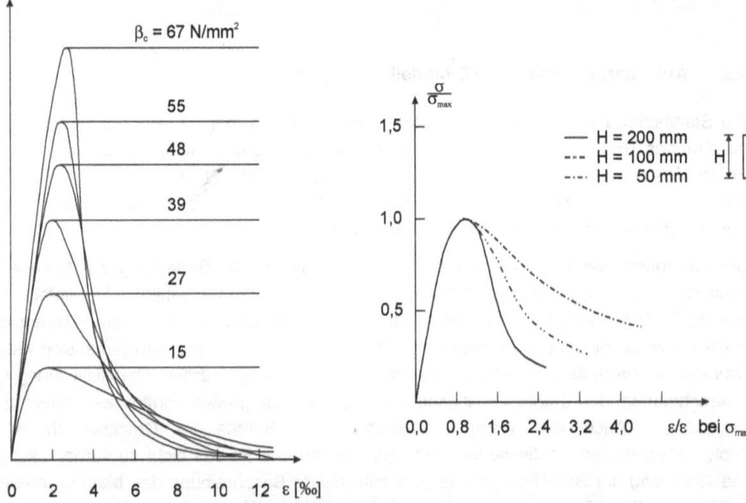

Abbildung 4-1: Betondruckfestigkeiten nach *Wischers* [149] (links); Abhängigkeit von der Probenkörperhöhe nach *Van Mier* [142] (rechts)

Bei einer weiteren Steigerung der Belastung wachsen die Mikrorisse im unbewehrten Beton an bis sie sich schließlich vereinigen, was in einer stetigen Zunahme des nichtlinearen Materialverhaltens resultiert. Die Vereinigung der Mikrorisse führt zu einer zunehmenden Zerstörung des Gefüges durch die Ausbildung von Bruchflächen und schließlich zum Versagen. Die Orientierung der Bruchflächen richtet sich nach der Hauptzugspannungsrichtung, was beim einaxialen Druckversuch zur Unterteilung des Betons in nebeneinander stehende "Betonsäulen" führt. Das Nachbruchverhalten des Betons ist zum einen vom Tragverhalten dieser "Säulen" und den Verformungen in den Bruchflächen abhängig, wird aber auch von der Probenkörperhöhe maßgeblich beeinflusst (siehe Abbildung 4-1 rechts).

Der deutliche Einfluss der Probenkörperhöhe auf das Nachbruchverhalten ist mit dem Phänomen der Schadenslokalisierung zu erklären. Die Zerstörung des Betongefüges stellt sich in einem endlich ausgedehnten Bereich ein, in dem lokale Verformungen zum Versagen führen und der unabhängig von der Probenkörperhöhe ist. Ein dehnungsbezogenes Werkstoffgesetz ist somit im Nachbruchbereich nicht allgemeingültig aufstellbar. Im Rahmen einer zutreffenden Modellierung des Werkstoffes ist aber das Nachbruchverhalten unbedingt zu berücksichtigen, ansonsten kann eine mehrdimensionale Versagensfläche nicht definiert werden, und plastische Verformungsreserven des Materials können nicht ausgenutzt werden.

Sucht man nun nach einer akkuraten Beziehung zur Beschreibung des Betonverhaltens in einem Spannungs-Dehnungs-Diagramm, bietet sich die Möglichkeit, dies mit Hilfe des Bruchenergiekonzeptes zu tun. Nach ***Markeset*** und ***Hillerborg*** [99] lässt sich die zur vollständigen Entfestigung des Materials innerhalb eines lokalen Bereichs benötigte Bruchenergie mit dem Compression Damage Zone Modell (CDZ) in drei Anteile aufspalten (siehe Abbildung 4-2).

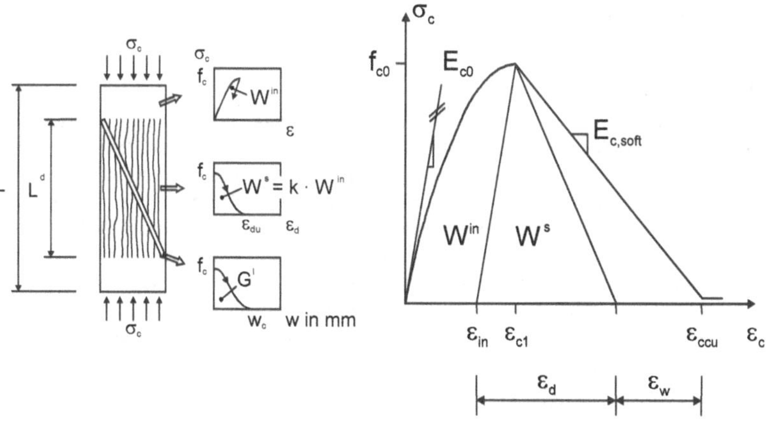

Abbildung 4-2: Komponenten des Compression Damage Zone Modells (CDZ)

Bis zum Erreichen der Traglast wird der erste Anteil der Bruchenergie, die Energie des Anteils W^{in}, verbraucht. Der abfallende Ast setzt sich aus zwei Anteilen zusammen, die zwei unterschiedliche Druckversagensmodi des Betonkörpers darstellen. Zum einen wird der Anteil W^s durch die fortschreitende Rissbildung parallel zur Belastungsrichtung verbraucht. Zum anderen wird die übrige Energie G^l durch lokalisierte Längsverformungen w_c, z. B. durch Verformungen in der Scherfuge, verbraucht. Zur Vereinfachung wird angenommen, dass diese Anteile sich gleichmäßig auf eine Schädigungszone der Länge L_d begrenzen, während die übrigen Bereiche außerhalb entlastet werden. Die Länge L_d kann als der 2,5-fache Wert der kleinsten Körperabmessung angenommen werden. Somit lässt sich die Bruchenergie W^c als Fläche unter der Spannungs-Dehnungs-Kurve ausdrücken:

$$W^c = W^{in} + W^s \cdot \frac{L_d}{L} + G^l \cdot \frac{1}{L} \tag{4.1}$$

Mit der Bestimmung der Länge L_d wird dieser Ansatz unabhängig von der Probenkörperhöhe. Die Schädigung begrenzt sich auf diesen Bereich, die übrigen Bereiche bleiben mechanisch funktionsfähig. Bei einer FEM-Berechnung besteht die Gefahr der Schadenslokalisierung. Wenn eine feine Diskretisierung notwendig wird, kann die Elementgröße die Länge L_d unterschreiten. Dies kann dazu führen, dass ein Druckversagen sich auf ein Element oder eine Reihe von Elementen beschränken würde und somit ein Druckversagensbereich unrealistisch klein abgebildet würde. Dies ist bei der Modellierung unbedingt zu beachten.

Einflüsse, die zur Traglaststeigerung führen, wie z.B. eine Druckzonenumschnürung können im Spannungs-Dehnungs-Diagramm berücksichtigt werden durch die Verlängerung der Verformung bei der maximalen Spannung auf einem Plateau. Auch die Verwendung des Compressive Damage Zone Modells zur wirklichkeitsnahen Beschreibung der Biegedruckzone unter Berücksichtigung der Umschnürung und einer Querbewehrung ist möglich, wie von ***Meyer*** und ***König*** in [108] gezeigt.

Beton im Zugbereich

Beton zeigt unter Zugbelastung sein charakteristisches Merkmal und versagt durch Rissbildung. Untersuchungen zu diesem Thema haben gezeigt, dass der Vorgang sich nicht mit der linear-elastischen Bruchmechanik erklären lässt. Unter Zugbelastung entstehen Mikrorisse im Betongefüge bereits bei ca. 60 % der makroskopischen Betonzugfestigkeit. Aufgrund der starken Streuung die der mikroskopischen Betonzugfestigkeit unterliegt, konzentrieren sich diese Mikrorisse vor Erreichen der makroskopischen Betonzugfestigkeit im Bereich der größten Querschnittsschwächung des Probekörpers zu einem durchgehenden Rissband. Der ungerissene Bereich erfährt hierdurch eine Entlastung, während die Gefügeauflockerung zu einer Öffnung des Risses und somit insgesamt zu einer Verlängerung der Probe führt.

In weggesteuerten einaxialen Zugversuchen mit Probekörpern unterschiedlicher Länge lassen sich stets ähnliche Last-Verschiebungs-Kurven aber sehr unterschiedliche Spannungs-Dehnungs-Beziehungen der Proben im Entfestigungsbereich beobachten. Diese Tatsache lässt sich durch die starke Lokalisierung des Schädigungsbereiches von Beton unter Zug erklären. Bezieht man nämlich die lokal begrenzte Längenänderung im Bereich des Risses wie üblich auf die gesamte Probenlänge, wird eine Spannungs-Dehnungs-Beziehung somit von der Probenlänge abhängig.

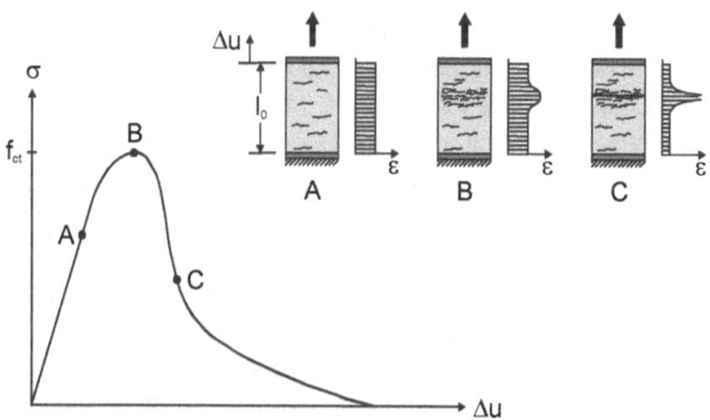

Abbildung 4-3: Rissentstehung; Spannungs-Verformungs-Beziehung

Diese Problematik setzt sich in der Abbildung des Betonkontinuums mit Hilfe der FEM fort. Wird ein Risskonzept basierend auf der Plastizitätstheorie verwendet, ist eine zutreffende Beschreibung des Materials im Entfestigungsbereich mit Hilfe einer Spannungs-Dehnungs-Beziehung nötig, damit eindeutige Ergebnisse erzielt werden können. In dem von ***Hillerborg***, ***Modéer*** und ***Petersson*** entwickelte Fictitious Crack Model [67] wird diese Problematik berücksichtigt (siehe Abbildung 4-4 links).

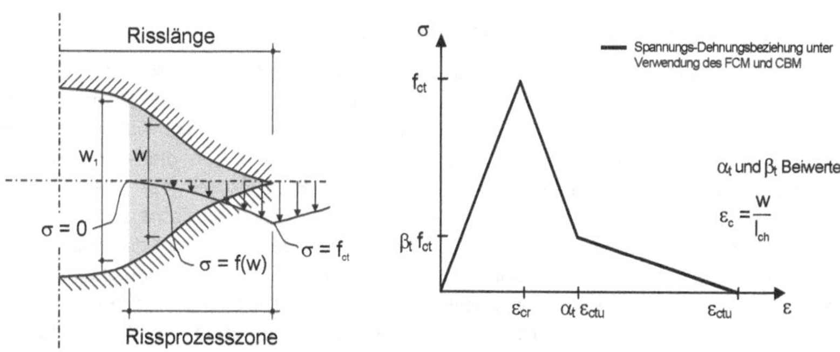

Abbildung 4-4: Fictitious Crack Modell (FCM); eine mögliche konstitutive Beziehung für Beton unter Zug

Hier wird beim Aufreißen der Probe die Rissweite w vereinfachend zu Null gesetzt. Der Schädigungsbereich der Betonzugprobe wird in einem infinitesimal kleinen Bereich, die Rissprozesszone mit Rissweiten w zwischen Null und w_1, abgebildet. Die Zugspannung wird auf die Rissöffnungsweite w bezogen und so entsteht eine objektive Spannungs-Rissweiten-Beziehung als Arbeitslinie. Die beim vollständigen Aufreißen der Zugprobe benötigte Bruchenergie G_f kann näherungsweise als Materialkonstante angesehen werden. Diese Bruchenergie kann dann als Fläche unter der hyperbolisch verlaufenden Arbeitslinie aufgefasst werden. In der ursprünglichen Fassung des Fictitious Crack Model war dies durch ein lineares Entfestigungsverhalten angenähert. In neueren Arbeiten werden bilineare und auch exponentiale Ansätze gewählt.

Zwei unterschiedliche Methoden bestehen zur prinzipiellen Abbildung des Rissverhaltens. Die Risse können zum einen diskret und zum anderen verschmiert abgebildet werden. Bei der diskreten Abbildung wird nach Überschreitung der Betonzugfestigkeit an einer Stelle eine Diskontinuität im System durch die Trennung von benachbarten Elementen an ihren Kanten senkrecht zur Hauptzugrichtung eingebracht. Dies ist darauf zurückzuführen, dass die Rissbildung ein lokales Phänomen ist, bedingt aber eine Neuvernetzung des Modells aufgrund der neu entstehenden Knoten. Wenn die Neuvernetzung umgangen werden soll, wäre es möglich Verbundelemente einzubauen, die allerdings an den Stellen platziert werden müssten, an denen Risse zu erwarten sind. Somit muss das Rissbild vorher bekannt sein. Diese Methode ist aufgrund des sehr hohen Arbeitsaufwandes und der Tatsache, dass Risse sich nur entlang der Elementkanten bilden können, im Rahmen dieser Arbeit nicht praktikabel.

Somit bleibt die verschmierte Abbildung der Risse. Bei diesem Ansatz wird das Material weiterhin als Kontinuum aufgefasst und der Verschiebungssprung infolge der Rissbildung über eine bestimmte Länge verschmiert. Einerseits widerspricht diese Vorgehensweise der Vorstellung der Rissbildung als lokal begrenztes Phänomen, allerdings bringt sie wesentliche Vorteile mit sich, ohne an Genauigkeit einzubüßen. Das Rissbild kann sich frei einstellen und eine ständige Neuvernetzung entfällt.

Abhängigkeit von der gewählten FE-Netzdichte

Ein weiteres Problem besteht bei der Implementierung des Fictitious Crack Model in ein FE-Modell. Je kleiner das Element bei der Diskretisierung gewählt wird, desto kleiner wird die zur Rissbildung benötigten Bruchenergie. Wenn dies nicht berücksichtigt wird, besteht eine Abhängigkeit zwischen Zugfestigkeit und Diskretisierungsgrad. Um dieses Problem zu begegnen, entwickelten ***Bažant*** und ***Oh*** das Crack Band Model [12]. Hier wird die Rissöffnungsweite mit Hilfe einer äquivalenten Länge l_{ch} (charakteristische Länge) in eine Rissdehnung umgerechnet (siehe Abbildung 4-4 rechts). Somit ergibt sich die Rissdehnung als Rissweite w geteilt durch die charakteristische Länge l_{ch}. Diese Länge l_{ch} gibt die Strecke an, über welche die Rissöffnungsweite an den Integrationspunkten eines Elements verschmiert wird. Sie berücksichtigt die Elementgeometrie sowie die Anordnung der Integrationspunkten im Element und sorgt dafür, dass bei einer vollständigen Rissöffnung immer die gleiche Bruchenergie frei wird, und eine Diskretisierungabhängigkeit nicht besteht.

Rissmodellierung

Bevor die bruchmechanischen Zusammenhänge besprochen werden, die zu einer konstitutiven Beschreibung des Betons im mehraxialem Raum führen, soll an dieser Stelle noch zur Abbildung der Risse im Rahmen der FEM allgemein etwas gesagt werden.

a) fixierter Riss

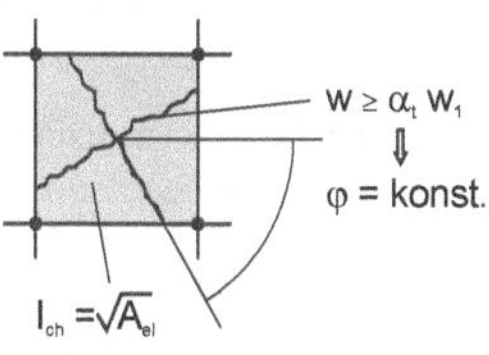

Risssystem ≠ Hauptdehnungssystem

b) mitrotierender Riss

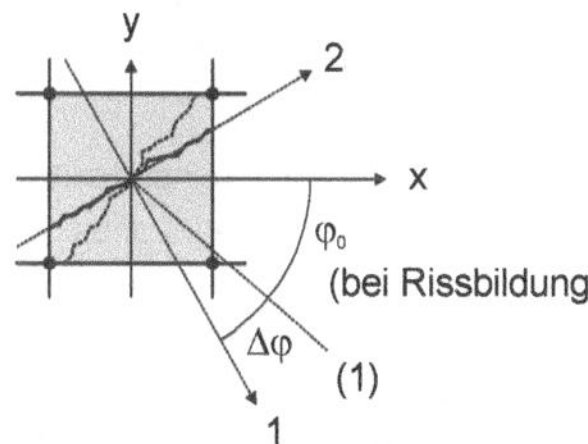

x,y : Globalsystem
1,2 : Hauptdehnungssystem

Abbildung 4-5: Fixed Crack Model; Rotating Crack Model

Wenn das Konzept der verschmierten Rissbildung zur Anwendung kommt, stehen folgende Modelle zur Verfügung (siehe auch Abbildung 4-5):

- Fixed Orthogonal Crack Model,
- Fixed Non-Orthogonal Crack Model,
- Rotating Crack Model.

Beim Fixed Orthogonal Crack Model wird nach der Erstrissbildung der zweite Riss im Element erst dann gebildet, wenn die Hauptspannungsrichtung sich um 90° gedreht hat. Somit sind die Risse orthogonal zueinander und in ihrer ursprünglichen Richtung fixiert. Bei diesem Modell kann allerdings die Steifigkeit sowie die Traglast des Systems etwas überschätzt werden. Die Hauptspannungsrichtung kann sich aufgrund einer möglichen Schubübertragung infolge einer Rissverzahnung oder durch die Verdübelungswirkung der Bewehrung drehen und somit im gleichen Bereich ein weiterer Riss bilden. Die Definition eines hier notwendigen Schubübertragungskoeffizienten bildet eine Unschärfe, welche die Berechnung beeinflussen kann. Ein variabler Schubübertragungskoeffizient liefert sehr viel bessere Ergebnisse.

Eine andere Möglichkeit bietet das Fixed Non-Orthogonal Crack Model. Hier entsteht der zweite Riss nicht rechtwinklig zum ersten sondern unter einem vorgegebenen Schwellenwinkel (i. d. R. zw. 15° und 120°). Die Berechnung mit dieser Methode ist allerdings sehr aufwendig, da alle Zustandsgrößen für jeden Riss in einem Integrationspunkt bearbeitet werden müssen. Außerdem ist die Berechnung abhängig von dem gewählten Schwellenwinkel.

Im Rahmen des Rotating Crack Models wird nur ein Riss je Integrationspunkt betracht, der sich allerdings bis zu einem vorgegebenen Winkel nach der Richtung der Hauptspannungen richtet. Somit wird eine Schubübertragung im Riss hinfällig. Diese Vorgehensweise deckt sich mit Versuchsbeobachtungen, siehe u.a. ***Hofstetter*** und ***Mang*** [69].

4.3.2 Mehraxiales Betonverhalten

Im vorangegangenen Kapitel wurde das einaxiale Werkstoffverhalten des Betons beschrieben. Die meisten Tragwerke werden naturgemäß mehraxialen Belastungszustände ausgesetzt.

Im zwei- oder dreidimensionalen Raum der Hauptspannungen beschreibt die Versagensfläche des Werkstoffes Beton die Spannungsmaxima in den Spannungs-Dehnungs-Beziehungen. Im zweiaxialen Spannungsraum ergibt sich die in Abbildung 4-6 links dargestellte, aus Biaxialversuchen gewonnene Umhüllende, hier stellvertretend nach ***Kupfer***, ***Hilsdorf*** und ***Rüsch*** [90] (siehe auch Kapitel 2.2.1). Im rechten Teil des Bildes sind Spannungs-Verzerrungs-Diagramme für den Druck-Zug Bereich zu sehen. Hier wird deutlich, wie die aufnehmbare Druckspannung bei steigender Zugspannung abnimmt. Die zutreffende Beschreibung dieser Bruchumhüllenden muss in die Modellbildung einfließen.

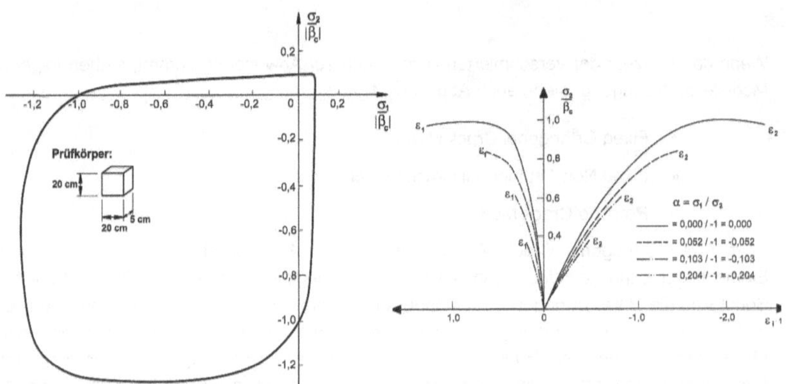

Abbildung 4-6: Biaxiale Versagensfläche nach *Kupfer*, *Hilsdorf* und *Rüsch* [90], Normiertes Spannungs-Verzerrungs-Diagramm für den Druck-Zug Bereich; Darstellungen nach [134]

Eine vorhandene Beanspruchung in der dritten Richtung hat nochmals erheblichen Einfluss auf die Betondruckfestigkeit, siehe ***Van Mier*** [142]. Die Behandlung des Problems im Rahmen dieser Arbeit beschränkt sich auf die Betrachtung im zweiaxialen Raum. Festigkeitssteigernde Einflüsse aus der dritten Richtung werden jedoch berücksichtigt.

4.4 Konstitutive Beziehungen für den Betonstahl

Die Spannungs-Dehnungs-Beziehung des Betonstahls unter Zug zeichnet sich durch ein elastisches Verhalten bis zum Erreichen der Streckgrenze aus. Je nachdem, ob es sich um naturhartes oder kaltverformtes Material handelt, schließt sich ein mehr oder weniger ausgeprägtes Fließen mit anschließender Nachverfestigung bis zur Zugfestigkeit an. Werden die Bewehrungsstäbe in ihrer Lage gehalten, so kann das gleiche Verhalten im Druckbereich angenommen werden. Die Arbeitslinie des Betonstahls spielt u.a. bei der möglichen Rotationskapazität eines Stahlbetonquerschnitts eine große Rolle, vgl. ***Langer*** [92]. Daher ist ein bilinearer Ansatz des Werkstoffgesetzes unzureichend. Der Verlauf der Arbeitslinie kann polygonartig angenähert werden.

4.5 Abbildung des Verbundverhaltens

Im Stahlbeton findet in Zugzonen bei der Rissentstehung eine Kraftumlagerung vom Beton auf die Bewehrung statt. Diese Umlagerung bedeutet eine Zunahme der Stahlspannung im Riss. Allerdings nimmt diese erhöhte Stahlspannung aufgrund der Verbundwirkung zwischen Beton und Bewehrungsstab stetig wieder ab, je weiter man sich vom Riss in Belastungsrichtung entfernt. Betrachtet man die aufgebrachte Spannung über die mittlere Dehnung des Stahlbetonquerschnitts, so erhält man ein deutlich anderes Verhalten im Vergleich zu der Spannungs-Dehnungs-Linie des reinen Bewehrungsstahls. Die geringeren Dehnungen des Stahlbetonquerschnitts rühren aus dem Versteifungseffekt durch das Mitwirken des Betons auf Zug zwischen den Rissen, dem sogenannte Tension-Stiffening Effekt. Prinzipiell stehen vier unterschiedliche Möglichkeiten zur Berücksichtigung des Tension-Stiffening Effektes in einer FE-Berechnung zur Verfügung:

- über ein Verbundmodell,
- im Werkstoffgesetz des Betons,
- im Werkstoffgesetz des Betonstahls,
- als eigenständiger Anteil in der Elementsteifigkeitsmatrix.

Beim Verbundmodell werden zwischen den Beton- und den Bewehrungselementen Verbundelemente angeordnet. Diese Elemente können über ein implementiertes Verbundgesetz den Schlupf zwischen Beton und Bewehrungsstahl abbilden und somit das Verhalten des Stahlbetons sehr zutreffend beschreiben. Bedingung ist natürlich die diskrete Abbildung der Bewehrung. Nachteil dieser Vorgehensweise ist der erhöhte Diskretisierungsaufwand durch die größere Anzahl der Elemente und die damit verbundenen längeren Rechenzeiten. Demgegenüber stehen die Vorteile einer genauen und wirklichkeitsgetreuen Abbildung. Die Berücksichtigung des Tension-Stiffening Effektes im Werkstoffgesetz des Betons oder des Bewehrungsstahls ist weniger aufwendig, liefert allerdings nur bei vorwiegend stabförmigen Bauteilen physikalisch sinnvolle Lösungen. Hier ist je nach Einzelfall über eine Anwendung zu entscheiden. Von der Möglichkeit der Berücksichtigung als eigenständiger Anteil in der Elementsteifigkeitsmatrix wird im Rahmen dieser Arbeit aufgrund der Einschränkungen des verwendeten Programmsystems kein Gebrauch gemacht.

4.6 Modellbildung mit dem Programmsystem ATENA

4.6.1 Verwendete konstitutive Werkstoffgesetze in ATENA

Das Programmsystem ***ATENA*** [4] wird für die Nachrechnung der durchgeführten Versuche und zur Durchführung der Parameterstudie verwendet. Im folgenden werden die verwendeten Materialmodelle kurz vorgestellt

Abbildung des Betons

Im Programmsystem ***ATENA*** wird das Materialmodell SBETA (abgeleitet von Stahl*BET*on*A*nalyse) verwendet, um Beton abzubilden. Dieses Materialmodell wurde speziell für wandartige Stahlbetonkonstruktionen im ebenen Spannungszustand unter gleichförmiger und monoton steigender Beanspruchung entwickelt und ist deshalb zur Untersuchung der vorliegenden Problemstellung besonders geeignet (siehe [28] und [29]). Das nichtlineare Bruchverhalten des Betons wird im Falle des einachsigen Spannungszustandes durch die in Abbildung 4-7 links dargestellte Spannungs-Dehnungs-Beziehung beschrieben. Dieses Werkstoffgesetz berücksichtigt bereits einen möglichen biaxialen Spannungszustand, da die effektiven Spannungen R_t^{ef} und R_c^{ef} aus der in Abbildung 4-7 rechts schematisch dargestellten zweiaxialen Versagensfläche bestimmt werden. Diese Fläche wird weiter unten näher beschrieben.

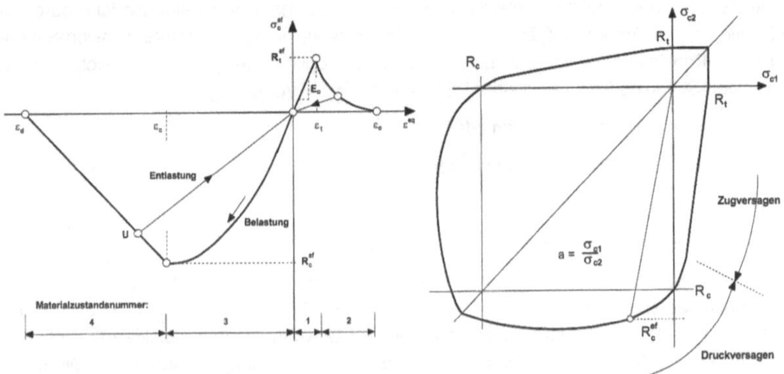

Abbildung 4-7: ATENA: Einaxiale Spannungs-Dehnungs-Beziehung für den Beton; Schematische Darstellung der Zweiaxialen Versagensfläche

Im Druckbereich ist der ansteigende Ast bis zum Erreichen der Druckfestigkeit durch die folgende Gleichung beschrieben:

$$\sigma_c^{ef} = R_c^{ef} = \frac{k \cdot x - x^2}{1 + (k-2) \cdot x} \qquad \text{mit } x = \frac{\varepsilon}{\varepsilon_c} \text{ und } k = \frac{E_0}{E_c} \geq 1{,}0 \qquad (4.2)$$

Nach dem Erreichen der Druckfestigkeit setzt die Entfestigung des Materials und die Lokalisierung der Stauchung ein. Zur Beschreibung des linearen Entfestigungsgesetzes stehen prinzipiell zwei Möglichkeiten zur Verfügung. Die erste Möglichkeit besteht darin, die Steigung der Entfestigungsgerade über ein Entfestigungsmodul (Softening Modulus) zu definieren. Diese Vorgehensweise bedingt aber eine Abhängigkeit vom Grad der Diskretisierung und wird deshalb nicht verwendet. Die zweite Möglichkeit besteht in der Verwendung des in Kapitel 4.3.1 beschriebenen Compression Damage Zone Modells (CDZ). Somit wird in Abhängigkeit von der Bruchenergie die Entfestigung des Materials beschrieben. Durch die Definition der Länge der Schädigungszone L_D und der Ausdehnung der Bruchfläche (siehe Abbildung 4-2) ist die Unabhängigkeit vom Diskretisierungsgrad gewährleistet.

ATENA verwendet das Konzept der verschmierten Risse. Im Zugbereich verläuft die Spannungs-Dehnungs-Beziehung linear bis zum Erreichen der Zugfestigkeit des Betons. Die anschließende Entfestigung wird in Anlehnung an das Fictitious Crack Model zur Beschreibung der Spannungs-Rissöffnungsbeziehung und unter Verwendung des Crack Band Models zur Vermeidung einer Netzabhängigkeit beschrieben. Auch hier besteht die Möglichkeit, die Entfestigung sowohl über die Dehnung als auch über die Bruchenergie zu steuern, wobei aus in Kapitel 4.3.1 bereits genannten Gründen die bruchenergetische Variante vorgezogen wird.

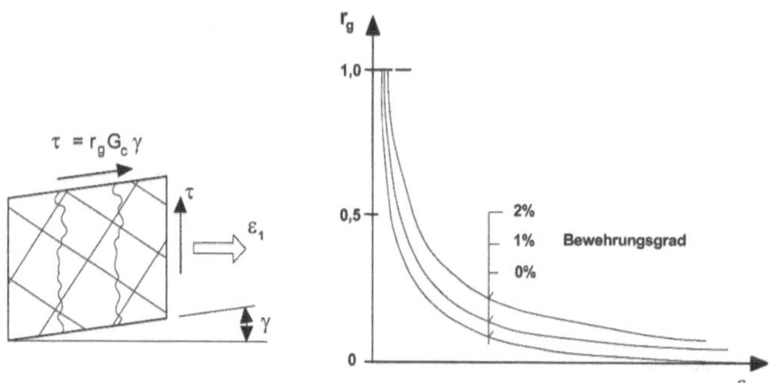

Abbildung 4-8: ATENA: Variabler Schubübertragungskoeffizient bei Verwendung des Fixed Crack Model

Die Beschreibung der Materialachsen von dem als orthotrop betrachteten gerissenen Beton kann sowohl mit dem Fixed Orthogonal Crack Model, als auch mit dem Rotating Crack Model erfolgen. Bei der Verwendung des Fixed Orthogonal Crack Model muss ein Schubübertragungskoeffizient definiert werden. Hier ist grundsätzlich die Vorgabe eines reduzierten und konstanten Schubwiderstandes möglich, aber auch die zutreffendere Definition eines von der Querdehnung abhängigen und variablen Schubreduktionsfaktor (siehe Abbildung 4-8). Beide Arten der Rissmodellierung werden weiter unten näher erläutert.

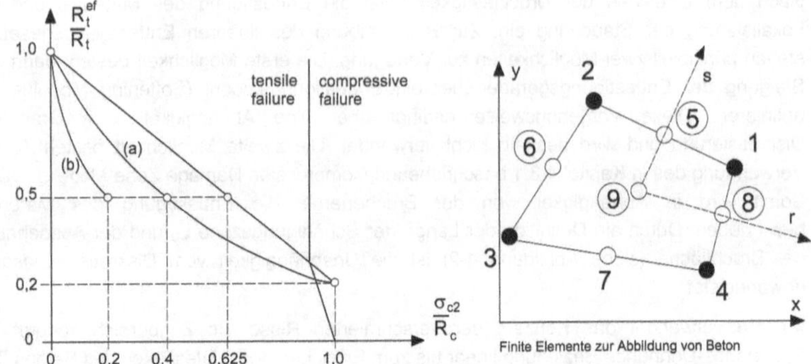

Abbildung 4-9: ATENA: Darstellung der biaxialen Versagensfunktionen im Zug-Druck-Bereich; Viereckelement zur Abbildung des Betons

Die biaxiale Versagensfläche berücksichtigt im Druck-Druck-Bereich den Anstieg der Betondruckfestigkeit nach der Beziehung:

$$R_c^{ef} = \frac{1+3{,}65 \cdot a}{(1+a)^2} \cdot R_c \qquad \text{mit } a = \frac{\sigma_{c1}}{\sigma_{c2}} \tag{4.3}$$

Im Zug-Zug-Bereich wird von einer konstanten Zugfestigkeit ohne Abminderung ausgegangen. In den Bereichen dazwischen werden Interaktionsbeziehungen angewendet. Im Zug-Druck-Bereich mit Druckversagen wird die effektive Betondruckfestigkeit nach der folgenden Beziehung ermittelt:

$$R_c^{ef} = R_c \cdot r_c = (1+5{,}3278 \cdot \frac{\sigma_{c1}}{R_c}) \qquad \text{mit } 1{,}0 \geq r_c \geq 0{,}9 \tag{4.4}$$

Im Zug-Druck-Bereich mit Zugversagen wird die effektive Betonzugfestigkeit nach den in Abbildung 4-9 dargestellten Beziehungen ermittelt, wobei sowohl eine lineare als auch zwei hyperbolische Funktionen gewählt werden können. Somit ist eine zutreffende Beschreibung des biaxialen Betonverhaltens möglich. In Abbildung 4-9 rechts ist das Viereckelement dargestellt, das zur Abbildung von Beton verwendet wird.

Abbildung des Betonstahls

Die Abbildung der Bewehrung erfolgt im FE-Modell diskret mit Stabelementen. Diese besitzen nur eine einaxiale Steifigkeit in Längsrichtung und werden in die Betonelemente eingebettet. Die Verbindung zwischen Beton- und Bewehrungselementen wird im folgenden beschrieben. Die einaxiale Spannungs-Dehnungsbeziehung für den Betonstahl wird durch einen Polygonzug multilinear abgebildet, wobei das elastische und plastische Verformungsverhalten mit einer endlichen Duktilität Berücksichtigung findet.

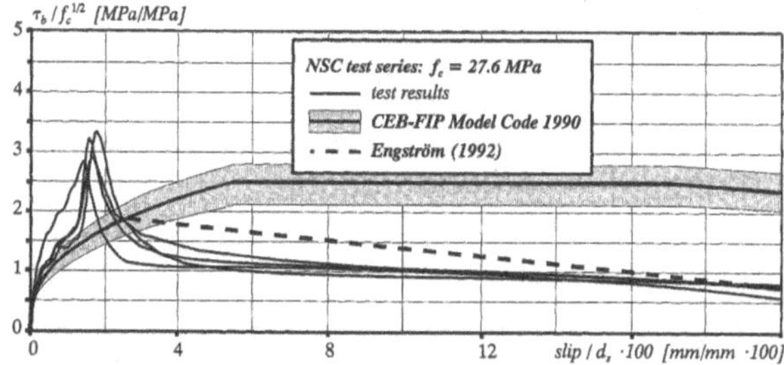

Abbildung 4-10: Vergleich des Verbundmodells von *CEB-FIP Model Code 1990* (Durchschnittswert für ∅ 16 und 20 mm) mit Versuchsergebnissen nach *Bigaj* aus [19] entnommen; (Normierte Auftragung)

Abbildung des Verbundverhaltens

Die Verbindung zwischen Beton- und Bewehrungselementen wird über eine Verbundspannungs-Schlupf-Beziehung beschrieben. Somit ist es möglich, das Mitwirken des Betons zwischen den Rissen zu berücksichtigen, ohne die Werkstoffgesetze beider Materialien zu verändern. Im Rahmen dieser Arbeit wurden zu Beginn die Verbundgesetze zum einen nach dem Vorschlag des ***CEB-FIP Model Code 1990*** [26], zum anderen nach dem Vorschlag von ***Bigaj*** [19] verwendet. Ersteres geht von vielen Vereinfachungen aus, u.a. unter Vernachlässigung des Einflusses einer Betonumschnürung. Die umfangreichen Untersuchungen von ***Bigaj*** bescheinigen der Formulierung nach dem ***Model Code*** eine Unterschätzung der Verbundsteifigkeit im Bereich kleiner Relativverschiebungen sowie eine Überschätzung im Bereich großer Relativverschiebungen. Diese Beobachtung deckt sich sowohl mit den Versuchsergebnissen von ***Bigaj*** (siehe auch Abbildung 4-10), als auch mit eigenen Vergleichsrechnungen. Deshalb wurde im weiteren Verlauf der Nachrechnung nur noch das Verbundmodell nach ***Bigaj*** verwendet. Dieses Modell berücksichtigt neben den Baustofffestigkeiten auch die Geometrie des Bauteils und damit Einflüsse der Betonumschnürung. Näheres zu diesem Modell ist in [19] zu finden.

Lösungsalgorithmen

In allen FE-Berechnungen wurde der Belastungsprozess verschiebungsgesteuert durchgeführt. Somit konnte auch das Nachbruchverhalten des Modells erfasst werden. Als Lösungsverfahren wurde die bekannte Newton-Raphson-Methode verwendet. Diese Methode wurde zusätzlich um einen Line-Search-Algorithmus ergänzt, um eine Optimierung der Rechenzeit durch eine Verbesserung der Konvergenz zu erzielen. Vergleichende Berechnungen mit Kraftsteuerung wurden unter Einsatz des Bogenlängenverfahrens und eines Line-Search-Algorithmus zur Kontrolle des abfallenden Astes der Last-Verschiebungs-Kurven bei der Wegsteuerung durchgeführt. Die Übereinstimmung war sehr gut.

4.6.2 Kontrolle des Rechenmodells

Zur Überprüfung der verwendeten konstitutiven Beziehungen wurden viele Vergleichsnachrechnungen durchgeführt. Anhand von unterschiedlichen Untersuchungen anderer Autoren, deren Ergebnisse gut dokumentiert wurden, konnte die Richtigkeit des numerischen Modells überprüft werden. An dieser Stelle werden beispielhaft zwei Nachrechnungen vorgestellt.

Nachrechnung eines Stahlbetonzugstabes

Um die wirklichkeitsnahe Berücksichtigung des Zusammenwirkens von Stahl und Beton zu überprüfen, wurde ein Zugversuch von ***Hartl*** ([63] und [64]) an einem Stahlbetonstab nachgerechnet. Bei dem ausgesuchten Versuchskörper handelt es sich um einen 750 mm langen Stab mit quadratischem Querschnitt 80 x 80 mm und einem zentrisch angeordneten Bewehrungsstab mit einem Durchmesser von 12 mm. Die Nachrechnung erfolgte unter Anwendung des Rotating Crack Model und eines Verbundgesetzes nach ***Bigaj***. Bei der Modellabbildung wurde die Bauteilsymmetrie zur besseren Darstellung der Risse nicht ausgenutzt.

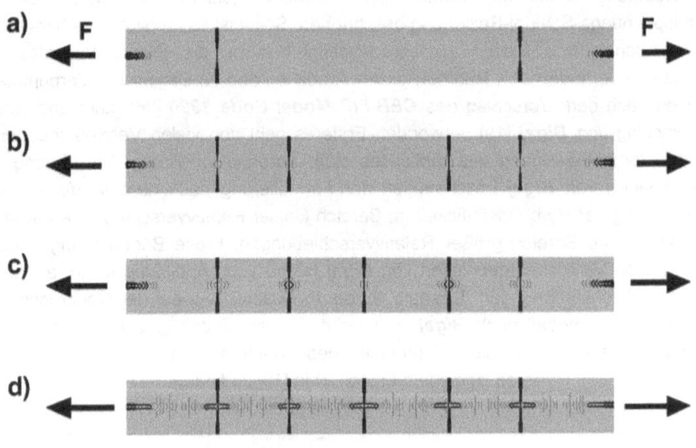

Anmerkung: Nur Rissbreiten > 0,001 mm dargestellt

Abbildung 4-11: Entwicklung des Rissbildes am nachgerechneten Zugstab

In Abbildung 4-11 ist die Entwicklung des Rissbildes in vier Stufen a) bis d) dargestellt, über die Rissentstehung bis hin zum abgeschlossenen Rissbild. Dabei wurden keine Mikrorisse mit Rissweiten unter 0,001 mm dargestellt. Unterschiedliche Netzdichten wurden verwendet, aber ein Einfluss auf das Rechenergebnis war nicht festzustellen, und so wurde das FE-Netz hier nicht dargestellt. Es stellten sich wie im Versuch fünf gleichmäßig verteilte Risse im Stab ein.

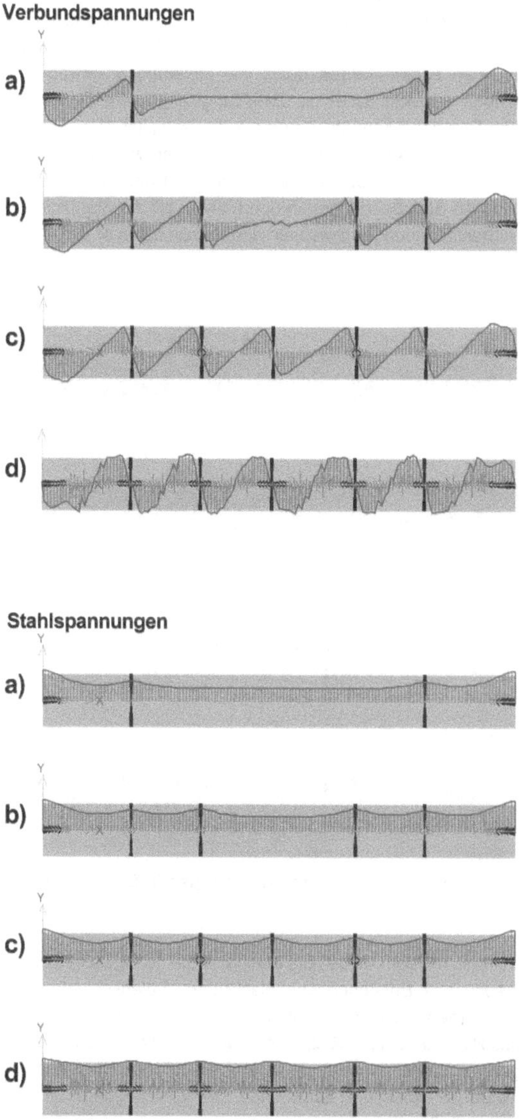

Verbundspannungen

a)

b)

c)

d)

Stahlspannungen

a)

b)

c)

d)

Abbildung 4-12: **Entwicklung der Verbundspannungsverteilung (oben) und der Stahlspannungen (unten) im nachgerechneten Zugstab**

Die Verteilung der Verbundspannung längs des Bewehrungsstabes sowie die Spannungen in diesem Bewehrungsstab sind in Abbildung 4-12 in den bereits erwähnten vier Stufen dargestellt. Die Betonzugspannungsentwicklung ist in Abbildung 4-13 zu sehen. Nach dem Entstehen der ersten Risse werden durch die Dehnungsunverträglichkeit im Riss hohe Verbundspannungen geweckt. Über die Einleitungslänge wird die Dehnungsverträglichkeit wiederhergestellt. Erst dann kann im Beton die Zugfestigkeit erreicht werden und ein neuer Riss entstehen. Die größten Werte der Stahlspannungen werden im Riss erreicht, während die Betonzugspannungen hier auf Null zurückgehen. Im weiteren Verlauf der Stabbelastung konzentrieren sich die Stahldehnungen in den Rissen, bis die Stahlzugfestigkeit dort erreicht ist, während die Stahlspannungen zwischen den Rissen dahinter zurückbleiben.

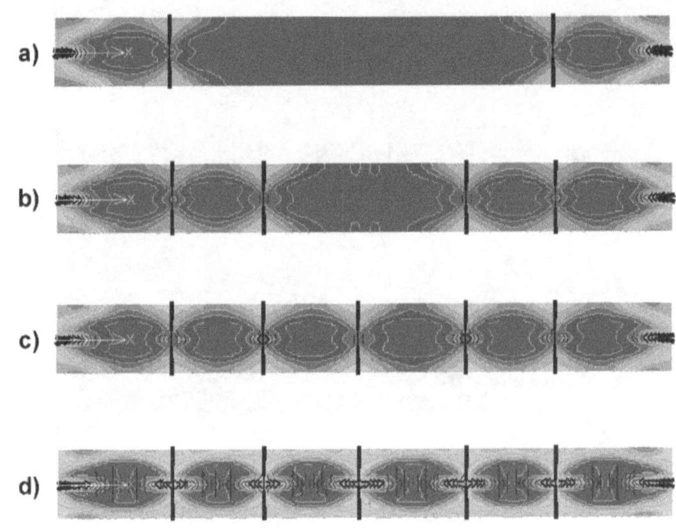

Abbildung 4-13: Verteilung der Betonspannungen in Stablängsrichtung

Somit zeigt sich, dass mit dem Modell die Mechanik des Rissgeschehens sehr gut abgebildet werden kann. Auch das Entstehen von plastischen Gelenken können hiermit zutreffend wiedergegeben werden. Diese zeichnen sich zunächst durch das Erreichen von Stahlspannungsspitzen in einem Riss aus. Durch die korrekte Abbildung der Größe der Stahlspannungen im Bauteil können diese Spitzen bei der Nachrechnung konzentriert im Riss erreicht werden. Über die zutreffende Berücksichtigung der Verbundverhältnisse zwischen Beton und Bewehrung können sich dann plastische Stahldehnungen in der Umgebung des Risses über die richtige Länge ausbreiten und somit die zutreffenden Anteile an plastischen Rotationen beisteuern.

Nachrechnung einer Stahlbetonscheibe unter Druck und Zug

Zur Überprüfung des Modells unter zweiaxialer Beanspruchung wurden u. a. Versuche von ***Eibl*** und ***Neuroth*** aus [44] (siehe auch Kapitel 2.2.3 und Abbildung 2-12) nachgerechnet. An dieser Stelle werden die Nachrechnungen der Versuche Nr. 9 und 10 präsentiert. Beide Versuchskörper waren identisch (siehe Abbildung 4-14) mit einer über die Höhe konstanten Scheibendicke von 16 cm und 6 mittig angeordneten und gleichmäßig verteilten Bewehrungsstäben mit einem Durchmesser von 20 mm. In Versuch 9 wurde zunächst die Zugbelastung bis zum Erreichen der rechnerischen Streckgrenze des Bewehrungsstahls und anschließend bei konstant gehaltener Zugkraft die Druckbelastung aufgebracht. Versuch 10 war ein Vergleichsversuch ohne Zugbelastung. Versuch 9 wies nach Aufbringung der Zugbelastung das in Abbildung 4-14 dargestellte Rissbild auf und versagte im direkten Vergleich zu Versuch 10 unter einer 12,5 % geringeren Druckbeanspruchung. Hierbei sind die unterschiedlichen Betonfestigkeiten der beiden Versuchskörper 9 und 10 sowie die unterschiedlichen Betonalter am Versuchstag bereits berücksichtigt. Die Abminderung der Traglast von Versuch Nr. 9 wird von ***Eibl*** und ***Neuroth*** unter Berücksichtigung aller vergleichbaren Versuche ohne Querzug in [44] mit 9,0 % angegeben.

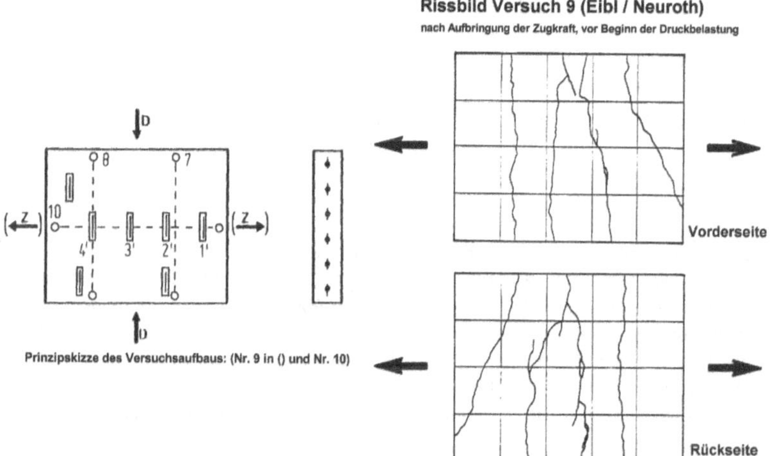

Abbildung 4-14: Prinzipskizze des Versuchsaufbaus und Rissbild von Versuch Nr. 9

Die Nachrechnung erfolgte wiederum ohne Ausnutzung der Symmetrie sowie unter Verwendung des Fixed Crack Models mit einer variablen Schubübertragungskoeffizient und eines Verbundgesetzes nach ***Bigaj***. Die Scheiben wurden wie im Versuch unten verschieblich aufgelagert und die Zugbelastung in der Nachrechnung von Versuch 9 wurde direkt über die Bewehrungsstäbe aufgebracht. Alle Materialkennwerte wurden den Angaben des Versuchsberichtes entnommen.

In Abbildung 4-15 links ist das Rissbild der Nachrechnung von Versuch Nr. 9 nach Aufbringung der Zugkraft zu sehen. Die Unregelmäßigkeit des Rissbildes rührt von den gewählten Randbedingungen her. Durch die Art der Auflagerung ist zum einen die Spannungsverteilung nicht ganz homogen, zum anderen bleibt der Beton oberhalb des obersten Bewehrungsstabes ohne Querdehnungsbehinderung, welches die Risse in den oberen Scheibenecken erklärt. Das Bild zeigt drei Hauptrisse mit einem Riss geringerer Breite dazwischen und somit eine gute Übereinstimmung mit dem unregelmäßigen Rissbild des Versuchs. Damit ist zu Beginn der Druckbelastung die Scheibe bereits in mehrere "Betonsäulen" aufgeteilt.

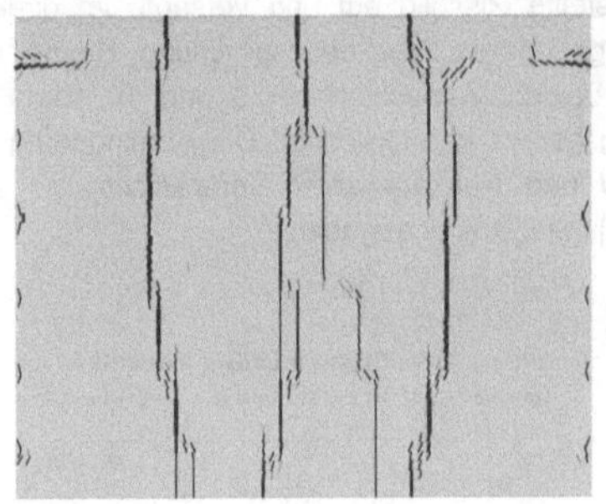

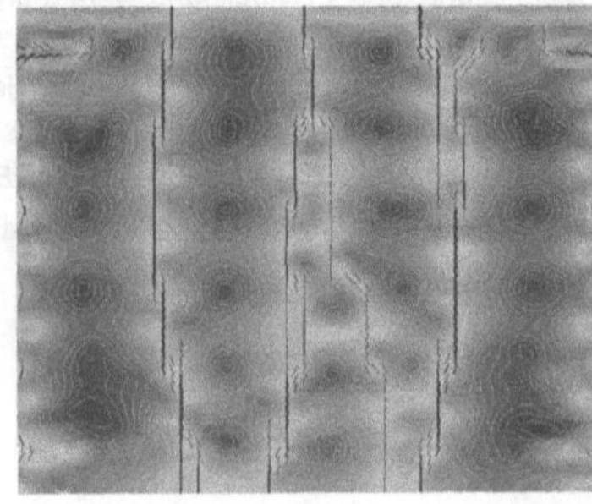

Abbildung 4-15: Rissbild nach Aufbringung der Zugkraft bei der Nachrechnung von Versuch Nr. 9 (links); Verbleibende Betonzugspannungen zwischen den Rissen

Die Tragfähigkeit der Scheibe auf Druck ist nun von der Druckfestigkeit dieser Säulen abhängig. Diese Festigkeit wird durch die unregelmäßige Berandung und die verbleibenden Betonzugspannungen zwischen den Rissen (siehe Abbildung 4-15 rechts) abgemindert. In der Nachrechnung versagte die Scheibe unter Druck bei einer 11,6 % geringeren Traglast verglichen mit der Nachrechnung von Scheibe 10 ohne Querzug. Das Trag- und Verformungsverhalten der Scheiben konnte also gut abgebildet werden und die Leistungsfähigkeit des Modells unter mehraxialer Belastung überprüft werden.

	maximale Rissweiten	***maximale Rissabstände***	***Abminderung infolge Querzug***
Versuche Eibl / Neuroth	bis 1,0 mm	ca. 20 cm	12,5 %*
ATENA Nachrechnung	0,8 mm	ca. 25 cm	11,6 %

*: Im direkten Vergleich mit und ohne Querzug

Tabelle 4-1: Vergleich zwischen Versuch und Nachrechnung

4.7 Nachrechnung der eigenen Versuche

4.7.1 Allgemeines

In der linken Hälfte von Abbildung 4-16 ist die Bewehrung, in der rechten Hälfte die für die endgültige Auswertung gewählte Diskretisierung des Modells der eigenen Versuchskörper zu sehen. Der Stützenteil besitzt oben und unten eine Stahlplatte zur Lasteinleitung bzw. zur Auflagerung. Die Lasteinleitung in den Kragarmen erfolgte ebenfalls über aufgesetzte Stahlplatten. Die Abbildung der Bewehrung, des Betons sowie des Verbundverhaltens wurde bereits in Kapitel 4.6 erläutert. Die Symmetrie der Versuchskörper wurde auch hier nicht ausgenutzt.

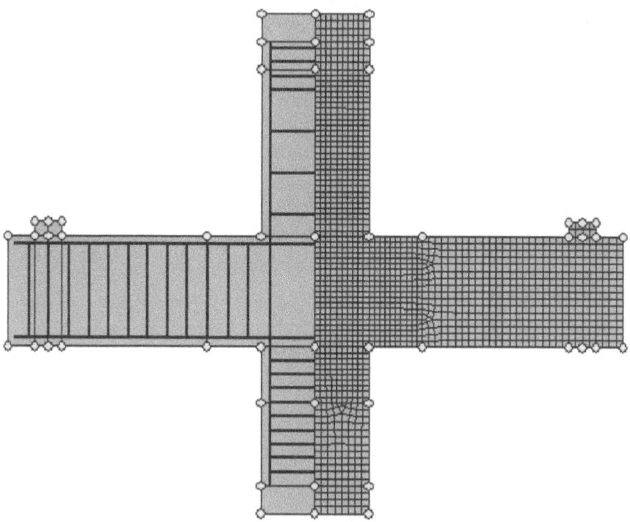

Abbildung 4-16: Links die diskret abgebildete Bewehrung (hier stellvertretend die von Versuchsserie 3), rechts einer der gewählten Diskretisierungen

Für die Nachrechnung der durchgeführten Versuche wurden die am jeweiligen Versuchstag ermittelten Materialkennwerte verwendet (siehe Anhang). Das Fixed Crack Model mit einer variablen Schubübertragungskoeffizient wurde eingesetzt. Zur besseren Darstellung der prinzipiellen Zusammenhänge werden zuerst die nachgerechneten Vergleichsversuche präsentiert, anschließend die Versuche mit ausschließlicher Kragarmbelastung. Danach werden die Versuchsnachrechnungen mit kombinierter Belastung vorgestellt. Im darauffolgenden Kapitel werden die Ergebnisse von Versuch und Nachrechnung zusammenfassend verglichen und bewertet.

4.7.2 Stützenverhalten ohne Kragarmbelastung

Alle Vergleichsversuche verhielten sich in der Nachrechnung gleichartig. Infolge der Druckausbreitung im Knoten und des daraus resultierenden Querzugs entstanden stets im Knotenbereich die ersten Risse. Die Rissbreiten blieben unter 0,06 mm und somit in der Größenordnung der im Versuch gemessenen Werte (siehe Tabelle 3-7). Stellvertretend für alle Versuche wird hier nur Versuch 2.1 näher betrachtet. In Abbildung 4-17 ist neben dem Rissbild auch die Verteilung der Betondruckspannungen in Stützenlängsrichtung unter einer Belastung von knapp 1050 kN. Die Größe der Spannungen ist zum einen an den unterschiedlichen Schattierungen zu erkennen, zum anderen sind sie in fünf horizontalen und einem vertikalen Schnitt qualitativ aufgetragen. Im Bereich des reinen Stützenquerschnitts sind die Druckspannungen gleichmäßig über die Breite verteilt. Im oberen Knotenanschnitt nehmen die Spannungen infolge der beginnenden Druckausbreitung zum Rand hin etwas zu. In Knotenmitte sind die Spannungen nach außen hin abnehmend und über etwa die zweifache Stützenbreite verteilt. Die Höchstwerte der Betondruckspannungen im Knoten betrugen im Mittel 8,0 % weniger als die mittleren Druckspannungen im oberen Stützenteil.

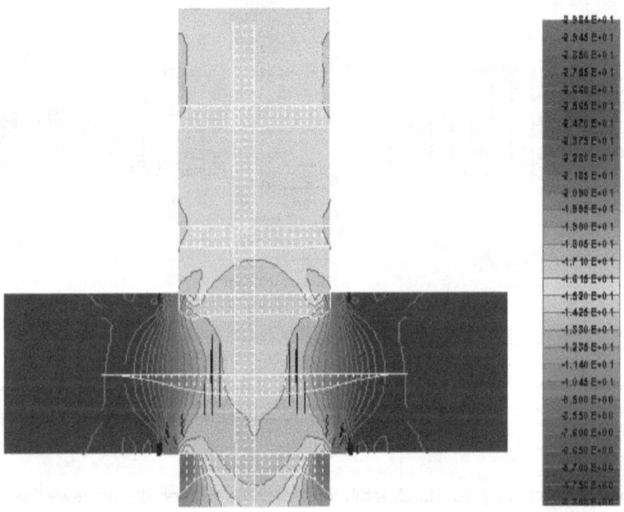

Abbildung 4-17: Vergleichsversuch: Druckspannungen in Stützenlängsrichtung

Im Übergang zum unteren Stützenteil treten infolge des wieder schmaler werdenden Querschnitts höhere Betondruckspannungen am Stützenrand auf. Die Unterschiede in den Spannungen oben und unten am Übergang von der Stütze zum Knoten sind auf unterschiedliche Werkstoffe zurückzuführen: im unteren Stützenteil wurde wie im Versuch ein höherfester Beton verwendet um das Versagen dort zu verhindern. In Abbildung 4-18 sind die Dehnungen quer zur Stützenlängsrichtung für die gleiche Belastung aufgetragen. Die Querdehnungen sind im oberen Stützenteil gleichmäßig verteilt, erfahren infolge des Querdrucks in den Übergängen zwischen Stütze und Knoten an dieser Stelle eine Reduzierung und konzentrieren sich im Knoten erwartungsgemäß in den Rissen.

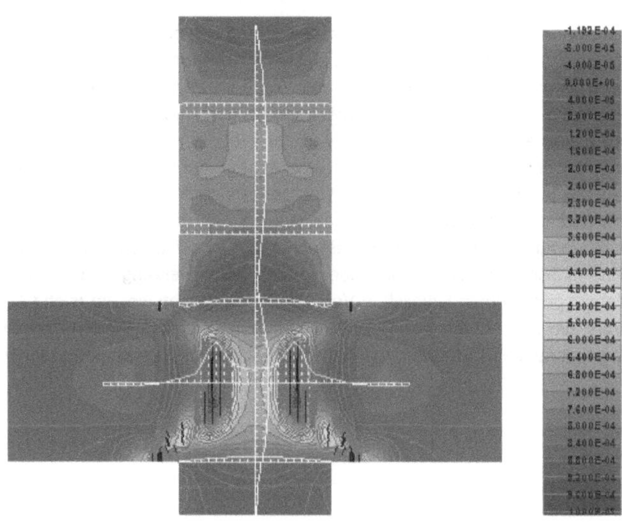

Abbildung 4-18: Vergleichsversuche: Dehnungsverteilung in Stützenquerrichtung

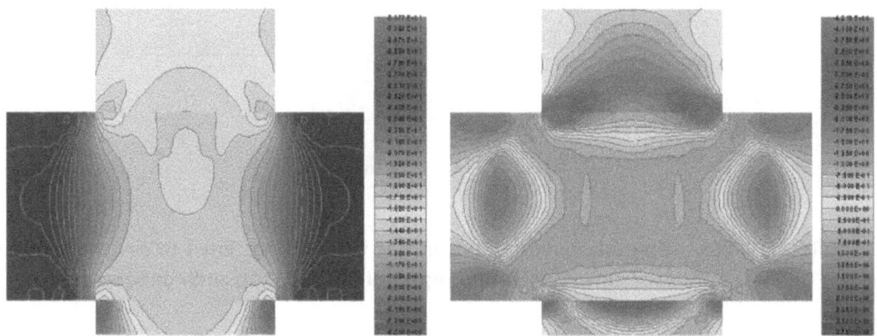

Abbildung 4-19: Vergleichsversuch: Hauptdruckspannungen (links) Hauptdruck, Hauptzugspannungen (rechts)

Die Lastausbreitung im Knotenbereich unter alleiniger Stützenbelastung wird in Abbildung 4-19 nochmals verdeutlicht. Unter der gleichen Belastung wie in den Abbildungen zuvor sind links die Hauptdruck- und rechts die Hauptzugspannung dargestellt. In der Mitte des oberen Knotendrittels treten zwischen den Hauptrissen im Knoten die größten Betondruckspannungen auf. Diese Betondruckspannungen sind in den Vergleichsversuchen allerdings wie bereits erläutert kleiner als die Betondruckspannungen im oberen Stützenteil.

Die Stahlspannungen in der Stützenlängsbewehrung nehmen im Knotenbereich bis auf 60 % der Werte im oberen Stützenquerschnitt ab (siehe Abbildung 4-20, rechts). Im Versuch lagen die Stahlspannungen hier bei ca. 85 % der Werte im oberen Stützenteil (siehe Tabelle 3-5 und Abbildung 3-52). Die Spannungsanstiege an den Übergängen zwischen Stützen- und Knotenteil sind ebenfalls in Abbildung 4-20 zu sehen. In den Bügeln der Stützen, links in dieser Abbildung, werden Zugspannungen infolge der Querdehnungen erzeugt. Diese nehmen ab, je näher die Bügel zum Übergangsbereich positioniert sind. Die obere und untere horizontal verlaufende Kragarmbewehrung erfährt ebenfalls Zuspannungen infolge der Querdehnung. Hierbei waren die Spannungen in der unteren Bewehrung um das ca. 1,5-fache größer als die in der oberen Kragarmbewehrung. Die Werte der unteren Stahldehnungen konnten lediglich in Versuch 2.1 gemessen werden (siehe Abbildung 3-23) und lagen um 20 % über den in der Nachrechnung erzielten Werten. Die Größtwerte der Stahlzugspannungen im Knoten betrugen ca. 90 % der im Versuch gemessenen Werte.

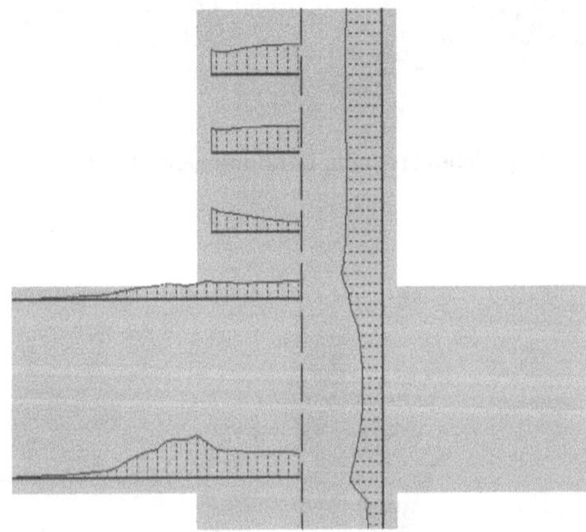

Abbildung 4-20: Spannungsverteilung in der Bewehrung: links in den horizontalen Bewehrungselementen; rechts in der Stützenlängsbewehrung

Alle nachgerechneten Vergleichsversuche verhielten sich wie die Bauteilversuche und versagten im oberen Stützenteil (siehe Abbildung 4-21). Der Knotenbereich wurde trotz der dort vorhandenen niedrigeren Betonfestigkeiten und den Rissen nicht maßgebend, da sich die Betondruckspannung in Knotenmitte auf eine größere Fläche verteilen konnten und somit dem Betrag nach geringer ausfielen. Die vorhandenen Risse im Knoten störten die Lastabtragung nicht (siehe Abbildung 4-19), und die volle Tragfähigkeit des Knotenbetons konnte ausgenutzt werden. Die erhöhten Betondruckspannungen am Rande der Übergangsbereiche zwischen Stützen und Knoten erzeugten einen für den Beton günstigen zweiaxialen Druckspannungszustand und waren ebenso wenig maßgebend. Die Ergebnisse der Nachrechnungen in Zahlen sind in Kapitel 4.7.5 nachzulesen.

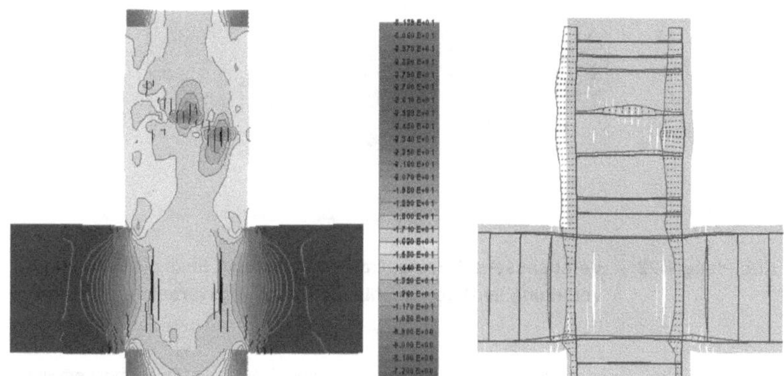

Abbildung 4-21: Vergleichsversuch (hier Versuch 2.1 stellvertretend für die anderen) im Bruchzustand mit Versagen im oberen Stützenteil; links die Betondruckspannungen; rechts die Stahlspannungen

4.7.3 Kragarmverhalten ohne Stützenbelastung

Nachdem die Abtragung einer Stützenbelastung ohne Kragarmbelastung vorgestellt wurde, wird nun das Tragverhalten unter einer Kragarmbelastung ohne vorhandene Stützenlast untersucht. Dies entspricht den Versuchen 0.2, 1.2, 1.4, 2.2 und 3.2, wobei in den Versuchen 0.2, 1.4, 2.2 und 3.2 anschließend noch die Stützentraglast ermittelt wurde. An dieser Stelle soll aber nur das prinzipielle Kragarmverhalten unter Biegung näher betrachtet werden. Das Verhalten aller nachgerechneten Versuche unter Biegung ohne Stützenbelastung war identisch. Die ersten Risse entstanden immer im Kragarmanschnitt neben der Stütze und verliefen vertikal. Die Reihenfolge der weiteren Rissbildung entsprach derjenigen der Bauteilversuche. Die nächsten Biegerisse entstanden auf der Kragarmoberseite weiter vom Knoten weg und verliefen zunächst ebenfalls vertikal. Die Neigung der aufgehenden Kragarmrisse änderte sich bei Laststeigerung, bis das fächerartige Rissbild außerhalb des Knotens entstand, das auch in allen Bauteilversuchen zu beobachten war. Die Rissbildung im Knoten entsprach ebenfalls derjenigen der Versuche. Je nach Knotenabmessung und Bewehrungsanordung entstanden, wie im Versuch, drei bis vier Risse im Knotenbereich. Stellvertretend für die anderen Nachrechnungen sind in Abbildung 4-22 und Abbildung 4-23 die abgeschlossenen Rissbilder des Versuchs 1.2 bzw. des Versuchs 2.2 vor dem Erreichen der ersten plastischen Stahldehnungen zu sehen. Mikrorisse mit Breiten unter 0,01 mm sind hier nicht dargestellt.

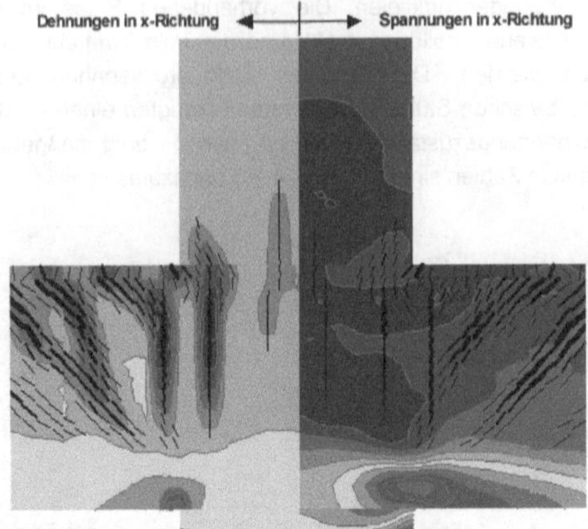

Abbildung 4-22: Versuchsserie 1, reine Kragarmbelastung: links die Dehnungsverteilung im Beton, rechts die Spannungsverteilung im Beton

In beiden Abbildungen sind zudem noch in der linken Hälfte die Dehnungsverteilung im Beton in horizontaler Richtung, in der rechten Hälfte die Betondruckspannungen in horizontaler Richtung dargestellt. Zum einen wird damit die Dehnungslokalisierung in den Rissen erkennbar, zum anderen die Betondruckzone und die Lage der Nulllinie, die sich im Knotenbereich nach oben verschiebt.

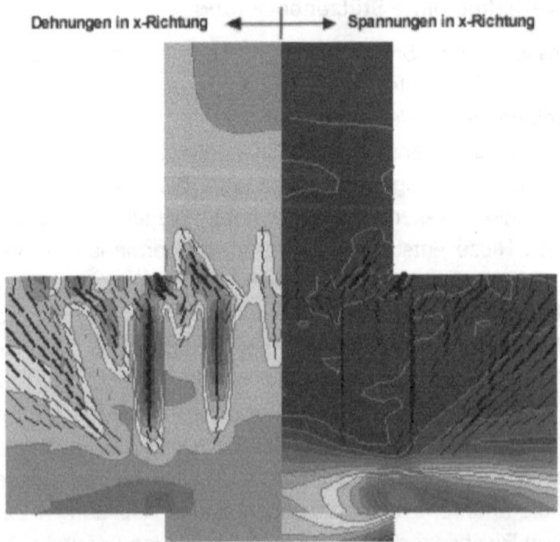

Abbildung 4-23: Versuchsserie 2, reine Kragarmbelastung: links die Dehnungsverteilung im Beton, rechts die Spannungsverteilung im Beton

In Abbildung 4-24 ist die Situation noch einmal dargestellt. Dort sind die Stahldehnungen der oberen Kragarmbewehrung zu sehen, die vom Knotenrand zur Knotenmitte hin abnehmen. Weiterhin ist die Betondruckspannungsverteilung in fünf vertikal verlaufenden Schnitten zu sehen. Im Knotenanschnitt ist der Beton unter Druck bereits im Nachbruchbereich, was an den zum unteren Rand hin wieder abnehmenden Betondruckspannungen zu erkennen ist. In Knotenmitte hingegen sind die Betondruckspannungen um ein vielfaches kleiner und erstrecken sich bis in den unteren Stützenteil hinein. Der Spannungssprung an der Übergangsstelle zum unteren Knotenrand (auf der linken Abbildung am deutlichsten zu sehen) ist in den unterschiedlichen Betonfestigkeiten im Knoten und unterer Stützenteil begründet. Hier wird deutlich, warum die Risse infolge Kragarmbiegung zur Knotenmitte hin geringere Rissbreiten aufweisen müssen als im Kragarmanschnitt. Die resultierende Betondruckkraft hat im Knoten einen tieferen Schwerpunkt. Deshalb ist der Abstand zwischen Zug- und Druckkomponente im Knotenbereich größer, deren Größe aber entsprechend kleiner.

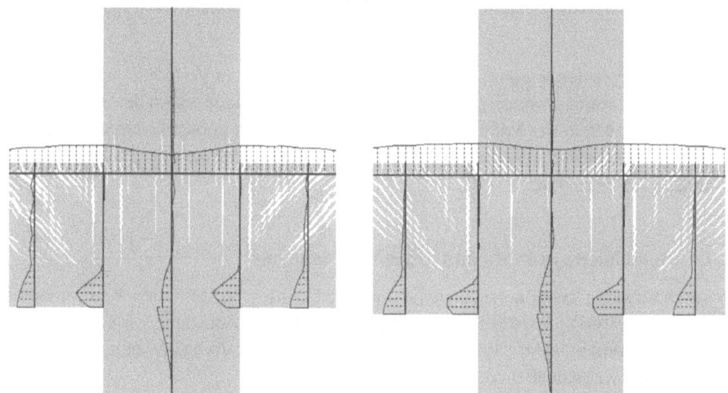

Abbildung 4-24: Spannungsverteilung im Beton und im Stahl: Links Versuchsserie 1, rechts Versuchsserie 2

In Knotenmitte wurden in der Nachrechnung Rissweiten bis 0,30 mm verzeichnet und die Rissbilder und -breiten zeigten insgesamt eine sehr gute Übereinstimmung mit den Versuchen unter reiner Kragarmbiegung (vgl. Tabelle 3-7). Die größten Rissweiten wurden erwartungsgemäß im ersten Kragarmbiegeriss beobachtet. An dieser Stelle setzte auch stets die Dehnungslokalisierung in der oberen Kragarmzugbewehrung ein. In Abbildung 4-25 ist dieser Vorgang am Beispiel des Versuchs 1.2 dargestellt. Dort sind wieder die Stahldehnungen der oberen Kragarmbewehrung zusammen mit den Betondruckspannungen in horizontaler Richtung zu sehen. Nachdem die ersten plastischen Stahldehnungen auftraten, begann sich die Betondruckzone auf der Kragarmunterseite einzuschnüren, und das Versagen trat an dieser Stelle ein.

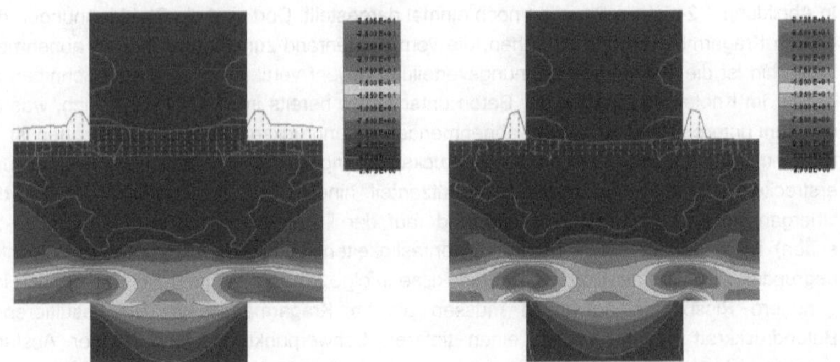

Abbildung 4-25: Dehnungsverteilung in der oberen Kragarmbewehrung und Betondruckspannungsverteilung: links das Auftreten der ersten plastischen Stahldehnungen, rechts kurz vor dem Bruch

Die Kragarmtraglasten wurden in allen Fällen erreicht, und die Verformungen der Kragarme konnten sehr zutreffend wiedergegeben werden. Darüber hinaus waren die Verformungen an den Kragarmenden in der Nachrechnung im Gegensatz zum Versuch nicht begrenzt, und so konnten weitaus größere plastische Verformungen beobachtet werden. Zahlenwerte werden in Kapitel 4.7.5 präsentiert.

4.7.4 Kombinierte Stützen- und Kragarmbelastungen

Die Nachrechnung der Bauteilversuche mit kombinierter Stützen- und Kragarmbelastung erfolgte nach den bereits beschriebenen und in Abbildung 3-47 dargestellten Belastungsschemen. Hier wird zunächst das prinzipielle Verhalten des Modells in der Nachrechnung vorgestellt.

Einfluss des Lastpfades auf die Rissbildung

Die Reihenfolge der aufgebrachten Lasten spielte bei der Entwicklung des Rissbildes in den Bauteilversuchen eine entscheidende Rolle (siehe Abbildung 3-56). In der Nachrechnung der Versuche wurde dieser Einfluss ebenfalls beobachtet. In Abbildung 4-26 sind in Analogie zur Abbildung 3-56 die unterschiedlichen Lastpfade und auszugsweise die damit verbundenen charakteristischen Rissbilder dargestellt. Die Lage der Risse und die Rissweiten stimmte im Bauteilversuch und Nachrechnung sehr gut überein. Wurde die Kragarmbelastung vor der Stützenbelastung aufgebracht, so konnte sich das Rissbild frei einstellen. Bei der umgekehrten Reihenfolge der Lastaufbringung stand der Knoten zuerst unter Druck in Stützenlängsrichtung. Bei der anschließenden Belastung der Kragarme in diesem Fall entstanden die Risse zunächst außerhalb vom Knoten. Die Rissbildung im Knoten setzte später ein im Vergleich zum Bauteilversuch mit der umgekehrten Lastreihenfolge. Diese Tatsache deckt sich mit den Versuchsbeobachtungen.

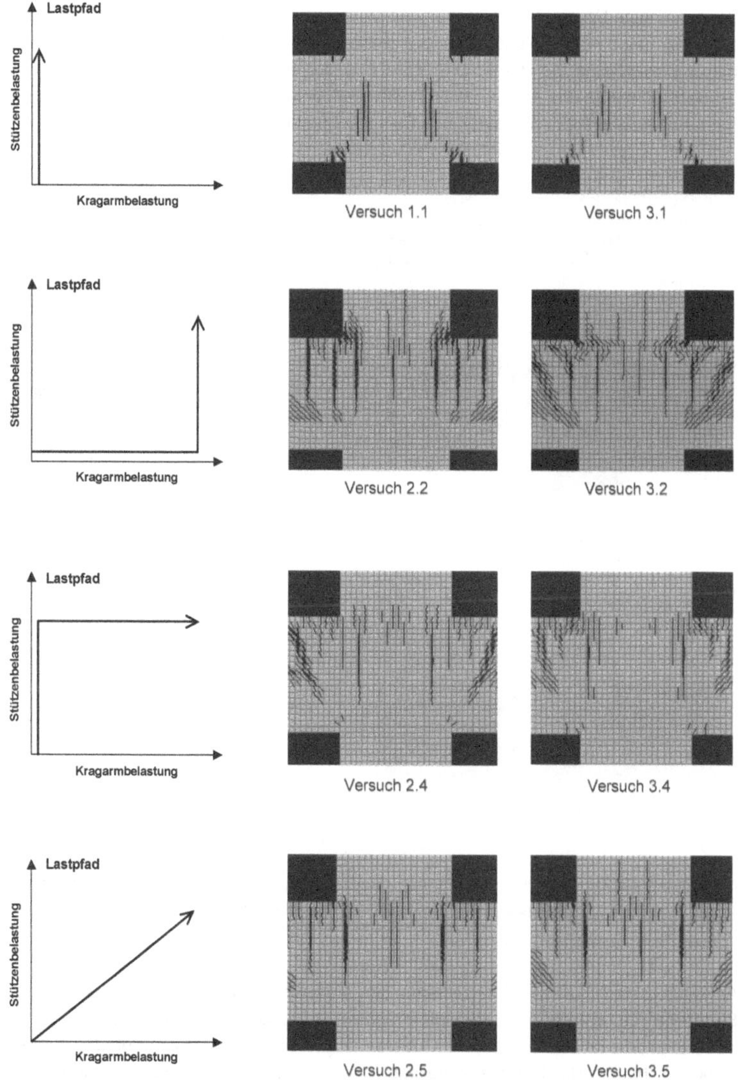

Abbildung 4-26: Gegenüberstellung der Lastpfade und der Rissbilder des FE-Modells (vgl. Abbildung 3-56)

Vertikale Lastabtragung

Der auffälligste Unterschied zwischen den Versuchen mit und ohne Kragarmbelastung war in der Abtragung der Stützenlast zu sehen. Während bei der Nachrechnung der Vergleichsversuche die deutliche Ausbreitung der Stützenbelastung im Knotenbereich zu beobachten war (siehe Abbildung 4-17), war dies bei den Nachrechnungen der Versuche mit Kragarmbelastung je nach Lastpfad nur eingeschränkt der Fall.

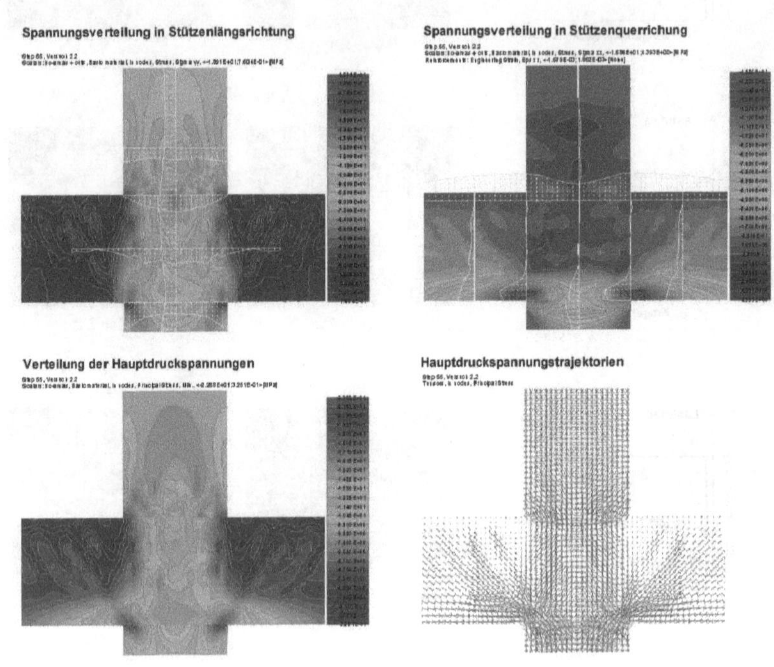

Abbildung 4-27: Nachrechnung von Versuch 2.2 (Darstellung stellvertretend auch für das prinzipielle Verhalten der Versuche 1.4, 2.3 und 3.2)

Am deutlichsten ist dieser Unterschied in den Versuchen mit einer Kragarmbelastung vor der Stützenbelastung zu sehen. Durch die Kragarmbelastung und das sich einstellenden Rissbild im Knoten war das Betongefüge im oberen Drittel schon vor Beginn der Stützenbelastung stark geschädigt. Die Randbereiche des Knotens wiesen in der Nachrechnung Risse mit Weiten bis 0,40 mm auf, was sehr gut mit den Versuchswerten übereinstimmte. So standen der durchzuleitenden Stützenbelastung im oberen Knotenbereich ein kleinerer ungeschädigter Betonquerschnitt in Stützenlängsrichtung zur Verfügung, die Lastausbreitung war eingeschränkt und die Betondruckspannungen konzentrierten sich in Stützenmitte (siehe

Abbildung 4-27). Im oberen Knotendrittel traten maximal ca. 25 % größere Betondruckspannungen in Knotenmitte auf als im oberen Stützenteil.

In den Nachrechnungen der Versuche mit Stützenbelastung vor der Kragarmbelastung bot sich ein anderes Bild. Hier verteilten sich die Betondruckspannungen im Knoten in Stützenlängsrichtung bis zum Erreichen der maximal aufbringbaren Stützenlast auf eine Breite, die mindestens der Stützenbreite entsprach (siehe Abbildung 4-28). Die Betondruckspannungen in Stützenlängsrichtung waren folgerichtig im oberen Stützenteil und im Knoten auf dem gleichen Niveau.

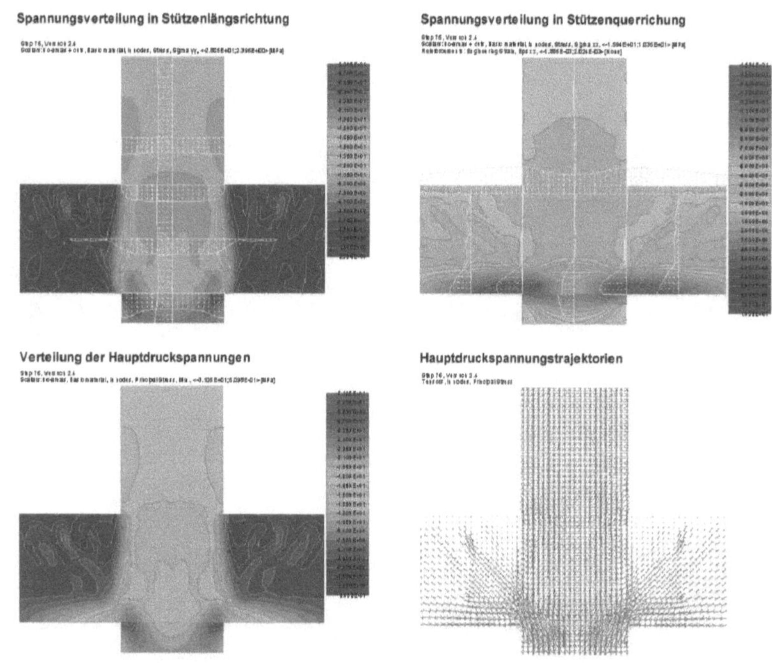

Abbildung 4-28: Nachrechnung von Versuch 2.4 (Darstellung stellvertretend auch für das prinzipielle Verhalten von Versuch 3.4)

Die gleichzeitige Steigerung von Kragarm- und Stützenlast bewirkte ebenfalls eine Schädigung der Randbereiche des Knotens, die sich aber weniger gravierend auf die Lastabtragung in Stützenlängsrichtung auswirkte (siehe Abbildung 4-29). In der Nachrechnung der Versuche 2.5, 3.3 und 3.5 wurden in Knotenmitte maximal 10 % größere Betondruckspannungen im oberen Knotendrittel verzeichnet als im oberen Stützenteil.

Kragarmverhalten

Die Kragarme verhielten sich unabhängig von der aufgebrachten Stützenbelastung. Das Kragarmverhalten folgte auch unter einer Stützenbelastung den in Kapitel 4.7.3 bereits beschriebenen Mechanismen. Die Rissbildung und das Trag- und Verformungsverhalten außerhalb des Knotens blieb unbeeinflusst von der Reihenfolge der Lastaufbringung sowie von der Größe der Stützenbelastung (siehe Abbildung 4-27, Abbildung 4-28 und Abbildung 4-29, jeweils rechts oben). Der kritische Kragarmquerschnitt mit den größten Rissweiten und Stahldehnungen zeigte eine sehr gute Übereinstimmung mit den Bauteilversuchen und lag stets außerhalb des Knotens.

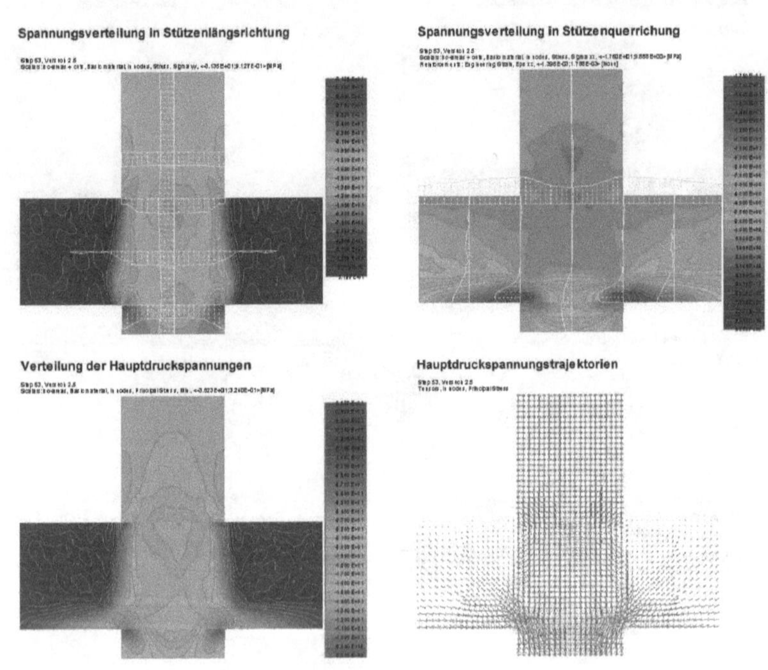

Abbildung 4-29: Nachrechnung von Versuch 2.5 (Darstellung stellvertretend auch für das prinzipielle Verhalten von Versuch 3.5)

Verteilung der Stahldehnungen

Wie in den Versuchen ohne Stützenlast blieben die Stahldehnungen im Knoten stets kleiner als die Dehnungen außerhalb des Knotens (siehe Abbildung 4-30). Die Verteilung der Stahldehnungen in der oberen Kragarmbewehrung zeigte sich von der Belastungsreihenfolge nur leicht beeinflusst. In den Versuchen mit Kragarm- vor Stützenbelastung wurden in den Knotenrandbereiche im Vergleich zu den übrigen Versuchen geringfügig größere Dehnungen gemessen. Die geringsten Stahldehnungen in Knotenmitte wurden bei den Versuchen mit gleichzeitiger Laststeigerung registriert. Zu keinem Zeitpunkt wurden plastische Stahldehnungen in Knotenmitte erreicht.

Versagensartren

Alle nachgerechneten Versuche mit kombinierter Stützen- und Kragarmlast versagten im oberen Stützenteil, allerdings im Versuch und Rechnung an unterschiedlichen Stellen. Auffällig hierbei war, wie schon bei den Bauteilversuchen, das Verhalten von Versuch 1.4.

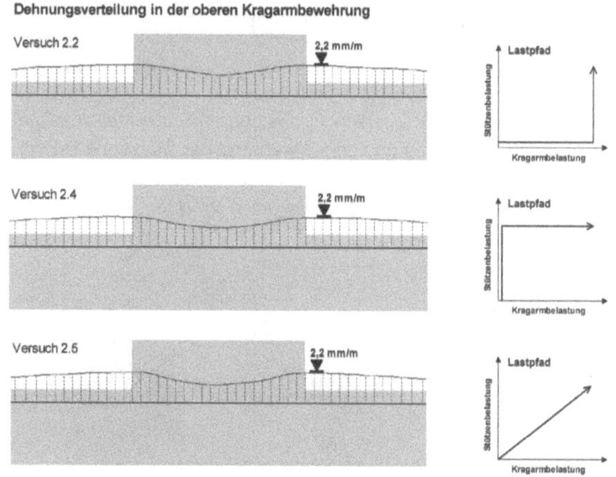

Abbildung 4-30: Dehnungsverteilungen in der Kragarmbewehrung bei unterschiedl. Belastungsreihenfolgen für ε = 2,2 ‰ im Kragarmanschnitt

Abbildung 4-31 zeigt das typische Versagensbild für die Nachrechnung der Versuche 2.3, 2.4 und 2.5 sowie 3.3, 3.4 und 3.5. Links in der Abbildung zeigt sich eine leichte Konzentration der Stauchungen im oberen Knotendrittel. Das Versagen trat aber im Beton oberhalb des Knotens auf, was rechts in der Abbildung zu sehen ist. Alle Versuche mit kombinierter Belastung zeigten dieses Verhalten. In der Nachrechnung von Versuch 2.2 und

3.2 trat das Versagen etwas weiter unten, aber noch oberhalb der Arbeitsfuge auf. Die Anordnung der Bügelbewehrung über dem Knoten hatte keinen Einfluss auf das Versagensbild.

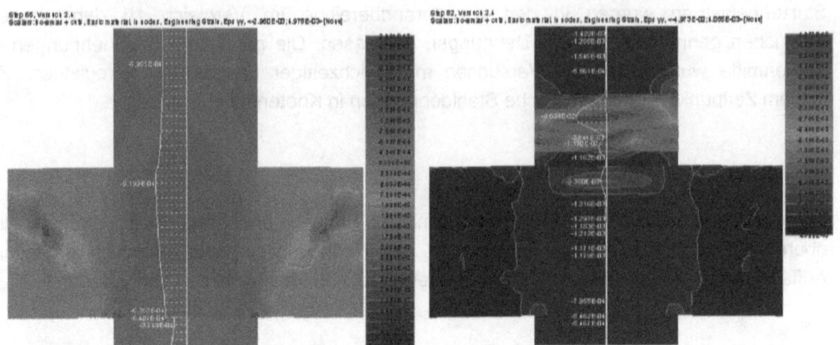

Abbildung 4-31: Stauchungen in Stützenlängsrichtung: links bei ca. 1000 kN; rechts nach dem Bruch (Versuch 2.4)

In der Nachrechnung war also der Querschnitt des oberen Stützenteils maßgebend. Versuch 1.4 bildete die erwähnte Ausnahme und zeigte während der Stützenbelastung eine deutliche Stauchungskonzentration unterhalb der Bewehrung. In der Nachrechnung trat aber, im Gegensatz zum Versuch, das endgültige Versagen nicht direkt im Knoten, sondern in der Arbeitsfuge auf (siehe Abbildung 4-32).

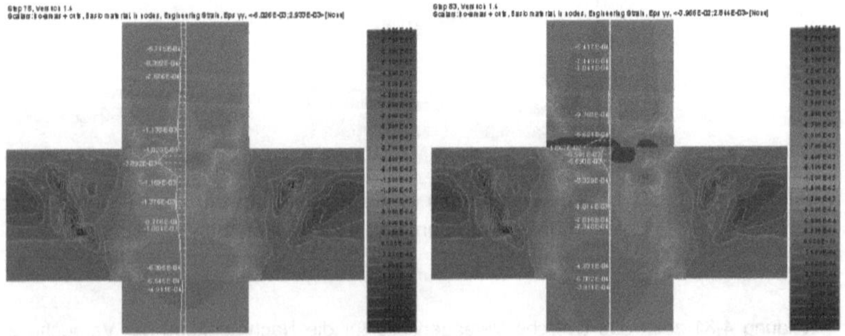

Abbildung 4-32: Stauchungen in Stützenlängsrichtung: links bei ca. 1000 kN; rechts nach dem Bruch (Versuch 1.4)

4.7.5 Vergleich zwischen Versuch und Nachrechnung

Hier werden nun die Ergebnisse von Versuch und Nachrechnung graphisch und zahlenmäßig miteinander verglichen. Ziel ist es, einen direkten Vergleich zwischen Versuch und Rechnung zu geben, um die Übereinstimmung zwischen FE-Modell und Bauteil aufzuzeigen und somit die Eignung des Modells für eine Parameterstudie nachzuweisen.

Traglasten

Tabelle 4-2 zeigt einen Vergleich der im Bauteilversuch und in der Nachrechnung erreichten Traglasten des Stützenteils. Die Werte in Spalte 3 und 5 der Tabelle sind, wie auch schon in Tabelle 3-4, auf den Vergleichsversuch der jeweiligen Serie bezogen, um die direkte Vergleichbarkeit untereinander zu ermöglichen. Während die Traglasten in der Nachrechnung von Versuchsserie 0 leicht unterschätzt werden, liegen die übrigen Werte leicht über diejenigen der Bauteilversuche. Die größte Abweichung trat in Versuchsserie 1 auf, was auch schon bei der Ermittlung der Traglasten nach der Gleichung (3.4) in Kapitel 3.5.1 und 3.5.4 der Fall war. Die Traglasten der Vergleichsversuche in den Serien 2 und 3 werden bis auf 2 % bzw. 1 % erreicht, während die Traglasten in den übrigen Nachrechnungen mit maximal 8 % Abweichung erreicht werden. Die Tragfähigkeit des Stützenquerschnitts wurde in der Nachrechnung von Serie 2 im Mittel um 5,4 % und der Serie 3 um 3 % übertroffen. Die Übereinstimmung ist also insgesamt sehr gut.

Verformungen

Das Verformungsverhalten konnte mit dem FE-Modell ebenfalls sehr zutreffend wiedergegeben werden. Die Durchbiegung der Kragarme an der Lasteinleitungsstelle in der Nachrechnung von den Versuchen 1.4, 2.5, 3.4 und 3.5 werden in Abbildung 4-33 und Abbildung 4-34 dargestellt. In diesen Versuchen wurden keine plastischen Rotationen erreicht (siehe Tabelle 3-8), daher dient die Abbildung zur Veranschaulichung des Kragarmverhaltens bis zum Erreichen von plastischen Stahldehnungen. Die Übereinstimmung ist sehr gut, lediglich in den Versuchen mit paralleler Laststeigerung wurden die Verformungen leicht unterschätzt, aber die Steifigkeit gut getroffen.

	Bauteilversuch		Nachrechnung mit ATENA		Verhältnis
	Traglast *im Versuch* [kN]	Traglast *bezogen* [kN]	Traglast *in d. Nachrech.* [kN]	Traglast *bezogen* [KN]	Nachrechnung / Versuch [/]
Versuch 0.2	**1056,0**	*1056,0*	**1020,0**	*1020,0*	**0,97**
Versuch 0.1	**1049,0**	1092,7	**1011,0**	1046,1	**0,96**
Versuch 1.1	**1286,4**	*1286,4*	**1434,0**	*1434,0*	**1,11**
Versuch 1.4	**1173,4**	1199,0	**1223,0**	1249,7	**1,04**
Versuch 2.1	**1103,4**	*1103,4*	**1129,0**	*1129,0*	**1,02**
Versuch 2.2	**1082,6**	1027,5	**1167,5**	1108,1	**1,08**
Versuch 2.3	**1182,2**	1001,8	**1265,9**	1072,7	**1,07**
Versuch 2.4	**1272,1**	1037,9	**1343,4**	1096,1	**1,06**
Versuch 2.5	**1254,9**	1008,8	**1309,2**	1052,5	**1,04**
Versuch 3.1	**1179,8**	*1179,8*	**1192,2**	*1192,2*	**1,01**
Versuch 3.2	**1199,9**	1140,7	**1293,4**	1229,7	**1,08**
Versuch 3.3	**1264,4**	1125,5	**1320,9**	1175,8	**1,04**
Versuch 3.4	**1310,9**	1163,4	**1319,3**	1170,8	**1,01**
Versuch 3.5	**1377,2**	1180,2	**1385,3**	1186,8	**1,01**

Tabelle 4-2: Vergleich der Versuchstraglasten des Stützenteils mit den Versuchsnachrechnungen

	max. Last *Handrechnung* [kN]	**max. Last *)** *im Versuch* [kN]	**max. Last** *FE-Rechnung* [kN]	**Versuch / FE-Rechnung** [/]
Versuch 1.2	*107,0*	114,6	114,5	**1,00**
Versuch 1.3	*106,5*	109,3	114,3	**0,96**
Versuch 1.4	*105,0*	105,2	111,2	**0,94**
Versuch 2.2	*128,6*	136,0	135,2	**1,01**
Versuch 2.3	*129,7*	131,4	137,1	**0,96**
Versuch 2.4	*130,6*	135,8	138,1	**0,98**
Versuch 2.5	*132,0*	132,9	140,0	**0,95**
Versuch 3.2	*131,6*	131,0	134,6	**0,97**
Versuch 3.3	*131,9*	132,6	137,4	**0,97**
Versuch 3.4	*132,0*	124,1	137,4	**0,90**
Versuch 3.5	*132,5*	130,7	139,3	**0,94**

*) : Mittelwert (links / rechts)

Tabelle 4-3: Vergleich der Kragarmtraglasten im Versuch und Nachrechnung

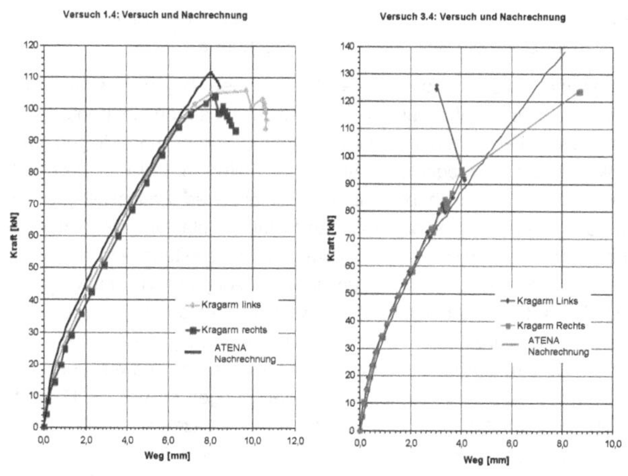

Abbildung 4-33: Durchbiegung der Kragarme an der Lasteinleitungsstelle: Versuche 1.4 und 3.4, ohne plastische Stahldehnungen

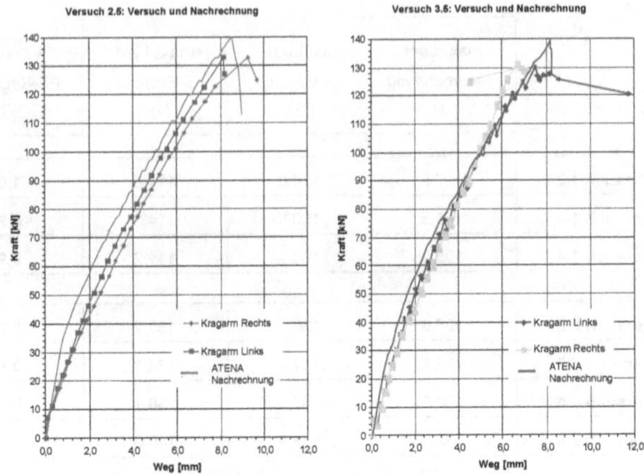

Abbildung 4-34: Durchbiegung der Kragarme an der Lasteinleitungsstelle: Versuche 2.5 und 3.5, ohne plastische Stahldehnungen

In Abbildung 4-35 werden die Ergebnisse der Versuche 1.2, 1.3, 2.2, 2.3, 2.4, 3.2 und 3.3 gezeigt. Auch im Bereich plastischer Stahldehnungen wurde hier das Verformungsverhalten sehr gut wiedergegeben. In der Nachrechnung bestand im Gegensatz zum Versuch keine Begrenzung der aufbringbaren Kragarmdurchbiegung. Somit wurden weitaus größere Durchbiegungen im Vergleich zum Versuch möglich, die aber in der Abbildung nicht dargestellt sind. In allen Fällen trat ein Versagen in der Betondruckzone auf, nachdem die Nulllinie bei steigender Last infolge des Auftretens plastischer Stahldehnungen immer weiter nach unten wanderte und die Betondruckzone einschnürte.

Die Dehnungsunterschiede in der oberen Kragarmbewehrung zwischen Knotenmitte und Kragarmanschnitt sind in Abbildung 4-36 deutlich zu sehen. In Knotenmitte bleiben die Dehnungen stets hinter denen im Knotenanschnitt zurück und steigen nach Eintritt der Dehnungslokalisierung im Kragarmanschnitt nicht weiter an. Der Einfluss des Lastpfades ist in allen Fällen nur im Bereich bis zur abgeschlossenen Erstrissbildung zu sehen. Hier bleiben bei den Versuchen mit vorgeschalteter Stützenbelastung die Dehnungen im Knoten zu Beginn betragsmäßig kleiner, aber bei steigender Belastung wird der Abstand zwischen den Dehnungen zunehmend geringer. Im direkten Vergleich zu den Versuchsergebnissen (siehe Abbildung 4-37 und Abbildung 4-38) werden die Dehnungen außerhalb des Knoten sehr gut erfasst. Hier wurden Dehnungen nur bis 5,0 ‰ dargestellt, um die Übersichtlichkeit zu wahren. Die Dehnungen in Knotenmitte wurden in ihrem Endwert ebenfalls bis auf zwei Ausnahmen erreicht, allerdings mit leichten Abweichungen im Verlauf. Die erste Ausnahme hiervon bildet Versuch 2.5, der bei zunehmender Stützenlast immer größer werdende Dehnungen aufwies (siehe Abbildung 3-32), was auf eine fortschreitende Zerstörung des Verbundes hindeutet. Die weitere Ausnahme ist Versuch 3.2, der von Beginn an die gleichen Dehnungen im Knotenanschnitt und Knotenmitte zeigte (siehe Abbildung 3-38). Hierzu wurde bereits in Kapitel 3.7.2 Stellung genommen.

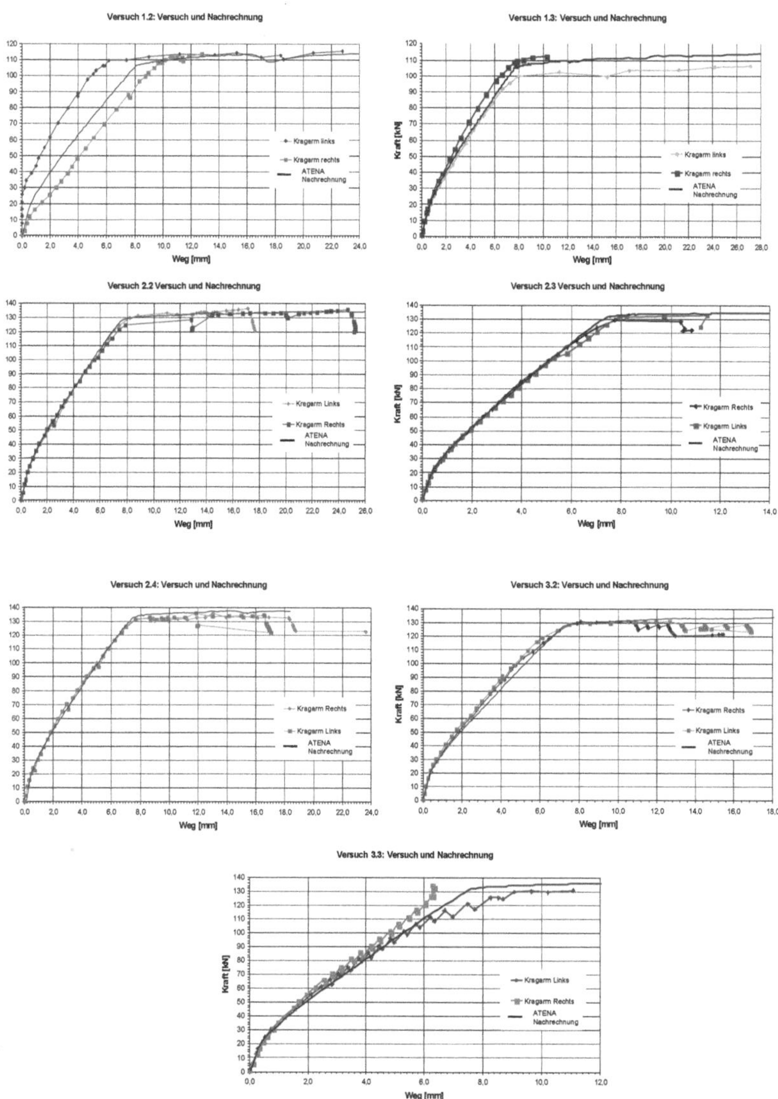

Abbildung 4-35: Durchbiegung der Kragarme an der Lasteinleitungsstelle: Versuche mit plastischen Stahldehnungen

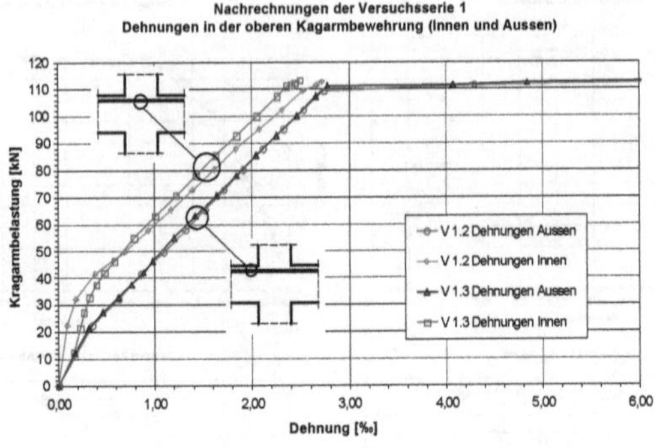

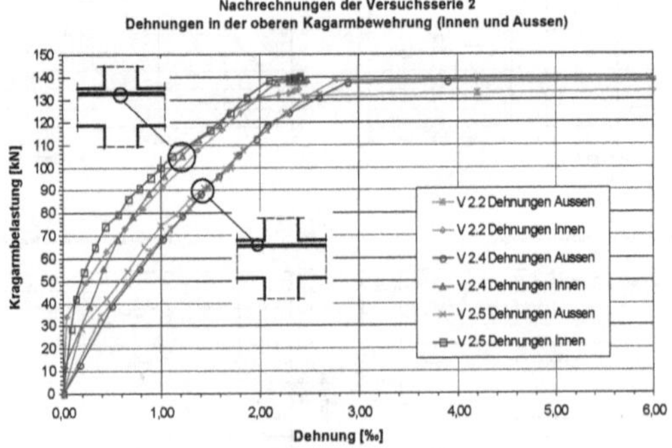

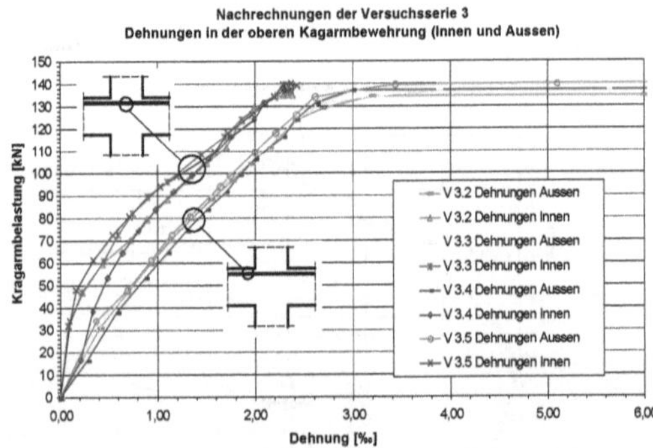

Abbildung 4-36: Verlauf der Dehnungen in der oberen Kragarmbewehrung (in Knotenmitte und im Knotenanschnitt; Nachrechnung ATENA)

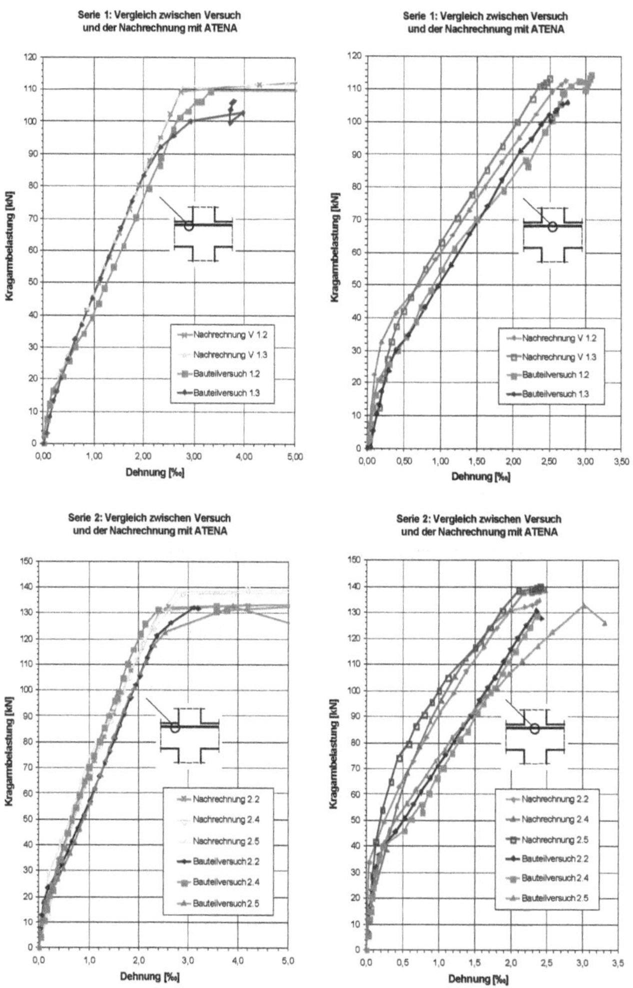

Abbildung 4-37: Vergleich Versuch und Nachrechnung (Serie 1 und 2); links Dehnungen im Knotenanschnitt und rechts in Knotenmitte

Der Bereich plastischer Stahldehnungen bleibt auf den Bereich außerhalb des Knotens beschränkt. In keinem Versuch steuert der Knoten einen nennenswerten Anteil zu den plastischen Rotationen des Kragarms bei. Abbildung 4-39 zeigt das Entstehen der plastischen Gelenke in den unterschiedlichen Serien anhand von typischen Beispielen. Ein Einfluss der Belastungsreihenfolge oder des entstandenen Rissbildes war nicht gegeben

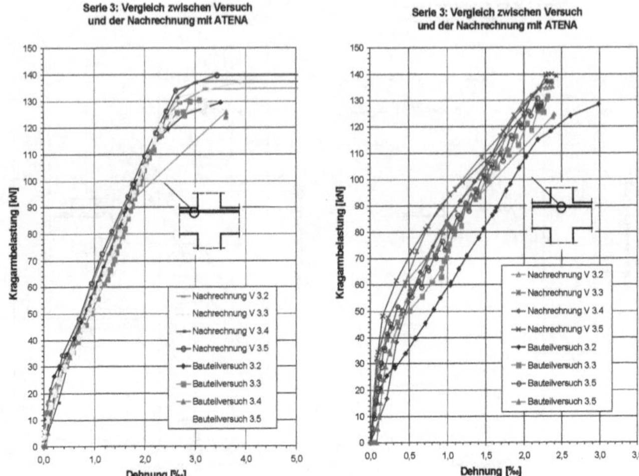

Abbildung 4-38: Vergleich Versuch und Nachrechnung (Serie 3); links Dehnungen im Knotenanschnitt und rechts in Knotenmitte

Insgesamt konnte gezeigt werden, dass das FE-Modell in der Lage ist, zutreffende Ergebnisse zu liefern für die Untersuchung der vorliegende Problemstellung. Die Versuchsergebnisse konnten reproduziert und das globale und lokale Trag- und Verformungsverhalten treffend wiedergegeben werden.

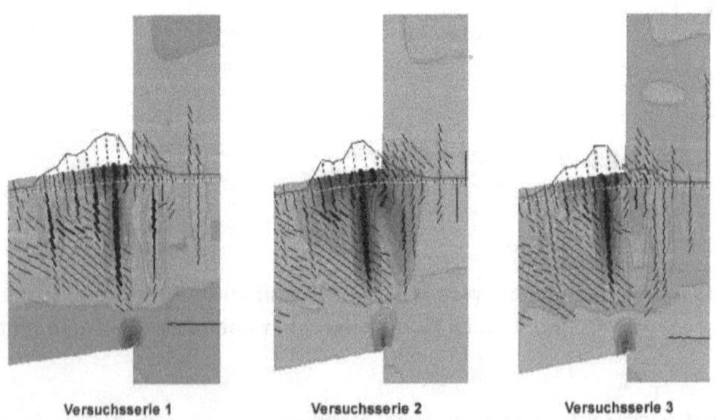

Abbildung 4-39: Dehnungen in der oberen Kragarmbewehrung und Betondehnungen und -stauchungen beim plastischen Gelenk im Knotenanschnitt

5 Parameterstudie mit ATENA

Die Eignung des FE-Modells zur Beschreibung des Knotenverhaltens konnte im vorangegangenen Kapitel gezeigt werden. Im folgenden wird eine Parameterstudie vorgestellt, die unter Variation der wichtigsten Einflussgrößen durchgeführt wurde. Das Hauptziel der Parameterstudie war die Lokalisierung des Versagensorts in Abhängigkeit von den wichtigsten Parametern. Des Weiteren sollen die Auswirkungen einer Veränderung dieser Einflussgrößen auf das Verformungsverhalten der horizontalverlaufenden Bauteile festgestellt werden. Das M/V-Verhältnis wurde in allen Nachrechnungen konstant gehalten, was zu unterschiedlichen Schubschlankheiten der einzelnen Kragarme führte. Ein Schubversagen wurde in allen nötigen Fällen durch eine ausreichenden Bewehrung zur Aufnahme der Querkraft verhindert. Der Querschnitt der Schubbewehrung wurde so gewählt, dass sie keine plastischen Stahldehnungen erfuhr. Wie in den eigenen Bauteilversuchen wurde das Versagen auf den Knotenbereich und den oberen Stützenteil dadurch beschränkt, dass eine höhere Festigkeitsklasse für den Beton des unteren Stützenteils gewählt wurde.

5.1 Variation der Betonfestigkeiten

Wie bereits in Kapitel 2.2.4 und 2.2.5 zu sehen war, ist das Verhältnis zwischen Betondruckfestigkeit in der Stütze und im Knoten von großer Bedeutung bei der Ermittlung der Tragfähigkeit des Knotenbereichs. Während viele Forscher bis zu einem Verhältnis von 1,4 keine Beeinträchtigung des Knotenverhaltens beobachteten, wurde von anderer Seite und nicht zuletzt im Rahmen dieser Arbeit gezeigt, dass unter bestimmten Randbedingungen ein Knotenversagen eintreten kann, auch wenn dieses Verhältnis geringer ist.

Sinnvoll ist die Betrachtung von Festigkeitsverhältnissen $f_{c,Stütze}$ zu $f_{c,Knoten}$ zwischen 1,0 und 2,0. Hierzu wurde die Druckfestigkeit f_c des Knotenbetons zu 20 MN/m^2 gewählt. Durch die Variation der Festigkeit des Betons im oberen Stützenteil wurden unterschiedliche Festigkeitsverhältnisse erreicht (siehe Tabelle 5-1).

für $f_{c,Knoten}$ = 20 [MN/m2] **$f_{c,Stütze}$ gewählt zu:**	20,0	25,0	26,7	28,0	30,0	33,3	35,0	40,0
Resultierende Verhältnisse $f_{c,Stütze}$ / $f_{c,Knoten}$	**1,00**	**1,25**	**1,33**	**1,40**	**1,50**	**1,67**	**1,75**	**2,00**

Tabelle 5-1: Im Rahmen der Parameterstudie untersuchte Festigkeitsverhältnisse

Tastberechnungen mit einer Druckfestigkeit des Knotenbetons von 40 MN/m^2 und den gleichen Verhältnissen $f_{c,Stütze}$ / $f_{c,Knoten}$ zeigte keine Unterschiede im prinzipiellen Bauteilverhalten, so dass auf einen kompletten Rechengang mit diesen Werten verzichtet wurde. Im weiteren Verlauf der Parameterstudie zeigte sich das Knotenverhalten ebenfalls stark von der gewählten Geometrie abhängig, so dass eine gemeinsame Betrachtung und Auswertung beider Einflüsse in der Nachrechnung als sinnvoll anzusehen sind.

5.2 Variation der Knotenabmessungen

Die Knotengeometrie ist, wie in Kapitel 2.2.4 und 2.2.5 ebenfalls gezeigt, ein entscheidender Parameter, sowohl was das Trag- als auch das Verformungsverhalten angeht. Das Verhältnis zwischen Knotenhöhe h und Stützenbreite c wurde deshalb im Rahmen der Parameterstudie zwischen 0,25 und 2,0 variiert. Dabei wurden Stützendicken von 30 und 40 cm gewählt und die Knotenhöhe verändert, um die gewünschten Verhältnisse einzustellen (siehe Tabelle 5-2).

für c = 30 cm h gewählt zu:	**für c = 40 cm h gewählt zu:**	**Resultierende h/c Verhältnisse**
7,5	10,0	**0,25**
15,0	20,0	**0,50**
30,0	40,0	**1,00**
45,0	60,0	**1,50**
60,0	80,0	**2,00**

h = Knotenhöhe; c = Stützenbreite; Wert in () = unzulässige Knotenhöhe (= Deckendicke)

Tabelle 5-2: Im Rahmen der Parameterstudie untersuchte Geometrieverhältnisse

Durch die Veränderung der beiden Parameter "Knotengeometrie" und "Betonfestigkeit" ergab sich eine große Anzahl von durchzuführenden Berechnungen. Tabelle 5-3 bietet einen Gesamtüberblick. Je nach Knotengeometrie wurde die angeordnete Bewehrung verändert. Die Stützen erhielten stets eine Bewehrungsanordnung nach ***DIN 1045-1, Abs. 13.5***. Die obere Bewehrung der Kragarme wurden so angepasst, dass der geometrische Bewehrungsgrad zwischen 0,7 % und 0,8 % lag. Somit war wie in den Bauteilversuchen durch die Verwendung von hochduktilem Betonstahl das Auftreten von plastischen Stahldehnungen möglich, aber ein Bruch der Kragarme durch das Einschnüren der Betondruckzone zu erwarten. Die Berechnungen wurden zum einen ganz ohne Kragarmbelastung und zum anderen mit einer Kragarmlast und anschließender Stützenbelastung durchgeführt.

Auswertung der Parameter "Betonfestigkeiten" und "Knotenabmessungen"

Die Knotentragfähigkeit und die Stelle, an der das Versagen in der Konstruktion infolge der Stützenlast auftrat, waren stark vom Unterschied im Verhältnis der Betonfestigkeiten in Stütze und Knoten sowie von der Knotengeometrie abhängig. Wesentlich war ebenfalls das Vorhandensein einer Kragarmbelastung. Die absolute Breite c der Stütze hingegen stellte sich nicht als bedeutsame Einflussgröße heraus, sondern nur das Verhältnis h/c, so dass die folgenden Abbildungen für c = 30 cm erstellt wurden. Ebenso maßgebend für die effektive Betondruckfestigkeit im Knoten und für den Versagensort war nicht die absolute Größe der Betondruckfestigkeit im Knoten, sondern nur das Verhältnis $f_{c,Stütze}$ / $f_{c,Knoten}$, so dass die Auswertung hier für $f_{c,Knoten}$ = 20 MN/m^2 erfolgt.

	Verhältnis $f_{c,Stütze} / f_{c,Knoten}$	1,00	1,25	1,33	1,40	1,50	1,67	1,75	2,00
Verhältnis h/c	[MN/m²] / [cm]	20/20	25/20	26,7/20	28/20	30/20	33,3/20	35/20	40/20
0,25	7,5/30	x	x	x	x	x	x	x	x
	10/40	x	x	x	x	x	x	x	x
0,50	15/30	x	x	x	x	x	x	x	x
	20/40	x	x	x	x	x	x	x	x
1,00	30/30	x	x	x	x	x	x	x	x
	40/40	x	x	x	x	x	x	x	x
1,50	45/30	x	x	x	x	x	x	x	x
	60/40	x	x	x	x	x	x	x	x
2,00	60/30	x	x	x	x	x	x	x	x
	80/40	x	x	x	x	x	x	x	x

h = Knotehhöhe; c = Stützenbreite

Tabelle 5-3: Gesamtüberblick über die Parameter "Knotengeometrie" und "Verhältnisse der Betonfestigkeiten"

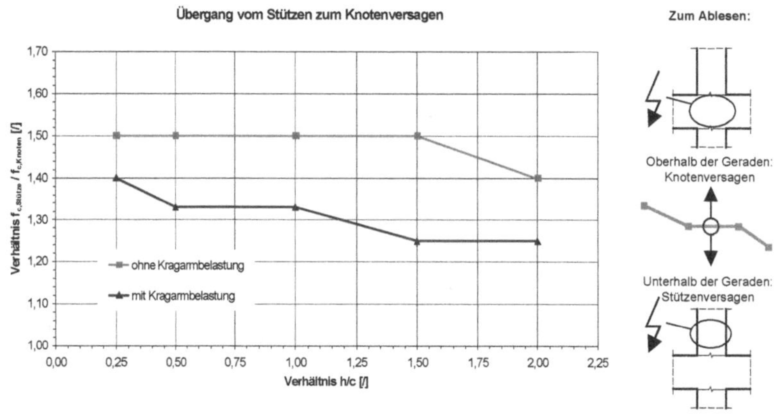

Abbildung 5-1: Grenzen zwischen Stützen- und Knotenversagen mit und ohne vorhandener Kragarmbelastung

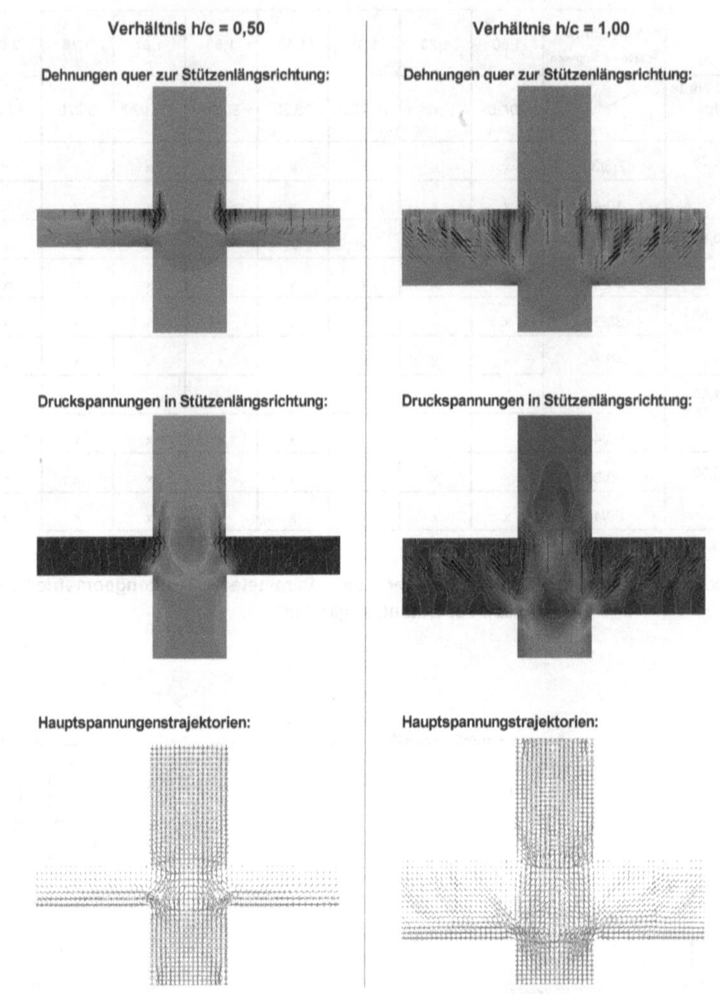

Abbildung 5-2: Prinzipielle Tragverhalten des Knotens unter einer Kragarm- und Stützenbelastung für h/c = 0,50 und 1,00 (c = 30 cm)

In Abbildung 5-2 und Abbildung 5-3 wird das prinzipielle Tragverhalten verdeutlicht. Mit steigender Knotenhöhe nimmt die Rissbildung infolge der Kragarmbelastung im Knotenbereich zu. Das Betongefüge in den oberen Zweidritteln des Knotens erfährt durch die größer werdende Stahlzugkraft und Dehnung in Querrichtung eine zunehmende Gefügeschädigung.

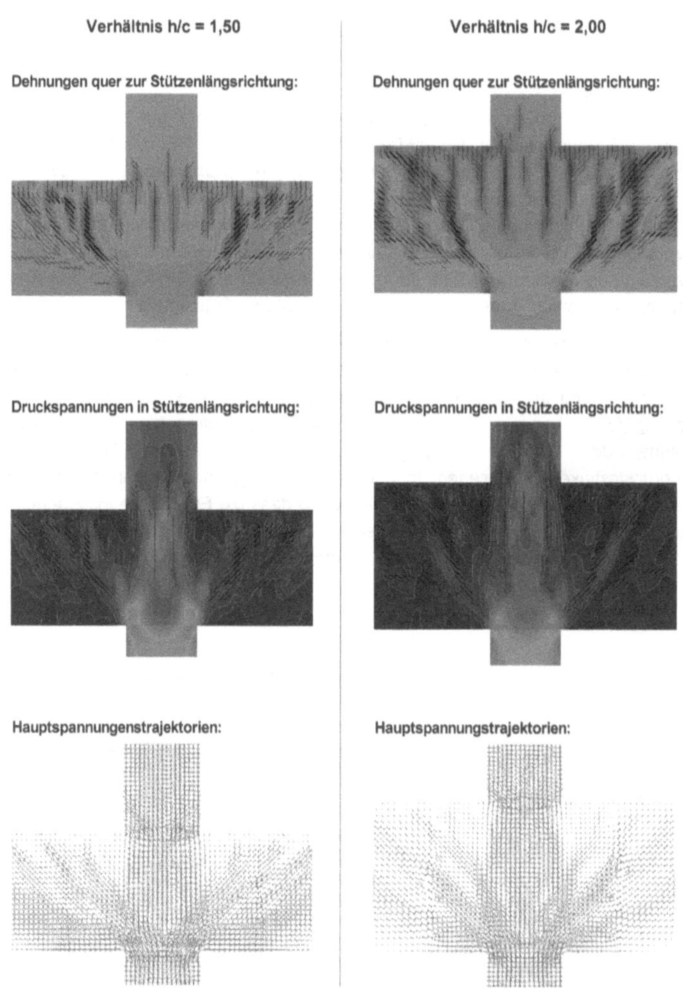

Abbildung 5-3: **Prinzipielle Tragverhalten des Knotens unter einer Knoten- und Stützenbelastung für h/c = 1,50 und 2,00 (c = 30 cm)**

Die Stützenbelastung muss im oberen Knotenbereich durch eine immer schmaler und höher werdende Betonsäule abgetragen werden. Die Lastausbreitung wird durch die Rissbildung eingeschränkt. So bestimmt bei zunehmendem Verhältnis h/c und $f_{c,Stütze} / f_{c,Knoten}$ der Knotenbereich und nicht der Stützenquerschnitt die Traglast der Konstruktion.

In Abbildung 5-1 ist der Übergang vom Knoten- zum Stützenversagen in Abhängigkeit von der Knotengeometrie und getrennt für die Fälle mit und ohne Belastung auf der Kragarme dargestellt. Ohne belastete Kragarme war je nach Größe von h/c bis zu einem Festigkeitsverhältnis $f_{c,Stütze} / f_{c,Knoten}$ von 1,5 (und 1,4 bei h/c = 2,0) der Stützenquerschnitt maßgebend. Bei größeren Festigkeitsunterschieden versagte der Knotenbereich. Damit wurden die Ergebnissen von ***Bianchini***, ***Woods*** und ***Kesler*** [16] bestätigt. Eine Belastung der Kragarme führte zu einer Verschiebung des Grenzverhältnisses $f_{c,Stütze} / f_{c,Knoten}$ nach unten. Aufgrund des zunehmenden Normalkraftsprungs in Stützenlängsrichtung bei zunehmender Knotenhöhe und den damit verbundenen höheren Knotentraglasten wanderte der Versagensort wiederum innerhalb des Knotens von oben nach unten. Für h/c = 0,25 und 0,5 versagte der Knoten unterhalb der oberen Bewehrung, für h/c =1,0 ÷ 1,5 in Knotenmitte und für h/c = 2,0 an der Arbeitsfuge oberhalb des unteren Stützenteils.

Die Abhängigkeit der Knotentragfähigkeit von den Parametern h/c und $f_{c,Stütze} / f_{c,Knoten}$ ist in Abbildung 5-4 und Abbildung 5-5 zu sehen. In der ersteren sind die erreichten Traglasten in der Nachrechnung im Verhältnis zur Tragfähigkeit des oberen Stützenquerschnitts nach Gleichung (3.5) über das Verhältnis $f_{c,Stütze} / f_{c,Knoten}$ aufgetragen. In allen Fällen ist die Abnahme der Knotentragfähigkeit bei größer werdender Differenz in den Betondruckfestigkeiten zu sehen. In der Nachrechnung ohne Kragarmbelastung war der Einfluss der Knotengeometrie nur sehr gering, so dass die Ergebnisse insgesamt günstiger ausfielen, sich aber kaum unterschieden. Im Fall der Kragarmbelastung vor der Stützenbelastung war bei zunehmender Knotenhöhe eine weitaus größere Abnahme der Knotentragfähigkeit zu verzeichnen.

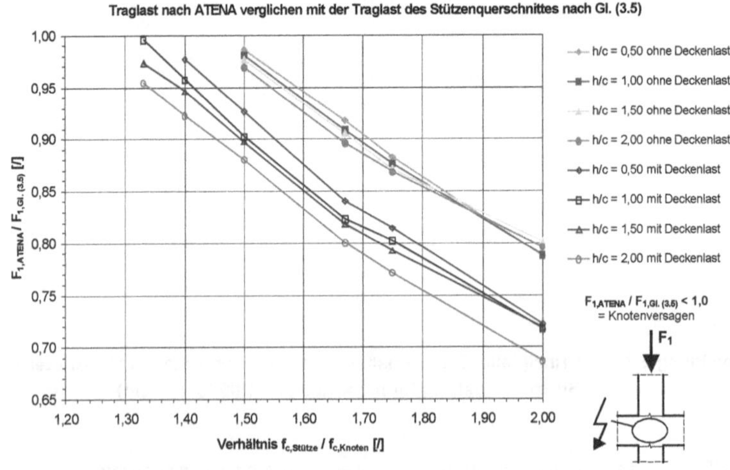

Abbildung 5-4: Erreichte Traglasten im Falle von Knotenversagen in Abhängigkeit von der Knotengeometrie und Kragarmbelastung

Wird die Knotentragfähigkeit über das Verhältnis h/c aufgetragen, ergibt sich der in Abbildung 5-5 dargestellte Zusammenhang. Hier sind nur die Nachrechnungen mit Kragarmbelastung dargestellt. Das Gefälle von links nach rechts zeigt die zunehmend negative Auswirkung einer Steigerung von h/c. Beim Verhältnis $f_{c,Stütze} / f_{c,Knoten} = 1,25$ erreichte der Knoten in allen Fällen die Stützentraglast und wurde somit nicht mehr maßgebend. Beim Verhältnis $f_{c,Stütze} / f_{c,Knoten} = 1,33$ wurde nur bei den Nachrechnungen mit h/c = 0,5 und 1,0 noch die volle Tragfähigkeit der Stütze erreicht.

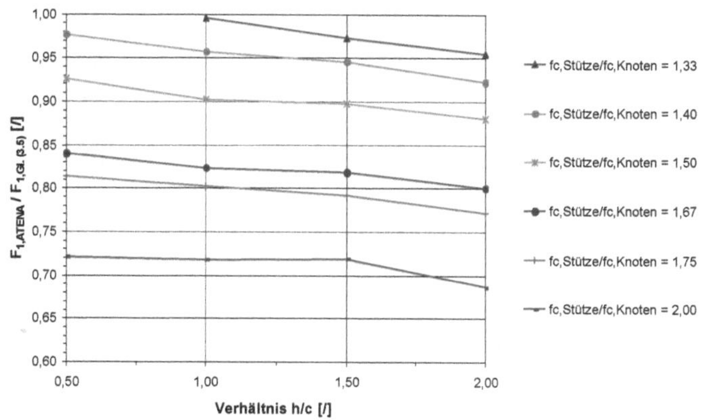

Abbildung 5-5: Traglast nach ATENA verglichen mit der Traglast nach Gleichung (3.4) (nur mit Kragarmbelastung)

Unter Berücksichtigung der maßgebenden Einflussgrößen lässt sich eine effektive Betondruckfestigkeit des Knotens, wie sie bereits in den Kapiteln 2.2.5 und 2.2.7 vorgestellt wurde, angeben. Hierzu wird der ideelle Querschnitt der Stütze $A_{c,i}$ ermittelt. Wird die in der Nachrechnung erreichte Traglast durch diese Fläche geteilt, so erhält man die effektive Betondruckfestigkeit für den jeweiligen Fall. War der Stützenquerschnitt maßgebend, so ist diese Ersatzfestigkeit gleich der der Stütze. Trat das Versagen in dem Knoten auf, so erhält man die effektive oder wirksame Betondruckfestigkeit für die gegebenen Verhältnisse.

Analog zur Abbildung 2-33 wurde die Parameterstudie daraufhin ausgewertet und die Ergebnisse in Abbildung 5-6 dargestellt. Die bereits vorgestellten Ansätze von ***Bianchini et al.*** [17] sowie ***Ospina*** und ***Alexander*** [112] zur Ermittlung der Ersatzfestigkeit (siehe Tabelle 2-2) sind zum Vergleich ebenfalls mit dargestellt. Auffällig ist die Abweichung zur Einschätzung der Knotentragfähigkeit nach ***Bianchini et al.***. Für die unbelasteten Kragarme werden für Festigkeitsunterschiede von mehr als 1,5 deutlich höhere effektive Festigkeiten angesetzt. Hier zeigt der Ansatz von ***Ospina*** und ***Alexander*** im Vergleich eine sehr gute und sogar leicht konservative Einschätzung der Druckfestigkeit des Betons im Knoten.

Anders ist die Lage bei belasteten Knoten. Die Ergebnisse der Nachrechnung liegen deutlich unter denen der bestehenden Ansätze. Dies deutet auf eine Unterschätzung der Auswirkung großer Lasteinwirkungen auf den Kragarmen hin. Auf diese Möglichkeit hatten ***Ospina*** und ***Alexander*** bereits in [112] hingewiesen und den Forschungsbedarf für diesen Fall herausgestellt.

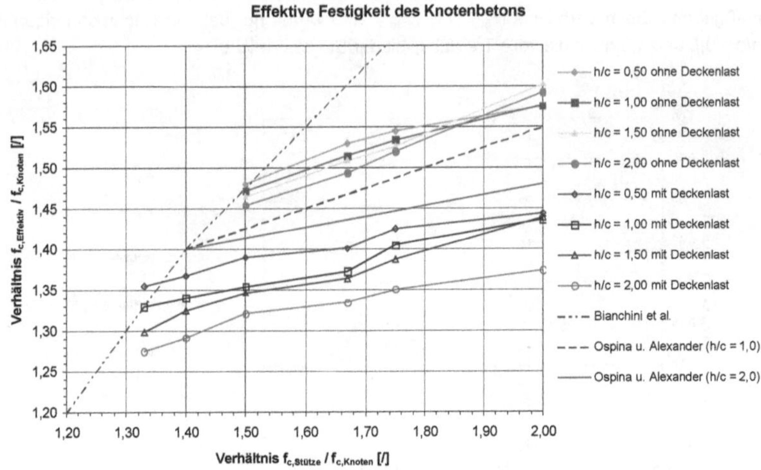

Abbildung 5-6: Effektive Festigkeit des Knotenbetons in Abhängigkeit von den unterschiedlichen Betonfestigkeiten in Knoten und Stütze

5.3 Variation der oberen Bewehrungsanordnung

Zwei Ziele wurden bei der Veränderung des Bewehrungsgrades der Kragarme verfolgt. Vordergründig ging es darum, den Einfluss unterschiedlicher Bewehrungsquerschnitte auf die effektive Druckfestigkeit des Knotens gemäß Abbildung 5-6 zu bestimmen. Weiterhin war der Einfluss des belasteten und unbelasteten Knotens auf das Trag- und Verformungsverhalten der unterschiedlich bewehrten Kragarmen von Interesse. Hierzu wurden für die Stützenbreiten 30 cm und 40 cm die Geometrieverhältnisse h/c von 0,5 bis 1,5 herangezogen und die Anzahl und der Durchmesser der Bewehrungsstäbe verändert. Vier unterschiedliche geometrische Bewehrungsgrade wurden gewählt (siehe Tabelle 5-4). Im ersten Fall wurde die Mindestbewehrung nach ***DIN 1045-1, Tab. 29*** vorgesehen. Hier war mit einem einzelnen Riss im Knotenanschnitt zu rechnen. Die plastischen Rotationen der Kragarme sollten sich in diesem Querschnitt konzentrieren. Die zweite Bewehrungsanordnung wurde so gewählt, dass die vollen plastischen Dehnungen des Bewehrungsstahles ausgenutzt werden und ein Stahlversagen eintreten sollte (vgl. Abbildung 2-38 und Tabelle 5-4). Die dritte und vierte Bewehrungsanordnung wurde so eingestellt, dass plastische Stahldehnungen auftreten, aber ein Versagen der Betondruckzone zum Bruch der Kragarme führen sollte.

Geometrie [cm]			angeordnete Bewehrung				geometr. Bew.-Grad ρ [%]			
c	h	h/c	(1)	(2)	(3)	(4)	(1)	(2)	(3)	(4)
30	15	**0,5**	2 Ø 6 mm	2 Ø 8 mm	4 Ø 10 mm	4 Ø 12 mm	0,13	0,22	0,70	1,00
	30	**1,0**	2 Ø 8 mm	4 Ø 8 mm	5 Ø 12 mm	6 Ø 14 mm	0,11	0,22	0,63	1,02
	45	**1,5**	2 Ø 8 mm	4 Ø 10 mm	6 Ø 14 mm	4 Ø 20 mm	0,07	0,23	0,68	0,93
40	20	**0,5**	2 Ø 6 mm	4 Ø 8 mm	5 Ø 12 mm	5 Ø 14 mm	0,07	0,25	0,71	0,96
	40	**1,0**	4 Ø 6 mm	5 Ø 10 mm	5 Ø 16 mm	5 Ø 20 mm	0,07	0,25	0,63	0,98
	60	**1,5**	4 Ø 8 mm	5 Ø 12 mm	5 Ø 20 mm	5 Ø 25 mm	0,08	0,24	0,65	1,02

Tabelle 5-4: Untersuchte Bewehrungsgrade: (1) = (oder >) Mindestbewehrung nach DIN 1045-1; (2) = Stahlversagen; (3) u. (4) = Betonversagen

Bis auf die Änderung der angeordneten Bewehrung und der dazugehörigen Verbundbeziehungen wurde gegenüber den zuvor durchgeführten Nachrechnungen nichts verändert. Die Druckfestigkeit des Knotenbetons betrug in den Berechnungen 20 MN/m^2.

Verformungsverhalten

Der Einfluss der unterschiedlichen Bewehrungsanordnungen war bei beiden Stützenbreiten gleichartig. Die Rissbilder und plastischen Stahldehnungen in der Hauptbewehrung der Kragarme kurz vor dem jeweiligen Versagen sind in Abbildung 5-7 für die Stützenbreite c = 30 cm dargestellt.

Wie erwartet entstanden bei der Bewehrungsanordnung knapp über der Mindestbewehrung die Risse ausschließlich im Knotenanschnitt. Die rissverteilende Wirkung der Bewehrung war sehr gering und die plastischen Stahldehnungen konzentrierten sich auf einer sehr kurzen Länge. In dieser Konstellation blieb der Knoten frei von Rissen. Bei steigendem Bewehrungsgrad entstanden zunehmend auch Risse in den Knotenrandbereichen. Bei größer werdendem Verhältnis h/c wurden die Rissweiten in den Randbereichen größer und Risse entstanden ebenfalls in Knotenmitte. Außerdem erstreckte sich der Bereich mit plastischen Stahldehnungen immer weiter in den Knotenrandbereich hinein (siehe Abbildung 5-7). Die Berechnungen in Tabelle 5-4 wurden mit einer geänderten Belastungsreihenfolge wiederholt. Hier wurden die Stützen mit jeweils 75% der zu erwartenden Traglast beaufschlagt, bevor mit der Kragarmbelastung begonnen wurde. Zwar unterschieden sich die Rissbilder geringfügig, aber der Schnitt, in der die plastischen Stahldehnungen auftraten, blieb sowohl in der Lage als auch in der Länge von der Kragarmbelastung unabhängig (siehe Abbildung 5-7 und Abbildung 5-8). Die Last-Verformungskurven der Kragarme mit und ohne vorherige Stützenbelastung unterschieden sich nicht und in beiden Fällen wurden identische plastische Rotationen erreicht.

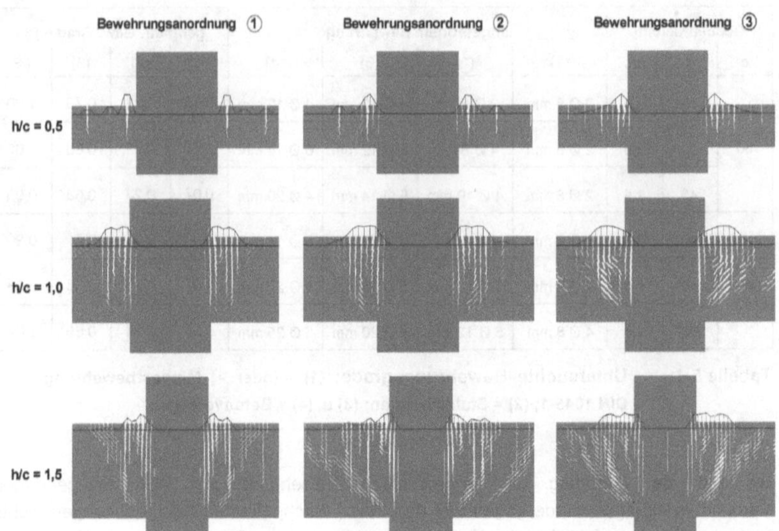

Abbildung 5-7: Plastische Stahldehnungen in der oberen Kragarmbewehrung und Rissbilder für c = 30 cm (ohne vorige Stützenbelastung)

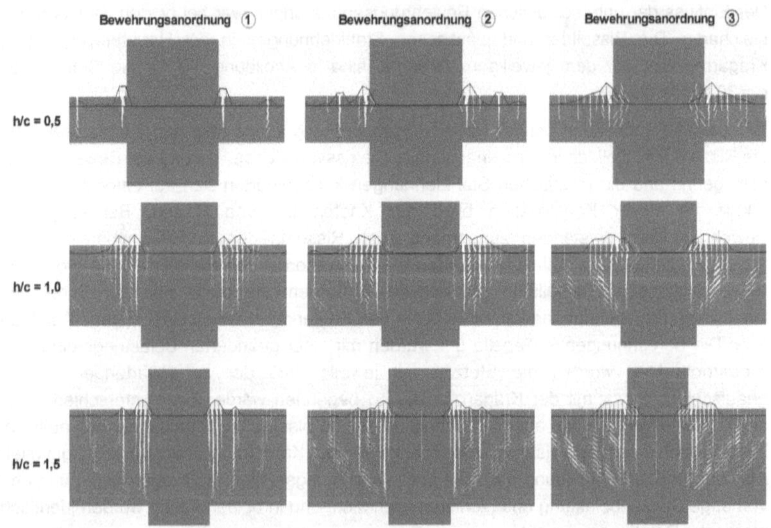

Abbildung 5-8: Plastische Stahldehnungen in der oberen Kragarmbewehrung und Rissbilder für c = 30 cm (mit voriger Stützenbelastung)

Traglasten der Stützenlängsrichtung

Die erreichten Traglasten der Stützen zeigten eine Abhängigkeit vom Bewehrungsgrad der belasteten Kragarme. Diese Abhängigkeit ist durch die wachsende Schädigung des Knotenbereichs infolge der zunehmenden Stahlzugkraft in der oberen Kragarmbewehrung bei steigendem Bewehrungsgehalt bedingt.

Bewehrungsanordnung (1) (Mindestbewehrung):

Bedingt durch die geringe Querdehnung und Rissbildung des oberen Knotenbereichs infolge der Kragarmbelastung erreichte der Knoten bei diesem Bewehrungsgrad die größten effektiven Druckfestigkeiten. Für das Verhältnis h/c = 0,5 lag der Übergang vom Stützen- zum Knotenversagen bei $f_{c,Stütze} / f_{c,Knoten} = 1,5$, d.h. in den durchgeführten Berechungen für diesen Fall war der Stützenquerschnitt maßgebend. Bei den beiden anderen Verhältnissen h/c = 1,0 und 1,5 lag dieser Punkt bei $f_{c,Stütze} / f_{c,Knoten} = 1,4$. Die hierbei erreichte effektive Knotentragfähigkeit lag auf dem gleichen Niveau wie im Falle eines unbelasteten Kragarms.

Bewehrungsanordnung (2) (ρ = 0,22 ÷ 0,25 [%]):

Hier verhielt sich der Knotenbereich ähnlich wie bei der Mindestbewehrung, allerdings mit einem einheitlichen Übergang zum Knotenversagen bei $f_{c,Stütze} / f_{c,Knoten} = 1,4$. Die effektive Knotentragfähigkeit für ein Verhältnis $f_{c,Stütze} / f_{c,Knoten} = 1,5$ lag bei ca. 1,45.

Bewehrungsanordnung (3) (ρ = 0,63 ÷ 0,71 [%]):

Bei dieser Bewehrungsanordnung wies der Knotenbereich die geringste Tragfähigkeit auf. Wie schon bei der Variation der ersten beiden Parameter in Kapitel 5.1 und 5.2 lag der Übergang zum Knotenversagen für h/c = 0,5 und 1,0 bei $f_{c,Stütze} / f_{c,Knoten} = 1,33$ und für h/c = 1,5 bei $f_{c,Stütze} / f_{c,Knoten} = 1,25$. Im Falle des Knotenversagens lag die effektive Knotentragfähigkeit auf dem Niveau, wie es in Abbildung 5-6 dargestellt ist.

Bewehrungsanordnung (4) (ρ = 0,96 ÷ 1,02 [%]):

In diesem Fall entwickelte die Hauptbewehrung der Kragarme nur geringe plastische Stahldehnungen, bevor die Betondruckzone versagte. Der Übergang zum Knotenversagen wurde einheitlich bei $f_{c,Stütze} / f_{c,Knoten} = 1,33$ erreicht. Die effektive Tragfähigkeit des Knotens war i.M. 5 % größer als im vorherigen Fall.

Abbildung 5-9 zeigt beispielhaft für h/c = 1,5 die Stahldehnungen und -spannungen für eine Durchbiegung der Kragarme von jeweils 3,0 cm an der Lasteinleitungsstelle. Während die plastischen Stahldehnungen außerhalb des Knotens bei Bewehrungsanordnung (1) größer sind als bei Bewehrungsanordnung (2), fallen im Vergleich die Stahlspannungen im Knoten deutlich ab. Bei Bewehrungsanordnung (3) sind die plastischen Stahldehnungen im Kragarmanschnitt nochmals kleiner als in den Fällen (1) und (2), aber die Stahlspannungen im Knoten bewegen sich auf einem höheren Niveau. Die plastische Länge erstreckte sich bei dieser Bewehrungsanordnung am weitesten in den Knotenbereich hinein. Bei der Bewehrungsanordnung (4) hingegen trugen große Betonstauchungen in der Druckzone der Kragarme einen großen Anteil zu der Verformung bei, und die Stahldehnungen und -spannungen fielen geringer aus als im Fall (3). Hier war die Tragfähigkeit der Betondruckzone des Balkens im Kragarmanschnitt erschöpft, bevor die Stahlzugkraft im Knoten weiter anwachsen konnte. Somit wurden in diesem Fall wieder größere Knotentragfähigkeiten erreicht als im Fall (3).

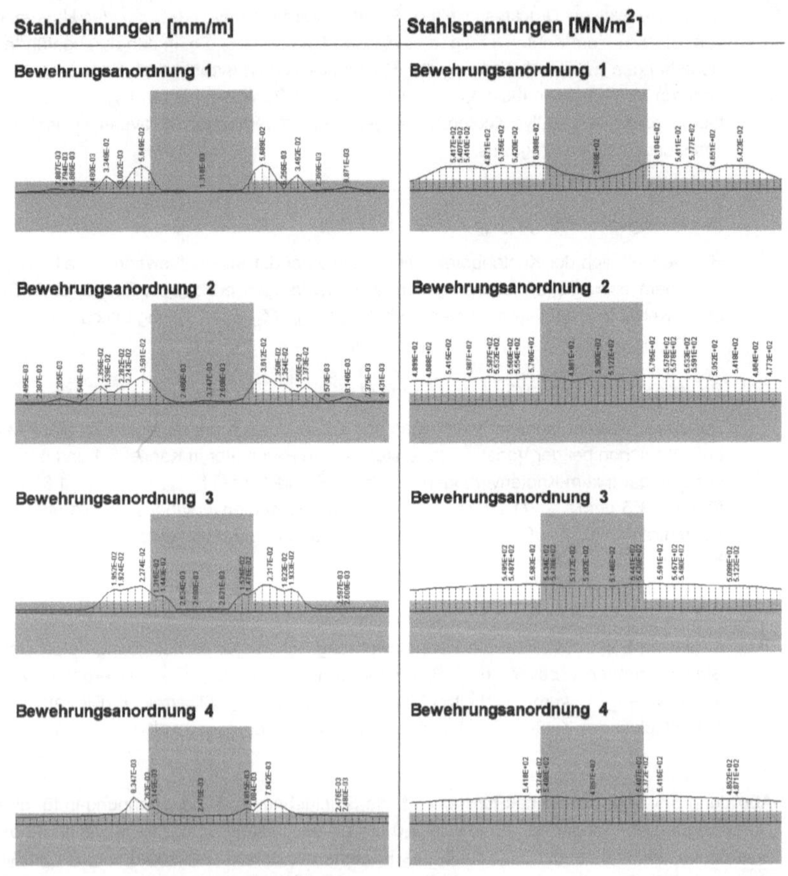

Abbildung 5-9: Verteilung der Stahlspannungen und -dehnungen in der oberen Kragarmbewehrungslage (für c = 30 cm und h/c = 1,50)

In Abbildung 5-10 sind die erreichten Stützentraglasten des Knotens in Abhängigkeit vom Bewehrungsgrad aufgetragen. Bei steigendem Bewehrungsgrad ist mit einer zunehmenden Schädigung des Knotenrandbereichs und mit einer Abnahme der erreichbaren Traglasten des Knotens zu rechnen. Die ungünstigsten Bedingungen für das Erreichen einer großen Knotentragfähigkeit sind ein Versagen der Betondruckzone im Kragarm, wenn zuvor große plastische Stahldehnungen erreicht worden sind.

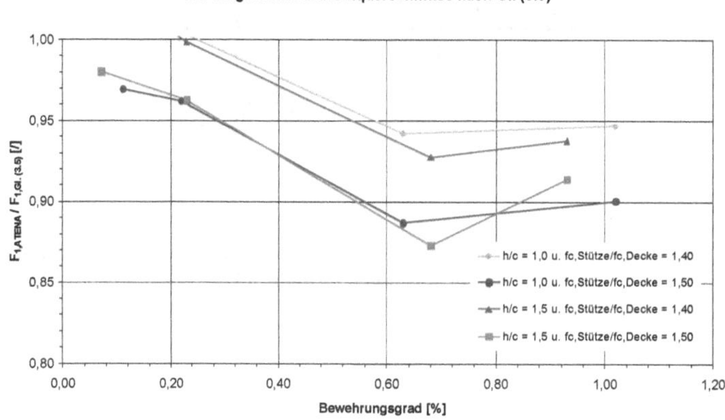

Abbildung 5-10: Erreichte Traglasten im Falle von Knotenversagen in Abhängigkeit vom Bewehrungsgrad für h/c = 1,0 und 1,5 (c = 30 cm)

5.4 Variation in der zusätzlich angeordneten Knotenbewehrung

Zwei alternative Bewehrungsanordnungen wurden untersucht (siehe Abbildung 5-11). In der Variante "A" wurde die Verbügelung der Stütze durch den Knotenbereich ununterbrochen hindurchgeführt. Die hierdurch hervorgerufene Umschnürung des Knotenbetons sollte durch die mögliche Querdehnungsbehinderung eine Steigerung der Knotentraglast herbeiführen. Bei der Variante "B" wurde eine andere Strategie verfolgt. Die Auswirkung der Kragarmbelastung ohne aufgebrachte Stützenlast zeigte sich bereits als ungünstigste Belastungsreihenfolge, da in den Knotenrandbereichen hierdurch die größte Schädigung im Beton hervorgerufen wurde. Um dem entgegenzuwirken, wurde im Knoten unterhalb der oberen Hauptbewehrung eine weitere Bewehrungslage vorgesehen, die den halben Bewehrungsquerschnitt der Knotenhauptbewehrung besaß und links und rechts vom Knotenanschnitt verankert wurde. Durch die Erhöhung des Bewehrungsgrades der Kragarme im unmittelbaren Knotenanschnitt sollte der kritische Querschnitt, in dem das plastischen Gelenk entsteht, nach außen und weiter weg vom Knoten verlegt werden. So sollten die Knotenrandbereiche einer geringeren Dehnung quer zur Stützenlängsrichtung ausgesetzt sein und dadurch die Knotentragfähigkeit gesteigert werden. Die Parameter h/c und $f_{c,Stütze}$ / $f_{c,Knoten}$ wurden gemäß Tabelle 5-5 variiert. Das FE-Modell wurde bis auf die geänderten Bewehrungsführung gegenüber den zuvor durchgeführten Nachrechnungen nicht verändert. Die Stützenbelastung erfolgte nach Aufbringung einer Kragarmbelastung, die jeweils zum Entstehen erster plastischen Stahldehnungen im Kragarmanschnitt führte.

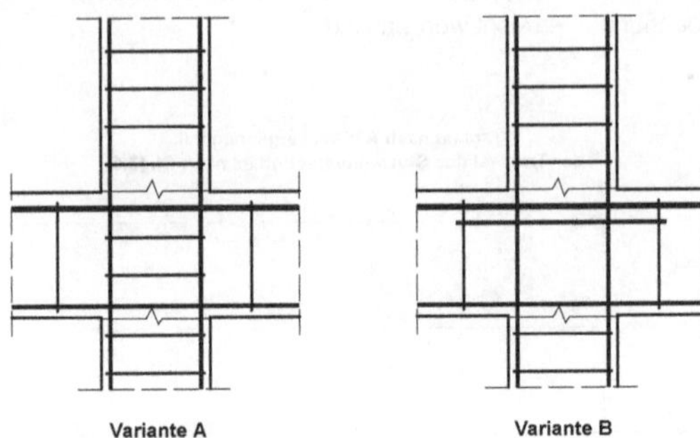

Abbildung 5-11: Prinzipdarstellung zweier alternative Bewehrungsführungen zur Steigerung der effektiven Betondruckfestigkeit des Knotens

	Verhältnis $f_{c,Stütze}$ / $f_{c,Knoten}$	1,00	1,25	1,33	1,40	1,50	1,75	2,00
Verhältnis h/c	[MN/m²] / [cm]	20/20	25/20	26,7/20	28/20	30/20	35/20	40/20
0,50	15/30	x	x	x	x	x	x	x
1,00	30/30	x	x	x	x	x	x	x
1,50	45/30	x	x	x	x	x	x	x
2,00	60/30	x	x	x	x	x	x	x

h = Deckenhöhe; c = Stützenbreite

Tabelle 5-5: Durchgeführte Berechnungen mit der zusätzlichen Bewehrung im Knotenbereich (für Variante A und B)

Variante A: Auswirkungen einer Knotenverbügelung

Die Bügel im Knotenbereich wurden im Abstand von 10 cm angeordnet und hatten einen Durchmesser von 8 mm. In Tabelle 5-6 sind die Zuwächse an Knotentragfähigkeit in Prozent im Falle eines Knotenversagens bei der Anordnung der Bügel zusammengestellt. Beim Verhältnis h/c = 0,5 ist die Auswirkung gering, da zum einen hier nur ein einzelner Bügel in Knotenmitte vorhanden ist und zum anderen dieses Geometrieverhältnis ohnehin günstig für die Abtragung der Stützenbelastung durch den Knoten ist. Größere Steigerungen in der Tragfähigkeit werden bei h/c = 1,0 und 1,5 mit Gewinnen von 3,2 % bzw. 3,5 % i.M. erreicht. Für den Fall h/c = 2,0 führten die hohen Querkräfte aus der Kragarmbelastung zusammen mit der Stützenbelastung zu einem Versagen des Knotens an der unteren Arbeitsfuge und nicht im Knotenbereich selbst. Hierauf nahm die Verbügelung kaum noch Einfluss, was die wieder geringer werdenden Zuwächse erklärt.

h/c	$f_{c,Stütze}$ / $f_{c,Knoten}$				
	1,33	**1,40**	**1,50**	**1,75**	**2,00**
0,50	/	0	1,7	2,9	1,4
1,00	/	2,2	2,0	3,3	5,3
1,50	3,3	4,2	3,5	3,0	3,3
2,00	1,4 *	3,0 *	1,5 *	1,0 *	0,6 *

* : Versagen des Knotenbereichs an der unteren Arbeitsfuge

Tabelle 5-6: Steigerung der erreichten Knotentraglasten in % durch die Anordnung einer Knotenverbügelung (im Falle von Knotenversagen)

Die Auswirkung der Verbügelung auf die Lastabtragung ist in Abbildung 5-12, Abbildung 5-13 und Abbildung 5-14 zu sehen. Bei der Belastung der Kragarme verhindern die Bügel weitgehend eine Rissbildung im Knoten unterhalb der oberen Kragarmbewehrung. Die Abbildung der Dehnungen quer zur Stützenlängsrichtung zeigt eine intakte Betonsäule im Knotenbereich, was die Abtragung der Stützenlast durch diesen Bereich begünstigt. In Abbildung 5-14 ist im oberen Knotenteil die Konzentration der Druckspannungen in Stützenlängsrichtung zur Knotenmitte hin zu sehen, während sich die Druckspannungen bei steigender Knotenhöhe im unteren Knotenbereich konzentrieren.

Variante B: Auswirkungen einer zusätzlichen Bewehrungslage

Die Anordnung der zusätzlichen Bewehrungslage zeigte nur eine begrenzte Wirkung. In Tabelle 5-7 sind die Traglastgewinne verzeichnet. Mit h/c = 0,50 wurde kein Unterschied zu der Berechnung ohne Zusatzstab festgestellt. Dies ist mit dem Hebelarm der Zusatzbewehrung bei dieser geringen Knotenhöhe zu begründen, was dazu führte, dass der zusätzliche Stab kaum Einfluss auf die Rissbildung und anschließend auf die Traglast des Knotenbereichs nahm. Anders ist der Fall für h/c = 1,0. Die günstige Wirkung der Bewehrung ist durch ihre Auswirkung auf das obere Knotendrittel direkt unterhalb der oberen Kragarmbewehrung in diesem Fall zu erklären. Ohne Zusatzbewehrung versagten die Querschnitte in den Nachrechnungen in diesem Bereich. Mit dem zusätzlichen Stab entstanden zwar auch Risse im Knoten, sie wiesen aber eine geringere Rissweite auf und die Dehnungen quer zur Stützenlängsrichtung war insgesamt kleiner (siehe Abbildung 5-12 und Abbildung 5-13). Somit wurde eine gleichmäßigere Verteilung der Druckspannungen in Stützenlängsrichtung erzielt als ohne Zusatzstab (Abbildung 5-14). Dies hatte zur Folge, dass durch die höheren erzielten Traglasten des Knotens der Übergang vom Stützen- zum Knotenversagen nicht bei $f_{c,Stütze} / f_{c,Knoten}$ = 1,40 sondern erst bei 1,50 lag.

	$f_{c,Stütze} / f_{c,Knoten}$				
h/c	1,33	1,40	1,50	1,75	2,00
0,50	/	0	0	0	0
1,00	/	(7,5) **	6,9	5,7	3,9
1,50	4,5	2,6	0	0	0
2,00	0 *	0 *	0 *	0 *	0 *

* : Versagen des Knotenbereichs an der unteren Arbeitsfuge

** : Der Traglastgewinn bewirkte hier ein Versagen des Stützenquerschnitts und nicht des Knotens

Tabelle 5-7: Steigerung der erreichten Knotentraglasten in % durch die Anordnung einer zusätzlichen Knotenbewehrungslage (im Falle von Knotenversagen)

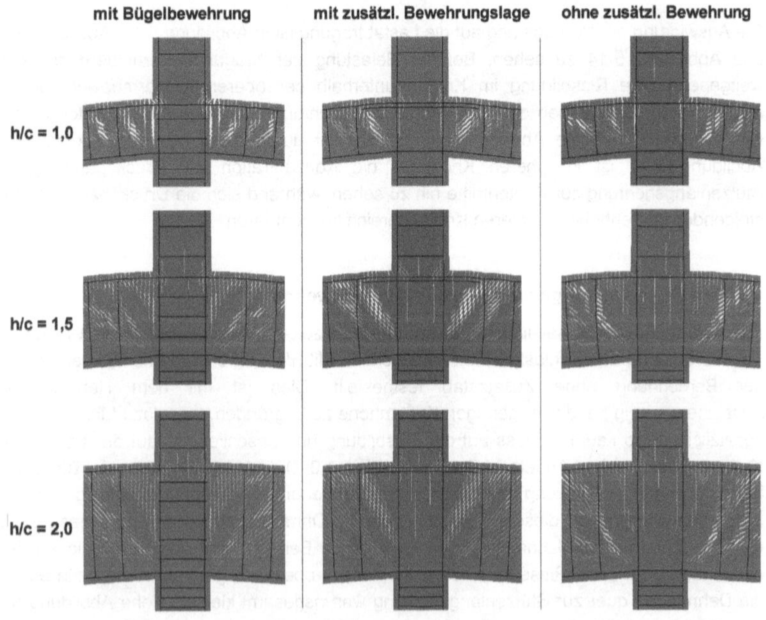

Abbildung 5-12: Rissbilder bei unterschiedlicher Bewehrungsanordnung (c =30 cm)

Bei h/c = 1,5 war mit steigendem Verhältnis $f_{c,Stütze} / f_{c,Knoten}$ immer weniger Zuwachs zu verzeichnen. Hier versagten der Knotenbereich in Knotenmitte, wo die Auswirkungen der Zusatzbewehrung keinen Einfluss auf das Betongefüge nahm (Abbildung 5-13). Für den Fall h/c = 2,0 führten wie bei der Knotenverbügelung die hohen Auflagerkräfte aus der Kragarmbelastung zusammen mit der Stützenbelastung zu einem Versagen des Knotens an der unteren Arbeitsfuge. Somit wurde hier gar keine Verbesserung des Tragverhaltens erzielt.

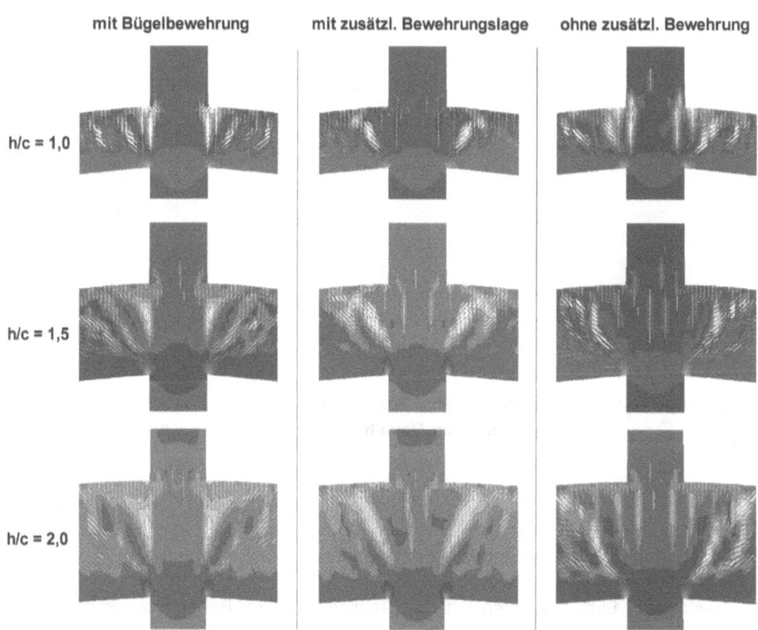

Abbildung 5-13: Verteilung der Dehnungen quer zur Stützenlängsrichtung bei unterschiedlicher Bewehrungsanordnung (c =30 cm)

Dem Vorteil eines Gewinns an Knotentragfähigkeit steht eine verminderte Rotationsfähigkeit der Kragarme gegenüber. Durch die fehlenden Biegerisse im Knotenanschnitt und die Verlagerung der plastischen Gelenke nach außen werden die erzielten Verdrehungen in den Berechnungen mit dem zusätzlichen Stab geringer im Vergleich zur Berechnung ohne Zusatzbewehrung.

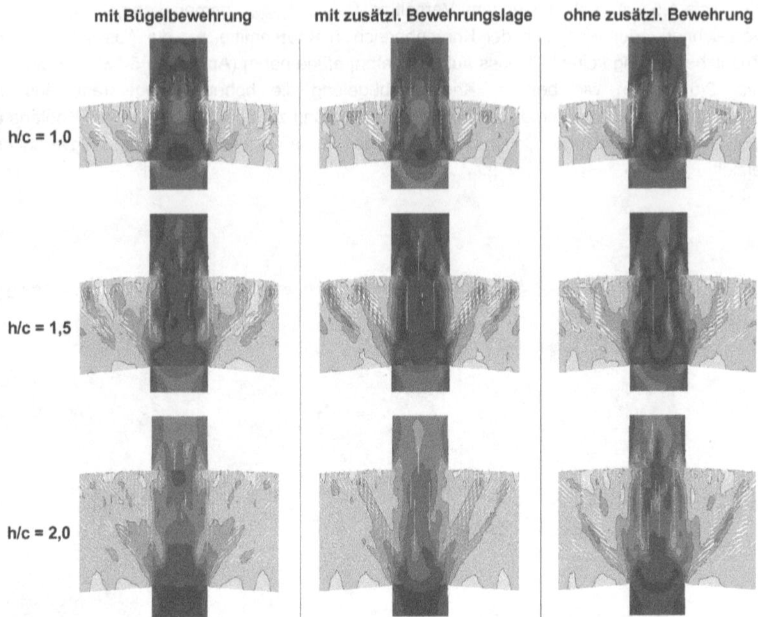

Abbildung 5-14: Verteilung der Spannungen in Stützenlängsrichtung bei unterschiedlicher Bewehrungsanordnung (c =30 cm)

5.5 Fazit der Parameterstudie

Die wichtigsten Einflussfaktoren auf das Tragverhalten von Rahmeninnenknoten sind die Knotengeometrie, das Verhältnis der Betondruckfestigkeiten in Stütze und Knoten sowie die Bewehrungsanordnung in und die Belastung auf den Kragarmen. Die Veränderung dieser einzelnen Größen im Rahmen der Parameterstudie ermöglichte vertiefende Einblicke in die Zusammenhänge. Es konnten quantitative Aussagen über die Art und Größe des Einflusses der einzelnen Parameter gemacht werden. Zudem konnte durch alternative Bewehrungsführungen im Knotenbereich Einfluss auf das Tragverhalten genommen werden.

Grenzwerte für den Übergang vom Stützen- zum Knotenversagen konnten in Abhängigkeit von den Verhältnissen der Bauteilabmessungen und Betondruckfestigkeiten angegeben werden. Diese Werte werden im nächsten Kapitel verwendet, um Empfehlungen für die Bemessung zu machen.

6 Entwicklung eines Ingenieurmodells

6.1 Allgemeines

Die experimentelle und rechnerische Untersuchung hat eingehend das Trag- und Verformungsverhalten von Rahmeninnenknoten aus Stahlbeton durchleuchtet und die wesentlichen Zusammenhänge aufgezeigt. Nachdem die wichtigsten Einflussgrößen festgestellt und ihre Auswirkungen im Rahmen der Parameterstudie quantifiziert werden konnten, werden Empfehlungen für die Bemessung anhand eines einfachen Ingenieurmodells angegeben. Zuvor wird zusammenfassend das grundsätzliche und für die Modellbildung wesentliche Trag- und Verformungsverhalten von Rahmeninnenknoten wiedergegeben. Für die horizontal verlaufenden Bauteile, ob mit oder ohne Unterzüge, wird hier der übergeordnete Begriff "Decke" verwendet.

6.2 Zum Tragverhalten

Das Tragverhalten der horizontal verlaufenden Bauteile wird durch das Vorhandensein einer Stütze oder Wand, ob belastet oder unbelastet, nicht beeinflusst. In beiden Fällen und auch unabhängig vom Lastpfad kann die Deckenkonstruktion ihre volle Tragfähigkeit ohne Abminderung erreichen. Das Tragverhalten der Stütze hingegen wird wesentlich durch den Knotenbereich beeinflusst. Insbesondere bei extremen Verhältnissen zwischen Knotenhöhe und Stützenbreite sowie bei großen Differenzen in den Betondruckfestigkeiten wird im zunehmenden Maße der Knotenbereich zum Schwachpunkt der Konstruktion und somit maßgebend für die Bemessung.

Je nach Konstruktionsaufbau bedeutet ein beginnendes Versagen im Knotenbereich nicht unbedingt zugleich das Versagen des Systems. Bei vorhandener Querdehnungsbehinderung infolge einer Flachdecke oder einer Decke mit Unterzügen in zwei Richtungen können noch große Tragreserven des Knotenbereichs geweckt werden. Aber bei Systemen mit hohen Unterzügen in nur einer Richtung kann durch Knotenversagen durchaus ein Systemversagen eingeleitet werden. Gerade für diesen Fall ergeben sich aber große Verhältnisse von h/c, bei denen sich der Knoten ungünstig verhält.

Setzt man die Druckfestigkeit des Knotenbetons und die Querschnittsfläche der Stütze zur Bemessung des Knotenbereichs an, so werden Tragreserven des Systems unnötigerweise verschenkt, was zu einer unwirtschaftlichen Bemessung führt. Der Ansatz der Druckfestigkeit des Stützenbetons für die Knotenbemessung ist aber in vielen Fällen auf der unsicheren Seite. Die Bestimmung der Knotentragfähigkeit muss in anderer Weise erfolgen.

Ansätze zur Bestimmung der aufnehmbaren Teilflächenlast auf einer Fläche wie z.B. an dem Übergang zwischen Stütze und Decke, sind vorhanden. Der Fall einer Teilflächenbelastung ist wie folgt behandelt:

1.) nach ***DIN 1045 (7/88) Abs. 17.33*** [37]:

$$\sigma_1 = \frac{\beta_R}{2{,}1} \cdot \sqrt{\frac{A}{A_1}} \leq 1{,}4 \cdot \beta_R \qquad (5.1)$$

mit A_1 = Übertragungsfläche ; A = rechnerische Verteilungsfläche

2.) nach ***DIN 1045-1, Abs. 10.7*** [38] wie folgt:

$$F_{Rdu} = A_{c0} \cdot f_{cd} \cdot \sqrt{\frac{A_{c1}}{A_{c0}}} \leq 3{,}0 \cdot f_{cD} \cdot A_{c0} \qquad (5.2)$$

mit A_{c0} = Belastungsfläche; A_{c1} = rechnerische Verteilungsfläche

Beide Ansätze sind demnach im Aufbau identisch. Im vorliegenden Fall ist aber zum einen die Größe der Verteilungsfläche nicht gesichert, da die Behinderung der Lastausbreitung im Knoten infolge der Belastung horizontal verlaufender Bauteile und der daraus resultierenden Risse nicht berücksichtigt wird (siehe auch Abbildung 6-2). Zum anderen wird das Hauptproblem nicht direkt angesprochen: die Auswirkung des Querzugs im oberen Knotenbereich auf das Betongefüge und somit auf die effektive Betondruckfestigkeit des Knotenbetons.

Die Betrachtung der Situation nach den in Kapitel 2.2 vorgestellten und in Kapitel 2.2.4 zusammengefassten Modellvorstellungen von Stahlbeton unter Querzug bietet sich an dieser Stelle zunächst an. Diese Betrachtungsweise liefert aber aus mehreren Gründen unzutreffende Ergebnisse bei der Beschreibung des Knotenverhaltens:

- Die Zugbeanspruchung in den Scheibenversuchen der unterschiedlichen Forscher wurde durch die Bewehrung über die Bauteilhöhe verteilt aufgebracht. Die Biegebeanspruchung aus der Deckenkonstruktion ruft nur im oberen Knotenbereich zwischen Knotenoberkante und der Nulllinie Zug hervor.

- Die Stahldehnungen in der Hauptbewehrung der Deckenkonstruktion weisen nur im Randbereich des Knotens große Werte auf, die auch in den Bereich plastischer Dehnungen hineingehen. Die Verformungen in der Bewehrung konzentrieren sich außerhalb des Knotens. Daher erfolgt durch die Stützmomente allein keine Zerrüttung des Betongefüges innerhalb des Knotenbereichs.

- Im Knoten entstehen selbst im ungünstigsten Fall nur wenige Risse. Die Rissweiten bleiben gering und die Rissabstände groß aufgrund der Vergrößerung des inneren Hebelarms der Deckenkonstruktion innerhalb des Knotens und der damit verbundenen Verkleinerung der Zug- und Druckkomponenten aus dem Deckenbiegemoment.

- Auch im unverbügelten Knoten besitzt die Stützenlängsbewehrung eine gewisse aussteifende Wirkung auf die Betonsäulen zwischen den Rissen und eine begrenzte verdübelnde Wirkung gegenüber Querdehnungen in diesem Bereich, da oberhalb und unterhalb des Knotens Bügel vorhanden sind.

- Die Druckausbreitung erzeugt im oberen Knotenbereich Querdruck, der dem Querzug entgegenwirkt.
- Bei der Durchleitung der Stützenbelastung erfolgt im Knoten eine Lastausbreitung, die je nach Knotengeometrie und Gefügezustand des Knotenbetons mehr oder weniger ausgeprägt ist. Die Druckausbreitung infolge des Querschnittssprungs zwischen Stützenquerschnitt und Knotenbereich sorgt vielfach für eine Abnahme der mittleren Betondruckspannungen im Knoten.

Der Knoten verhält sich also unter Druck und Querzug wesentlich günstiger im direkten Vergleich mit den Scheiben. Daher ist im Sinne der Scheibenversuche nur mit einer geringen Abminderung der Druckfestigkeit im Knoten und auf keinen Fall mit den extremalen Einbußen um 20 % zu rechnen. Zudem sind wie gesagt die Druckspannungen je nach Grad der Lastausbreitung im Mittel kleiner als in der Stütze.

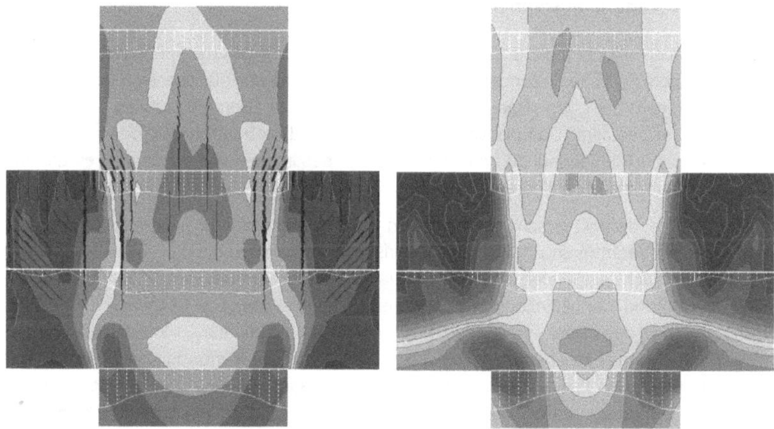

Abbildung 6-1: Spannungsverteilung in Stützenlängsrichtung (links); Hauptspannungen im Knoten (rechts)

Der Lastabtragungsmechanismus des Knotens konnte im Rahmen der Literaturstudie, der eigenen Versuche und der Parameterstudie aufgeschlüsselt werden. Ohne Deckenbelastung kann bei der Abtragung der Stützenbelastung die Lastausbreitung im Knoten ungehindert erfolgen (siehe Abbildung 4-17). Kommt eine Deckenbelastung hinzu, wird diese Ausbreitung gestört und die Tragfähigkeit des Knotenbereichs wird eingeschränkt (siehe Abbildung 6-1).

Entscheidende Parameter für die Bestimmung der Knotentragfähigkeit sind die Knotengeometrie, die Belastungsreihenfolge, die Größe der Deckenbelastung, sowie die obere Deckenbewehrung. Der wichtigste Einfluss, der sich günstig auf die Knotentragfähigkeit auswirkt, ist eine Querdehnungsbehinderung im Knoten selbst. Ist diese vorhanden, so können große Tragfähigkeitsreserven des Betons geweckt und genutzt werden. So sind Flachdecken und Decken mit gleich hohen Unterzügen in beiden Haupttragrichtungen (siehe Abbildung 1-1, unten) in der Lage, große Betonfestigkeitsunterschiede zwischen Stützen und Knoten ohne Tragfähigkeitsverluste hinzunehmen. In solchen Fällen treten große Knotenstauchungen auf, das Material kann aber nicht verdrängt werden, und so bleibt der Knoten mechanisch funktionsfähig.

Bei Konstruktionen, in denen der Knotenbereich einseitig frei liegt, so z.B. bei Innenknoten einer Deckenkonstruktion mit Unterzügen in nur einer Tragrichtung (siehe Abbildung 1-1, oben), bedeutet aber ein Knotenversagen auch das Versagen des Systems. Sind die Randbedingungen im Knotenbereich derart ungünstig und ist ein Knotenversagen zu erwarten, wird die Bestimmung der Knotentragfähigkeit entscheidend für die Ermittlung der Traglast des Systems. Für diese Fälle wird in Kapitel 6.4 ein einfacher Bemessungsvorschlag angegeben.

6.3 Zum Verformungsverhalten

In den Bauteilversuchen mit und ohne Stützenbelastung zeigten die horizontal verlaufenden Bauteile stets gleiches Verformungsverhalten im Bereich elastischer und plastischer Stahldehnungen. In den Nachrechnungen und in der Parameterstudie wurde diese Beobachtung bestätigt. Das plastische Gelenk entstand stets außerhalb des Knotens, und die plastischen Stahldehnungen reichten nur unter bestimmten Randbedingungen und auch nur sehr begrenzt in den Knotenbereich hinein.

Dies liegt an dem Querschnittssprung am Stützenanschnitt zur Decke und den damit verbundenen Veränderungen in den geometrischen Verhältnissen. Der Stützenbereich liefert einen zu vernachlässigenden Anteil an der plastischen Verformung der Decken und kann bei der Bestimmung der Rotationskapazität ausgespart werden. Ein besonderes Modell zur Beschreibung des Deckenverformungsverhaltens ist demnach nicht erforderlich. Die bestehenden Ansätze bedürfen zur Beschreibung des Verformungsverhaltens keine Änderung. Lediglich bei der Bestimmung der Ersatzträgerlänge ist der Knotenbereich nach Abbildung 2-39 auszusparen. Die so erzielten Ergebnissen liegen auf der sicheren Seite und sind hinreichend genau.

6.4 Zur Modellbildung

Je nachdem, welche Randbedingungen vorherrschen, ist ein Knotenversagen entweder gleichbedeutend mit Systemversagen oder nicht. Die Anwendung des folgenden Bemessungsansatzes ist für die Fälle bestimmt, in denen ein Knotenversagen provoziert werden kann, weil keine Querdehnungsbehinderung vorhanden ist. In diesen Fällen wird die ermittelte Traglast des Knotens gleich der Traglast des Systems sein. Weiterhin wird davon ausgegangen, dass die Rotationsfähigkeit der Decke bei der Schnittgrößenermittlung ausgenutzt wird, also mit großen Verformungen im Knotenanschnitt zu rechnen ist. Somit sind die ungünstigsten Bedingungen für die Knotentragfähigkeit als Ausgangssituation gewählt.

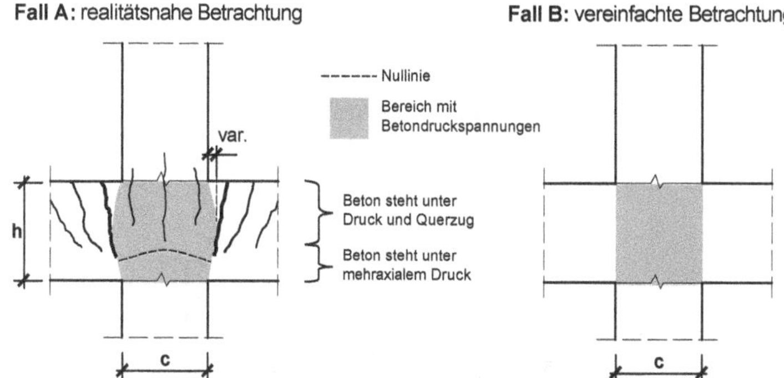

Abbildung 6-2: Links die realitätsnahe und rechts die vereinfachte Betrachtung des Knotens

Die Beanspruchung des Knotenbereichs ist nicht gleichmäßig. Zum einen ist die Breite auf die sich die Druckspannungen der Stütze verteilen, nicht über die Knotenhöhe konstant, zum anderen ist die Verteilung dieser Spannungen nicht gleichmäßig (siehe Abbildung 6-1). Der Grad der Lastausbreitung ist von vielen Faktoren abhängig (siehe Abbildung 6-2 links). Die sinnvollste Vereinfachung ist, wie bereits in Kapitel 5.2 praktiziert, die Annahme der belasteten Knotenfläche von der Größe des Stützenquerschnitts (siehe Abbildung 6-2 rechts) und die Umrechnung der tatsächlichen Druckfestigkeit des Knotenbetons in eine effektive Druckfestigkeit, bezogen auf diese Fläche. Die Modellanwendung umfasst zwei Schritte:

1.) Bestimmung des Versagensorts

Die wichtigsten Parameter zur Bestimmung des schwächsten Gliedes in der Kette Stütze-Knoten-Stütze sind:

- das Verhältnis der Betondruckfestigkeiten $f_{c,Stütze}$ / $f_{c,Knoten}$,
- das Verhältnis Knotenhöhe zur Stützenbreite h/c.

Als ungünstigste Belastungsreihenfolge erwies sich im Versuch die Aufbringung der Deckenbelastung vor der Stützenbelastung und von dieser Reihenfolge wird nachfolgend ausgegangen. Des Weiteren werden Einwirkungen vorausgesetzt, die zum Entstehen von plastischen Gelenken im Stützenanschnitt führen, und ein Bewehrungsgrad der Decke angenommen, bei dem plastische Stahldehnungen erreicht werden können. Setzt man diese ungünstigen Randbedingungen für den Knoten voraus, lassen sich die übrigen Parameter auf die beiden wesentlichen oben genannten reduzieren.

Unter diesen Bedingungen können in Abhängigkeit von Knotengeometrie und Betonfestigkeiten Grenzen zwischen einem zu erwartendem Knoten- und Stützenversagen gezogen werden. Unter Berücksichtigung der Ergebnisse in Abbildung 5-1 ist in Abbildung 6-3 ein Ablaufdiagramm zur Bestimmung des maßgebenden Querschnitts angegeben. Der zu erwartende Versagensort kann ebenfalls nach Abbildung 6-5 graphisch ermittelt werden

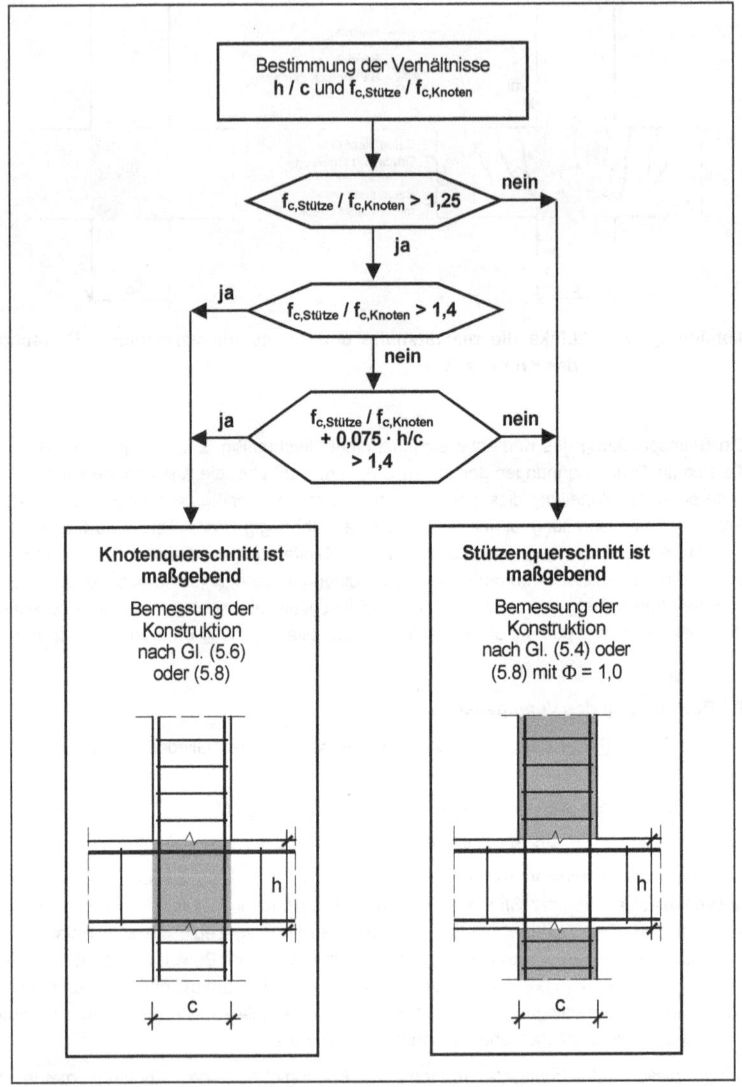

Abbildung 6-3: Ablaufschema zur vereinfachten Bestimmung der maßgebenden Querschnitte

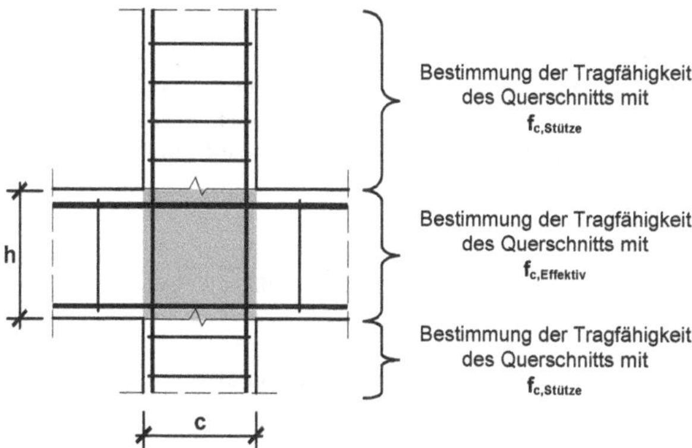

Abbildung 6-4: Einteilung des Knotenbereichs zur Bemessung der Querschnitte

2.) Bemessung der Querschnitte

Sinnvoll für eine einfache Knotenbemessung ist nicht die Bestimmung der tatsächlichen Betondruckfestigkeit im Sinne der Scheibenversuche. Zur Ermittlung der Knotentragfähigkeit müsste die dazugehörige Fläche bekannt sein, auf die sich die Betondruckspannungen aus der Stützenbelastung verteilen. Da diese Fläche je nach Deckenbelastung, und der damit einhergehenden Rissbildung und Schädigung des Betongefüges im Knoten mehr oder weniger groß ausfällt, ist es sinnvoll, eine gleichbleibende Querschnittsfläche heranzuziehen (siehe Abbildung 6-2 rechts) und eine Ersatzdruckfestigkeit des Knotenbetons anzugeben. Als Bezugsfläche bietet sich die Querschnittsfläche der Stütze an. Im Knoten wird also gedanklich von einem durchgehenden Stützenquerschnitt ausgegangen, der eine Ersatzdruckfestigkeit besitzt (siehe Abbildung 6-4). Die Tragfähigkeit des tatsächlichen Stützenquerschnitts wird mit der Betondruckfestigkeit und dem Querschnitt der Stütze ermittelt. Die Tragfähigkeit des Knotens wird mit dem Querschnitt der Stütze und der Ersatzdruckfestigkeit des Knotens bestimmt.

Tragfähigkeit des Stützenquerschnitts

Zur Bestimmung einer zu erwartenden Traglast des Stützenquerschnitts wird die gleiche Beziehung wie in Gleichung (3.4) erläutert herangezogen:

$$P_u = (A_c - A_s) * f_{c,Versuch} + A_s * f_y \qquad (5.4)$$

Tragfähigkeit des Knotens

In Abbildung 5-6 wurden die Ergebnisse der Parameterstudie bereits in eine effektive Betondruckfestigkeit für den Knotenbeton umgerechnet. Daraus wurde ein empirischer Ansatz zur Bestimmung der effektiven Druckfestigkeit abgeleitet. Dieser Ansatz ist in Gleichung (5.5) wiedergegeben und wurde in Abbildung 6-5 graphisch dargestellt.

$$f_{c,Effektiv} = f_{c,Knoten} \cdot \left(\frac{f_{c,Stütze}}{f_{c,Knoten}} \cdot \left(\frac{1}{6} - \frac{h}{60 \cdot c} \right) + \left(\frac{7}{6} - \frac{h}{24 \cdot c} \right) \right) \qquad (5.5)$$

Damit lässt sich eine Knotentragfähigkeit angeben, in dem $f_{c,Effektiv}$ statt $f_{c,Stütze}$ in Gleichung (5.4) eingesetzt wird:

$$P_u = (A_c - A_s) * f_{c,Effektiv} + A_s * f_y \qquad (5.6)$$

In Abbildung 6-6 ist ein Vergleich des hier vorgeschlagenen Ansatzes zur Bestimmung von $f_{c,Effektiv}$ mit den in Kapitel 2.2.5 vorgestellten Ansätzen dargestellt. Der Ansatz liefert mit deutlichem Abstand günstigere Werte als die sehr konservativen Annahmen von ***Shu*** und ***Hawkins*** [130]. Die übrigen Vorschläge, die eine Deckenbelastung mit großen Deckenverformungen nicht berücksichtigen, werden unterschritten.

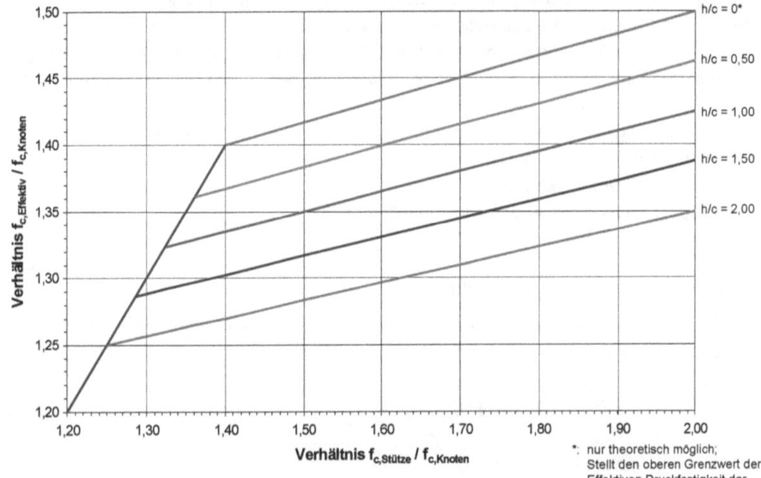

Abbildung 6-5: Diagramm zur graphischen Ermittlung von $f_{c,Effektiv}$

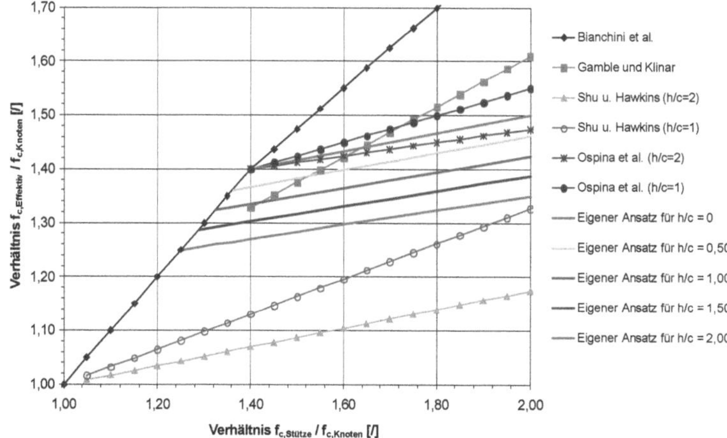

Abbildung 6-6: Vergleich des Bemessungsvorschlags mit anderen Ansätzen

6.5 Kompakter Bemessungsansatz

Die Knotentragfähigkeit lässt sich auf eine weitere und anschaulichere Art und Weise bestimmen. Anstatt der effektiven Festigkeit $f_{c,Effektiv}$ kann ein Abminderungsfaktor eingeführt werden, mit der die Druckfestigkeit $f_{c,Stütze}$ multipliziert wird. Durch die Umstellung der Gleichung (5.6) lässt sich dieser Faktor (nachfolgend ϕ genannt) angeben, in dem durch das Verhältnis $f_{c,Stütze}$ zu $f_{c,Knoten}$ geteilt wird:

$$\phi = \left(\frac{1}{6} - \frac{h}{60 \cdot c}\right) + \left(\frac{\left(\frac{7}{6} - \frac{h}{24 \cdot c}\right)}{\frac{f_{c,Stütze}}{f_{c,Knoten}}}\right) \tag{5.7}$$

Dieser Faktor kann auch der graphischen Auftragung in Abbildung 6-7 entnommen werden. So kann eine einheitlich Gleichung in Abhängigkeit von der Druckfestigkeit der Stütze $f_{c,Stütze}$ angegeben werden:

$$P_u = A_c \cdot (\phi \cdot f_{c,Stütze}) \tag{5.8}$$

Die Entscheidung darüber, ob der Stützenquerschnitt oder der Knotenbereich maßgebend ist wird, wie zuvor, nach dem Ablaufschema in Abbildung 6-3 gefällt. Für Fälle, in denen der Stützenquerschnitt maßgebend ist, wird ϕ zu 1,0 gesetzt.

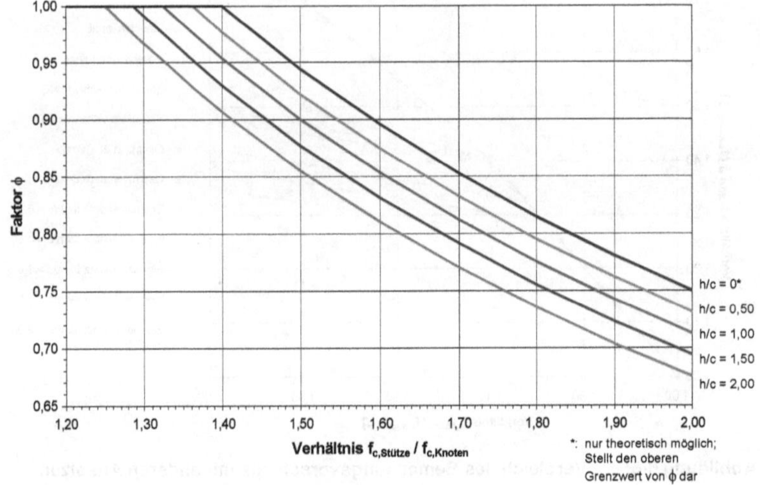

Abbildung 6-7: Diagramm zur graphischen Ermittlung von ϕ

Die in diesem Kapitel vorgestellten Ansätze zur Bemessung von Innenknoten aus Stahlbeton stellen eine neue Entwicklung dar. Sie berücksichtigen die wichtigsten Einflüsse auf das Tragverhalten des Knotens und bieten eine einheitliche und übersichtliche Möglichkeit zur Bemessung des Knotenbereichs.

7 Hinweise zur Ausführung und konstruktiven Durchbildung

In Abbildung 7-1 sind zwei Ausführungsvarianten des Knotenbereichs zu sehen. Die linke Variante, in der die Knoten und Decken einheitlich aus Beton einer Festigkeit bestehen, ist am einfachsten in der Ausführung. Die Stütze wird häufig aus Beton einer im Vergleich zum Knoten höheren Festigkeitsklasse hergestellt. Somit entstehen die Probleme bei der Durchleitung der Stützenlast, mit der sich diese Arbeit befasst. Die zweite Variante, in der auch der Knotenbereich und der angrenzende Bereich aus höherfestem Beton ausgeführt werden, vermeidet diese Probleme, erhöht aber die Kosten durch vermehrten Schalaufwand, höhere Materialkosten und höheren Arbeitsaufwand.

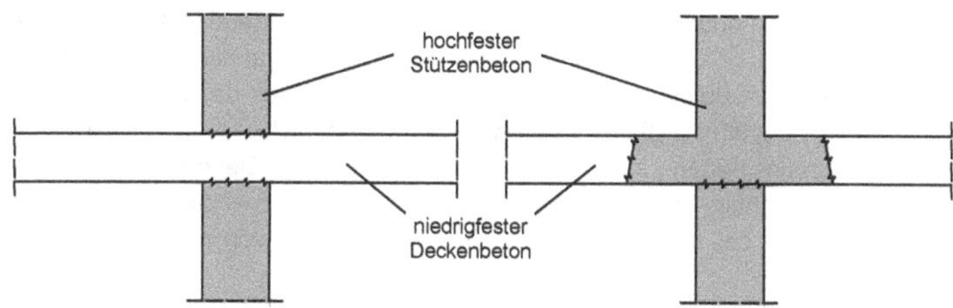

Abbildung 7-1: Zwei Ausführungsvarianten von Rahmeninnenknoten

Wird die Variante links im Bild zur Ausführung gebracht, sind unterschiedliche Sachverhalte zu beachten. Folgende Angaben können bei der Bemessung und Konstruktion als Orientierung dienen:

- **Festigkeitsverhältnisse**

  Bis zu einem Verhältnis zwischen Stützen- und Knotenbetonfestigkeit von 1,25 ist nicht mit einem Knotenversagen zu rechnen. Darüber hinaus ist je nach Geometrieverhältnissen und Randbedingungen im Knoten verstärkt mit einem Knotenversagen zu rechnen. Übersteigt das Verhältnis 1,40, wird der Knotenbereich zum schwächsten Glied in der Kette Stütze-Knoten-Stütze, und die Bemessung und Ausführung muss dies berücksichtigen.

- **Geometrieverhältnisse**

  Bei niedrigen Verhältnissen von Knotenhöhe zu Stützenbreite von weniger als 0,50 ist das Knotenverhalten am günstigsten. Der Einfluss der Deckenbelastung ist geringer, und die Durchleitung der Stützenlast durch den Knotenbereich ist am wenigsten gestört. Bei steigendem Verhältnis wird die Deckentragfähigkeit größer und demzufolge auch das aufnehmbare Deckenmoment. Die Rissbildung im Knoten nimmt zu, und das Betongefüge unterliegt einer zunehmenden Schädigung. Die Knotentragfähigkeit nimmt ab.

- **Umschnürung**

  Flachdecken und Decken mit Unterzügen in zwei Haupttragrichtungen stellen sehr günstige Randbedingungen für das Knotenverhalten dar. Durch die Behinderung der Querdehnung des Stützenbetons kann dieser nicht seitlich ausweichen und wird in einen dreiaxialen Spannungszustand versetzt. Somit kann die Stützenbelastung weiter gesteigert werden. Ist diese Behinderung nicht vorhanden, so ist das Knotenversagen gleichbedeutend mit einem Systemversagen.

- **Bewehrungsgrad der Decke**

  Hier sind zwei unterschiedliche Auswirkungen der horizontalen oberen Bewehrung zu unterscheiden. Zum einen ist eine günstige Wirkung zu verzeichnen, da der Knotenbeton quer zur Stützenlängsrichtung bewehrt ist und in seiner Querdehnung infolge der Stützenbelastung behindert wird. Andererseits ist bei hohen Deckenlasten durch die Rissbildung die Druckfestigkeit des Betons beeinträchtigt. Diese negative Beeinflussung des Betongefüges ist bei niedrigen Bewehrungsgraden am geringsten, da sich die Dehnungskonzentration im Knotenanschnitt erschöpfen. Bei steigendem Bewehrungsgrad nimmt die Schädigung des Knotenbetons im Knotenrandbereich nach innen zu.

- **Bewehrungsanordnung im Knoten**

  Die bisherigen Aussagen gehen von einem nicht zusätzlich bewehrten Knotenbereich aus, d.h. in diesem Bereich sind nur die Stützenlängsbewehrung und die Biege- und Montagebewehrung der Decke vorhanden. Eine Bügelbewehrung im Knoten kann unter Umständen eine fehlende Querdehnungsbehinderung zum Teil ausgleichen und die Knotentragfähigkeit steigern.

Der ungünstigste Fall bei der Ausbildung des Knotens sind Decken mit hohen Unterzügen in nur einer Richtung. Ein Teil des Knotens liegt somit frei, und ohne eine gezielte Knotenverbügelung ist kine Querdehnungsbehinderung in dieser Richtung vorhanden. Ist zudem noch ein großer Unterschied in den Betonfestigkeiten zwischen Stütze und Decke gegeben, kommt es zum Knotenversagen und damit auch zum Systemversagen.

Wird die Bemessung nach den Vorschlägen in Kapitel 6 durchgeführt, ist keine zusätzliche Bewehrungsanordnung notwendig. Für geringe Verhältnisse h/c zwischen 0,25 und 0,50 bringt eine zusätzliche Verbügelung des Querschnitts keine Vorteile. Für größere Verhältnisse von h/c kann mit einer solchen Maßnahme eine geringe Traglaststeigerung erzielt werden. Eine weitere Maßnahme stellt die Anordnung einer zusätzlichen oberen horizontalen Bewehrungslage dar, wie in Kapitel 5.4 erläutert. Diese Maßnahme beeinflusst allerdings das Verformungsverhalten der horizontal verlaufenden Bauteile und ist nur bei gewissen Geometrieverhältnissen und Randbedingungen wirksam.

8 Zusammenfassung und Ausblick

Die vorliegende Arbeit befasst sich mit dem Trag- und Verformungsverhalten des Knotenpunkts zwischen Stützen und Decken mit Unterzügen von ausgesteiften Stahlbetonskelettkonstruktionen des üblichen Hochbaus (siehe Abbildung 1-1). Die Untersuchung verfolgt zwei Hauptziele: Zum einen ist die Bestimmung des Einflusses einer Belastung der horizontal verlaufenden Bauteile auf die Tragfähigkeit des Knotenbereichs ein wesentlicher Teil der Arbeit. Hierbei sind auch im Hinblick auf mögliche Grenzen bei der Anwendung von Bemessungsverfahren auf der Grundlage der Plastizitätstheorie extreme Einwirkungen von Interesse, die zum Entstehen von plastischen Gelenken im Knotenanschnitt führen. Zum anderen ist die Bestimmung des Einflusses der Belastungsreihenfolge von Riegel und Stütze sowie der Größe der Stützenbelastung auf die Rotationsfähigkeit der horizontalen Bauteile Gegenstand der Untersuchung.

Im Rahmen einer umfangreichen Literaturrecherche wird zunächst der Stand der Wissenschaft bei der Quantifizierung einer Betondruckfestigkeit unter Querzug wiedergegeben. Unter Berücksichtigung der bisherigen Forschungsarbeiten auf diesem Gebiet werden die wichtigsten Einflussfaktoren auf das prinzipielle Verhalten des Stahlbetons unter Querzug zusammengestellt, somit unter einer Belastungssituation, wie sie im oberen Teil des Knotens auftritt und diesen Bereich unter bestimmten Bedingungen zum Schwachpunkt der Konstruktion machen kann. Vor allem in Abhängigkeit von der angeordneten Bewehrung und den Verbundeigenschaften wird in der Literatur die Größe der zu erwartenden Betondruckfestigkeit für den allgemeinen Fall von Stahlbetonscheiben angegeben. Weiterhin wird der Stand der Forschung und der normativen Regelung auf dem Gebiet des Verformungsverhaltens von Stahlbeton vorgestellt, auch unter der Berücksichtigung eines Rahmenknotens im Auflagerbereich eines Durchlaufträgers. Anhand dieser Literaturstudie kann der Forschungsbedarf aufgezeigt werden. Insbesondere der traglastmindernde Einfluss von großen Deckenbelastungen auf die Knotentragfähigkeit in Stützenlängsrichtung, aber auch der Einfluss der Stütze auf das Verformungsverhalten der horizontal verlaufenden Bauteilen waren bisher noch nicht erschöpfend erforscht.

Im experimentellen Teil der Arbeit werden 16 maßstäbliche Bauteilversuche konzipiert und durchgeführt. Die Belastungsreihenfolge auf dem als Kragarm ausgebildeten Riegel und auf der Stütze hat Einfluss auf das entstehende Rissbild im Knotenbereich, die Risse innerhalb des Knotens bleiben aber in ihrer Weite klein gegenüber Risse außerhalb des Knotens. Die Dehnungen der verwendeten oberen Riegelbewehrung sind in Knotenmitte stets im elastischen Bereich, so dass in Kombination mit der begrenzten Verdübelungswirkung der Stützenlängsbewehrung die Schädigung des Betongefüges im Knotenbereich infolge der Kragarmbelastung gering bleibt. Der so geschädigte Knotenbereich verhält sich in Stützenlängsrichtung weicher als der ungeschädigte Knoten, ist aber bei der Abtragung der Stützenbelastung bis auf eine Ausnahme nicht das maßgebende Bauteil. Hier zeigt sich, wie wichtig eine Behinderung der Dehnungen des Knotenbetons in Querrichtung ist, um unter extremen Einwirkungen auf den Riegel ein plötzliches und frühzeitiges Knotenversagen zu verhindern. Diese Querdehnungsbehinderung kann durch den umgebenden Beton oder bei freiliegenden Knoten durch eine Verbügelung sichergestellt werden. In den Versuchen zeigt sich ferner, dass das Tragverhalten der horizontalen Bauteile unbeeinflusst von der Stützenbelastung und Belastungsreihenfolge bleibt. Unabhängig von der Belastung der

Stütze erreichen alle Kragarme ihre Traglast und zeigen das gleiche elastische und plastische Verformungsverhalten.

Im theoretischen Teil der Arbeit werden ein FE-Modell erstellt und die eigenen Bauteilversuche nachgerechnet. Hier können die Zusammenhänge verdeutlicht und die wichtigsten Einflüsse auf das Knotenverhalten durchleuchtet werden. Es folgt eine umfangreiche Parameterstudie mit Hilfe dieses Modells. Die Knotengeometrie, der Bewehrungsgrad und das Verhältnis zwischen den Betonfestigkeiten im Knoten und in der Stütze sind die wichtigsten Parameter, die untersucht werden. Alle Parameter haben einen starken Einfluss auf das Knotenverhalten. Die extremen Deckenlasten erzeugen plastische Gelenke im Knotenanschnitt und plastische Stahldehnungen, die bis in die Knotenrandbereiche hinein reichen. Diese Randbereiche sind, je nach Bewehrungsgrad, durch Risse stark geschädigt. Die erreichten Traglasten des Knotens bei gleichzeitiger Deckenbelastung sind zum Teil geringer als die zu erwartenden Traglasten nach bestehenden Ansätzen. Des Weiteren kann, in Abhängigkeit von der Knotengeometrie und den Betonfestigkeiten von Knoten und Stütze, der Übergang vom Stützen- zum Knotenversagen vorhergesagt werden. Für den Fall eines Knotenversagens kann eine effektive Betondruckfestigkeit für den Knoten ermittelt werden, ebenfalls in Abhängigkeit von den wichtigsten Einflussparametern. Zwei alternative Bewehrungsführungen für den Knotenbereich werden untersucht, die unterschiedlichen Zielsetzungen folgen. Die erste Variante beinhaltet eine Verbügelung des Knotens. Dies führt zu einer Steigerung der Knotentragfähigkeit, die von der Knotengeometrie und den Betonfestigkeiten abhängig ist. Die zweite Variante sieht eine Erhöhung des Bewehrungsgrads der oberen, horizontal verlaufenden Knotenbewehrung links und rechts vom Knotenanschnitt und im Knoten selbst vor. Dadurch werden die Stahldehnungen im Knotenrandbereich herabgesetzt und es wird ebenfalls eine Steigerung der Knotentragfähigkeit erreicht.

Mit Hilfe der gesammelten Erkenntnisse wird ein anschauliches Ingenieurmodell erstellt. Das Modell berücksichtigt die wichtigsten Einflussfaktoren gemäß den Bauteilversuchen und der rechnerischen Parameterstudie und bietet eine einheitliche und übersichtliche Möglichkeit zur Bemessung des Knotenbereichs. Mit Hilfe des Modells werden allgemeine Empfehlungen für die Bemessung und konstruktive Ausführung von Rahmeninnenknoten gegeben.

Auf diesem Gebiet besteht aber weiterhin Forschungsbedarf. Die versuchstechnische Absicherung des Einflusses unterschiedlicher Bewehrungsgrade der horizontal verlaufenden Bauteile sowie die Bestimmung der Effektivität unterschiedlicher Bewehrungsführungen zur Verstärkung des Knotenbereichs sind dabei anzustreben.

9 Literaturverzeichnis

[1] ACI-ASCE Committee 352: Recommendations for Design of Beam-Column Joints in Monolithic Reinforced Concrete Structures. Title No. 82-23, ACI Journal, 1985

[2] American Concrete Institute, Committee 318: Building Code Requirements for Structural Concrete (ACI 318-99) and Commentary (ACI 318R-99), Michigan, USA, 1999

[3] Akkermann, J.: Rotationsverhalten von Stahlbetonrahmenecken. Dissertation, Universität Karlsruhe, 2000

[4] ATHENA FEM-Programmsystem, Version 2 : Cervenka Consulting, Czech Republic, 2001

[5] Bachmann, H.: Zur plastizitätstheoretischen Berechnung statisch unbestimmter Stahlbetonbalken. Dissertation, ETH Zürich, 1967

[6] Bachmann, H.: Duktiler Bewehrungsstahl - unentbehrlich für Stahlbetontragwerke. Beton- und Stahlbetonbau 95, 2000, Heft 4, S. 206-218

[7] Bathe, K.-J.: Finite-Elemente-Methoden: Matrizen und lineare Algebra, die Methode der finiten Elemente, Lösung von Gleichgewichtsbedingungen und Bewegungsgleichungen. Springer Verlag, Berlin, 1990

[8] Baumann, P.: Die Druckfelder bei der Stahlbetonbemessung mit Stabwerkmodellen. Dissertation, Universität Stuttgart, 1988

[9] Bausch, S., H. Twelmeier: Zum Grenzverformungsvermögen biegebeanspruchter Stahlbetonbalken. Beton- und, Stahlbetonbau, 81 (1986), S. 313-317

[10] Bayrak, O., S. A. Sheikh: Plastic Hinge Analysis. Journal of Structural Engineering, September 2001

[11] Bazant, Z. P.: Advance Topics in Inelasticity and Failure of Concrete. Swedish Cement and Concrete Research Institute, 1979

[12] Bazant, Z. P., B. H. Oh: Crack Band Theory for Fracture of Concrete. Materials and Structures, Jan./Feb. 1983, Vol. 16 No. 93 p. 155-177

[13] Bazant, Z. P., J. Ožbolt: Nonlocal Microplane Model for Fracture, Damage, and Size Effect in Structures. Journal of Engineering Mechanics, Vol. 116, No. 11, November 1990

[14] Bazant, Z. P., J. Planas: Fractures and Size Effect in Concrete and Other Quasibrittle Materials. CRC Press, 1998

[15] Bazant, Z. P. et al.: Finite Element Analysis of Reinforced Concrete. ASCE State-of-the-Art Report, 1982

[16] Bhide, S., M. P. Collins: Reinforced Concrete Elements in Shear and Tension. Publication No. 87-02, University of Toronto, February 1987

[17] Bianchini, A. C., R. E. Woods, C. E. Kesler: Effect of Floor Concrete Strength on Column Strength. Journal of the American Concrete Institute, Title No. 56-58, May 1960, p. 1149-1169

[18] Bieger, K.-W., Y-L. Mo: Zur Momentenumlagerung in Stahlbeton-Rahmentragwerken (Teil 1). Beton- und Stahlbetonbau, 80 (1985), Heft 4, S. 94-99

[19] Bigaj, A. J.: Structural Dependence of Rotation Capacity of Plastic Hinges in RC Beams and Slabs. Dissertation, TU Delft, 1999

[20] Bonacci, J, S. Pantazopoulou: Parametric Investigations of Joint Mechanics. Title No. 90-S8, ACI Structural Journal, January-February 1993

[21] Borg, G.: Die Berechnung von ebenen, in ihrer Ebene belasteten Stahlbetonbauteilen mit der Methode der Finiten Elemente. DAfStb, Heft 406, 1990

[22] Browning, J. A .P.: Proportioning of Earthquake-Resistant RC Building Structures. Journal of Structural Engineering, February 2001, p. 145-150

[23] Burnett, E. F. P., R. J. Trenberth: Column Load Influence on Reinforced Concrete Beam-Column Connection. Title No. 69-10, ACI Journal February 1972, p. 101-107

[24] Butenweg, Ch.: Bemessung und Optimierung von Stahlbetontragwerken unter vorwiegend ruhender Belastung mit der Methode der finiten Elemente. Fortschritt-Berichte VDI, Reihe 4, Nr. 160

[25] CEB Bulletin No. 159: Application of the Finite-Element-Method to two-dimensional reinforced concrete structures; Simplified methods of calculating short term deflections of reinforced concrete slabs, 1983

[26] CEB-FIP Model Code 1990 (MC 90): Design Code for Concrete Structures, Thomas Telford, London, 1993

[27] CEB Bulletin No. 242: Ductility of Reinforced Concrete Structures - Synthesis Report and Individual Contributions, Lausanne, 1998

[28] Cervenka V., J. Cervenka: Computer Simulation as a Design Tool for Concrete Structures. Beitrag zu "The Second International Conference in Civil Engineering on Computer Applications, Research and Practice", 6-8 April 1996, Bahrain

[29] Cervenka V., K. Bergmeister: Nichtlineare Berechnung von Stahlbeton-konstruktionen: Finite-Elemente-Simulation unter Bemessungsbedingungen. Beton- und Stahlbetonbau 94,H. 10 (1999)

[30] Chen, W.F., D. J. Han: Plasticity for Structural Engineers. Springer Verlag, 1988

[31] Chen, W.F., H. Zhang: Structural Plasticity. Springer Verlag, 1991

[32] Christiansen, M. B., M. P. Nielsen: Modelling Tension Stiffening in Reinforced Concrete Structures. Department of Structural Engineering and Materials, Technical University of Denmark, Series R, No. 22, 1997

[33] Collins, M. P., D. Mitchell: Prestressed Concrete Structures. Prentice Hall Verlag, Englewood Cliffs, N.J., U.S.A., 1991

[34] DAfStb, Heft 447, versch. Autoren: Zum Verhalten von Beton unter dreiaxialer Beanspruchung. Berlin, 1995

[35] DAfStb, Heft 525, versch. Autoren: Erläuterungen zu DIN 1045-1. Berlin, 2003

[36] Dilger, W.: Veränderlichkeit der Biege- und Schubtragfähigkeit bei Stahlbetontragwerken und Ihr Einfluss auf Schnittkraftverteilung und Traglast bei statisch unbestimmter Lagerung. DAfStb, Heft 179, 1966

[37] DIN 1045: Beton und Stahlbeton, Bemessung und Ausführung. Deutsches Institut für Normung e.V., Ausgabe 7/88, Berlin 1988

[38] DIN 1045-1: Tragwerke aus Beton Stahlbeton und Spannbeton, Teil 1. Deutsches Institut für Normung e.V., Ausgabe 7/01, Berlin 2001

[39] Dubina, D., A. Ciutina, A. Stratan: Cyclic Tests of Double-Sided Beam-To-Column Joints. Journal of Structural Engineering, February 2001, p. 129-136

[40] Durrani, A. J., J. K. Wight: Behaviour of Interior Beam-to-Column Connections Under Earthquake-Type Loading. Title No. 82-30, ACI Journal, May-June 1985, p. 343-349

[41] Ehsani M. R., J. K. Wight: Effect of Transverse Beams and Slab on Behaviour of Reinforced Concrete Beam-to-Column Connections. Title No. 82-17, ACI Journal, March-April 1985, p. 188-195

[42] Eibl, J.; G. Ivanyi: Studie zum Trag- und Verformungsverhalten von Stahlbeton. DAfStb, Heft 260, 1976

[43] Eibl, J., M. Schieferstein: Beton unter mehraxialem Spannungszustand. Forschungsbericht T 1201, IRB Verlag, 1983

[44] Eibl, J., U. Neuroth: Untersuchungen zur Druckfestigkeit von bewehrtem Beton bei gleichzeitig wirkendem Querzug. Abschlußbericht zum Forschungsvorhaben, Universität Karlsruhe, 1988

[45] Eibl, J.; A. Bühler: Untersuchung des Einflusses verschiedener Stahlparameter auf die mögliche plastische Rotation bei Stahlbetonplatten. Versuchsbericht, Universität Karlsruhe, 1991

[46] Eibl, J., K. Idda, H.-N. Lucero-Cimas: Forschungsbericht Verbundverhalten bei Querzug. T 2821 Fraunhofer IRB Verlag, 1997

[47] Eifler, H.: Verbundverhalten zwischen Beton und geripptem Betonstahl sowie sein Einfluss auf inelastische Verformungen biegebeanspruchter Stahlbetonbalken. Dissertation, Technische Universität Berlin, 1983

[48] Eifler, H.: Die Drehfähigkeit plastischer Gelenke in Stahlbeton-Plattenbalken bewehrt mit naturhartem Betonstahl BSt 500 S im Bereich negativer Biegemomente. Forschungsbericht 179, BAM, Berlin 1991

[49] Eligehausen, R., J. Ožbolt, U. Mayer: Mitwirkung des Betons zwischen den Rissen bei nichtelastischen Stahldehnungen - Optimierung des Verbunds. Beton- und Stahlbetonbau 93 (1998), H. 2, S. 29-35

[50] El-Metwally, S. E., W. F. Chen: Moment-Rotation Modelling of Reinforced Concrete Beam-Column Connections. Title No. 85 S36, ACI Structural Journal, July/August 1988, p. 384-394

[51] Ernst, C.: Plastic Hinging at the Intersection of Beams and Columns. Journal of the American Concrete Institute, Title No. 53-63, June 1957, p. 1119-1144

[52] Eurocode 2 Teil 1 (DIN V ENV 1992 Teil 1-1, Ausgabe 06.92): Planung von Stahlbeton- und Spannbetontragwerken, Teil 1: Grundlagen und Anwendungsregeln für den Hochbau. in Betonkalender 1993, Teil 1, Ernst & Sohn Verlag, Berlin 1993

[53] Fattuhi, N. I.: Column-Load Effect on Reinforced Concrete Corbels. Journal of Structural Engineering, January 1990, p. 188-197

[54] Feix, J., W. Streit: Einfluss der Querzugfestigkeit des Betons auf die Tragfähigkeit geknickter Stahlbetonbauteile. Bauingenieur 67 (1992) S. 319-325

[55] Filippou, F., H. G. Kwak: Finite Element Analysis of Reinforced Concrete Structures under Monotonic Load. Dept. of Civil Engineering, University of California, Berkley, November 1990

[56] Gamble, W. L., J. D. Klinar: Tests of High-Strength Concrete Columns with Intervening Floor Slabs. Journal of Structural Engineering, May 1991, p. 1462-1476

[57] Georgoussis, G. K., M. E. Phipps: The influence of low-strength concrete beams on the axial load capacity of concrete columns. The Structural Engineer, Volume 59B, No. 2, June 1981, p. 17-26

[58] Graubner, C. A.: Schnittgrößenverteilung in statisch unbestimmten Stahlbetonbalken unter Berücksichtigung wirklichkeitsnaher Stoffgesetze. Dissertation Technische Universität München, 1989

[59] Günther, G., G. Mehlhorn: Versuche an Beton- und Stahlbetonbauteilen unter ein- und zweiaxialer Belastung. Forschungsbericht Nr. 9 aus dem Fachgebiet Massivbau der Gesamthochschule Kassel, Kassel, 1989

[60] Günther, G., G. Mehlhorn: Lokale Verbunduntersuchungen zwischen Stahl und Beton. Forschungsbericht Nr. 14 aus dem Fachgebiet Massivbau der Gesamthochschule Kassel, IRB Verlag, Stuttgart, 1990

[61] Günther, G., G. Mehlhorn: Einfluss eines einaxialen Querdrucks auf die Rissbildung und das Verbundverhalten von Stahlbetonkörpern. Beton- und Stahlbetonbau 86 (1991), H. 6, S. 149-150

[62] Hanson, N. W.: Seismic Resistance of Concrete Frames with Grade 60 Reinforcement. Journal of the Structural Division, June 1971, p. 1685-1700

[63] Hartl, G.: Die Arbeitslinie "Eingebetteter Stähle" unter Erst- und Kurzzeitbelastung. Dissertation, Tu Innsbruck, 1977

[64] Hartl, G.: Die Arbeitslinie "Eingebetteter Stähle" unter Erst- und Kurzzeitbelastung. Beton- und Stahlbetonbau 8 (1983), S. 221-224

[65] Hegger, J., J. Burkhardt: Hochhaus "Taunustor" in Frankfurt am Main - Hochfester Beton B 105. Beton- und Stahlbetonbau 92 (1997), H. 7, S. 189-195

[66] Hegger, J., W. Roeser: Forschungsbericht Praxisgerechte Bewehrung von Rahmenknoten, T 2882, IRB Verlag, 1998

[67] Hillerborg, A., M. Modéer, P.-E. Petersson: Analysis of Crack Formation and Crack Growth in Concrete by Means of Fracture Mechanics and Finite Elements. Cement and Concrete Research, Vol. 6, pp. 773-781, 1976

[68] Hordijk, D. A.: Tensile and tensile fatigue behaviour of concrete; experiments, modelling and analyses. Heron, Vol. 37, No. 1, 1992

[69] Hofstetter, G., H. A. Mang: Computational mechanics of reinforced concrete structures. Vieweg, Braunschweig u. Wiesbaden, 1995

[70] Idda, K.: Verbundverhalten von Betonrippenstähle bei Querzug. Dissertation, Universität Karlsruhe, 1999

[71] Jagd, L. K.: Non-linear FEM Analysis of 2D Concrete Structures. Department of Structural Engineering and Materials, Technical University of Denmark, Series R, No. 31, 1997

[72] Jirásek, M., T. Zimmermann: Rotating Crack Model with Transition to Scalar Damage. Journal of Engineering Mechanics, March 1998, p. 277-284

[73] Johansson, M.: Nonlinear Finite-Element Analyses of Concrete Frame Corners. Journal of Structural Engineering, February 2000, p. 190-199

[74] Jungwirth, D.: Elektronische Berechnung des in einem Stahlbetonbalken im gerissenen Zustand auftretenden Kräftezustandes unter besonderer Berücksichtigung des Querkraftbereiches. DAfStb, Heft 211, 1970

[75] Kaklauskas, G., J. Ghaboussi: Stress-Strain Relations for Cracked Tensile Concrete from RC Beam Tests. Journal of Structural Engineering, January 2001, p 64-73

[76] Keuser, M.: Verbundmodelle für nichtlineare Finite-Element-Berechnungen von Stahlbetonkonstruktionen. VDI Fortschrittberichte, Nr. 71, VDI Verlag, 1985

[77] König, G. u. a.: Verformungsvermögen und Umlagerungsverhalten von Stahlbeton- und Spannbetonbauteilen. Beton- und Stahlbetonbau 92 (1997) H. 10, 11 und 12

[78] König, G., N. Viet Tue.: Grundlagen und Bemessungshilfen für die Rissbreitenbeschränkung im Stahlbeton und Spannbeton. DAfStb, Heft 466, 1996

[79] König, G., F. Jungwirth: Knotenpunkt: normalfeste Flachdecke - hochfeste Ortbetonstütze, Festschrift Prof. Falkner, iBMB, Heft 142, S. 171-177, Braunschweig, 1999

[80] König, G., D. Pommerening, N. Viet Tue: Nichtlineares Last-Verformungs-Verhalten von Stahlbeton- und Spannbetonbauteilen, Verformungsvermögen und Schnittgrößenermittlung. DAfStb, Heft 492, 1999

[81] Kollegger, J., G. Mehlhorn: Experimentelle Untersuchungen zur Bestimmung der Druckfestigkeit des gerissenen Stahlbetons bei einer Querzugbeanspruchung. DAfStb, Heft 413, 1990

[82] Kordina, K.: Bewehrungsführung in Ecken und Rahmenendknoten. DAfStb, Heft 354, 1984

[83] Kordina, K., E. Schaaf, T. Westphal: Empfehlungen für die Bewehrungsführung in Rahmenecken und -knoten. DAfStb, Heft 373, 1986

[84] Kordina, K. u. a.: Bemessungshilfsmittel zu Eurocode 2 Teil 1 (DIN V ENV 1992 Teil 1-1, Ausgabe 06.92) Planung von Stahlbeton- und Spannbetontragwerken. DAfStb, Heft 425, 1992

[85] Kordina, K.: Über das Verformungsverhalten von Stahlbetonrahmenecken und -knoten. Beton- und Stahlbetonbau 92 (1997) H. 8, S. 208 - 248

[86] Kordina, K., M. Teutsch, E. Wegener: Trag- und Verformungsverhalten von Rahmenknoten. DAfStb, Heft 486, 1998

[87] Kreller, H.: Zum nichtlinearen Trag- und Verformungsverhalten von Stahlbetonstabtragwerken unter Last und Zwangeinwirkung. DAfStb, Heft 409, 1990

[88] Kriz, L. B., C. H. Rath: Connections in Precast Concrete Structures. PCI Journal, February 1965, p. 16-47

[89] Krüger, W., O. Mertzsch: Beitrag zur Verformungsberechnung von Stahlbetonbauten. Beton- und Stahlbetonbau 93, 1998, Heft 10 und 11

[90] Kupfer, H., H. K. Hilsdorf, H. Rüsch: Behaviour of Concrete Under Biaxial Stresses. ACI Journal Title 66-52, August 1969

[91] Kupfer, H.: Das Verhalten des Betons unter mehrachsiger Kurzzeitbelastung unter besonderer Berücksichtigung der zweiachsigen Beanspruchung. DAfStb, Heft 229, 1973

[92] Langer, P.: Verdrehfähigkeit plastizierter Tragwerksbereiche im Stahlbetonbau. Dissertation Universität Stuttgart, Institut für Massivbau, 1987

[93] Leonhardt F.: Abminderung der Tragfähigkeit des Betons infolge stabförmiger, rechtwinklig zur Druckrichtung angeordneter Einlagen. aus Festschrift Rüsch, Ernst & Sohn Verlag, Berlin, 1969

[94] Li, L.: Rotationsfähigkeit von plastischen Gelenken im Stahl- und Spannbetonbau. Dissertation, Institut für Werkstoffe im Bauwesen der Universitäts-Gesamthochschule Essen, 1996

[95] Liu, H.: Nichtlineare bruchmechanische Untersuchungen an Beton und Stahlbeton. Forschungsbericht aus dem Fachbereich Bauwesen der Universität Stuttgart, 1995

[96] Lieberbaum, K.H.: Das Tragverhalten von Beton bei extremer Teilflächenbelastung. Dissertation, TH Darmstadt, 1987

[97] Macchi, G., P. E. Pinto, L. Sanpaolesi: Ductility Requirements for Reinforcement under Eurocodes. Structural Engineering International, April 1996, pp. 249-254

[98] Mark, P., B. Schnütgen: Grenzen elastischen Materialverhaltens von Beton. Beton- und Stahlbetonbau 96, 2001, Heft 5

[99] Markeset, G., A. Hillerborg: Softening of Concrete in Compression-Localization and Size Effects. Cement and Concrete Research, Vol. 25, No. 4, pp. 702-708, 1995

[100] Marti, P., B. Thürlimann: Fließbedingung für Stahlbeton mit Berücksichtigung der Betonzugfestigkeit. Beton- und Stahlbetonbau, 72 (1977), Heft 1, S. 7-12

[101] Marti, P., u. a.: Tension Chord Model for Structural Concrete. Structural Engineering International, April 1998, pp. 287-298

[102] McHarg, P.J., W. D. Cook, D. Mitchell, Y.-S. Yoon: Improved Transmission of High-Strength Concrete Slabs. Title No. 97 S18, ACI Structural Journal, January-February 2000, p. 157-165

[103] Mehlhorn, G. [Hrsg.]: Der Ingenieurbau, Band 6, Rechnerorientierte Baumechanik. Ernst & Sohn Verlag, Berlin, 1995

[104] Mehlhorn, G.: Beiträge zu rechnerorientierten physikalisch nichtlinearen Berechnungen im Betonbau mit der FEM. Beton- und Stahlbetonbau 96 (2001) H. 6

[105] Meinheit, D. F., J. O. Jirsa: Shear Strength of R/C Beam-Column Connections. Journal of Structural Engineering, Vol. 107, ST11, 1981, p. 2227-2244

[106] Meißner, U., A. Maurial: Die Methode der finiten Elemente. 2.Aufl, Springer Verlag, Berlin, Heidelberg, 2000

[107] Menn, u. a.: Berechnung und Bemessung von Stützen und Stützensystemen. Vorlesung, ETH Zürich

[108] Meyer, J., G. König: Verformungsfähigkeit der Betonbiegedruckzone - Spannungs-Dehnungs-Linien für die nichtlineare Berechnung. Beton- und Stahlbetonbau 93 (1998) H. 7 und 8

[109] Michalka, C.: Zur Rotationsfähigkeit von plastischen Gelenken in Stahlbetonträgern. Dissertation Universität Stuttgart, Institut für Massivbau, 1986

[110] Mora, J.: Rotationsfähigkeit von Stahlbeton- und Spannbetonbalken unter Berücksichtigung des Querkraftverlaufs und der Verbundgüte des Spannstahls. Dissertation, Universität Dortmund, 1986

[111] Muttoni, A., S. Schwartz, B. Thürlimann: Bemessung von Betontragwerken mit Spannungsfeldern. Birkhäuser Verlag, Berlin

[112] Ospina, C. E., S. D. B. Alexander: Transmission of Interior Concrete Column Loads through Floors. Journal of Structural Engineering, Vol.124, No.6, June 1998

[113] Ožbolt, J., U. Mayer, H. Vocke, R. Eligehausen: Verschmierte Rissmethode: Theorie und Anwendung. Beton- und Stahlbetonbau 94 (1999) H. 10

[114] Pantazopoulou, S., J. Bonacci: Consideration of Questions about Beam-Column Joints. Title no. 89-S4, ACI Structural Journal, V. 89, No. 1, January-February 1992

[115] Pantazopoulou, S., I. Imran: Plasticity Model for Concrete under Triaxial Compression. Journal of Engineering Mechanics, March 2001, pp. 281-290

[116] Parche, St., F. Stangenberg: Momentenumlagerung nach Eurocode 2 mit Hilfe des Fließgelenkverfahrens. Bautechnik, 71 (1994), Heft 11, S. 668-675

[117] Paulay, T.: Equilibrium Criteria for Reinforced Concrete Beam-Column Joints. Title no. 86-S61, ACI Structural Journal, V. 86, No. 6, November-December 1989

[118] Peter, J.: Zur Bewehrung von Scheiben und Schalen für Hauptspannungen schiefwinklig zur Bewehrungsrichtung. Dissertation, Universität Stuttgart, 1964

[119] Quast, U.: Zum nichtlinearen Berechnen im Stahlbeton- und Spannbetonbau. Beton- und Stahlbetonbau 89, 1994, Heft 9

[120] Rao, P. S.: Die Grundlagen zur Berechnung der bei statisch unbestimmten Stahlbetonkonstruktionen im plastischen Bereich auftretenden Umlagerungen der Schnittkräfte. DAfStb, Heft 177, 1966

[121] Robinson, J. R., J. M. Demorieux: Essais de traction-compression sur modèles d´âmes de poutre en béton armé. Institutsberichte IRABA Juni 1968 und Mai 1972

[122] Ruge, T.: Momentenumlagerung nach Eurocode 2. Beton- und Stahlbetonbau, 88 (1993), Heft 9, S. 241-247

[123] Schäfer, K., G. Schelling, T Kuchler: Druck und Querzug in bewehrten Betonelementen. DAfStb, Heft 408, 1990

[124] Schlaich, J., K. Schäfer, G. Schelling: Forschungsbericht Druck und Querzug in bewehrten Betonelementen. T 1008, IRB Verlag, 1982

[125] Schlaich, J., K. Schäfer: Zur Druck-Querzug-Festigkeit des Stahlbetons. Beton- und Stahlbetonbau 78 (1983), S. 73

[126] Scholz, U. u.a.: Versuche zum Verhalten von Beton unter dreiachsiger Kurzzeitbeanspruchung. DAfStb, Heft 447, 1995

[127] Sfer, D., I. Carol, R. Gettu, G. Etse: Study of the Behaviour of Concrete under Triaxial Compression. Journal of Engineering Mechanics, February 2002, pp. 156-163

[128] Shah, S. A. A., J. Dietz: Investigation of the Load Transfer Mechanism of High Performance Concrete Columns with intervening Normal Strength Concrete Slabs. LACER No. 6 (Journal der Universität Leipzig) S. 229-242, 2001

[129] Shiohara, H.: New Model for Shear Failure of RC Interior Beam-Column Connections. Journal of Structural Engineering, February 2001

[130] Shu, C.-C., N. M. Hawkins: New Model for Shear Failure of RC Interior Beam-Column Connections. ACI Structural Journal, V. 89, No. 4, July-August 1992

[131] Sigrist, V.: Zum Verformungsvermögen von Stahlbetonträgern. Dissertation, Report No. 210, ETH Zürich, 1995

[132] Spanke, H.: Die Momentenentwicklung und die mögliche Momentenumlagerung in Stahlbeton-Tragwerken. Fortschritt-Berichte VDI, Reihe 4, Nr. 79

[133] Steidle, P.: Teilweise vorgespannte Stahlbetonstabtragwerke unter Last- und Zwangsbeanspruchung. Dissertation, Universität Stuttgart, 1988

[134] Stempniewski, L., J. Eibl: Finite Elemente im Stahlbeton. Beton-Kalender 1996 Teil 2, Ernst & Sohn Verlag

[135] Stroband, J.: Tragverhalten von zweiachsig beanspruchten Scheiben aus hochfestem Beton. aus Beiträge zum 29. DAfStb Forschungskolloquium, 1994, S.7-12

[136] Sumi, K., M. Osa, S. Kawamata: The Governing Factors of Post-Cracking Behaviour of Reinforced Concrete Wall in In-plane Shear. Res Mechanica, Vol. 29, No. 3, 1990, S. 221-247

[137] Sundermann, K., K. Schäfer: Tragfähigkeit von Druckstreben und Knoten in D-Bereichen. DAfStb, Heft 478, 1997

[138] Tanaka, Y., X. An: FEM Analysis of Tension Behaviour of Reinforced Concrete after Cracking. The 8th East Asia-Pacific Conference on Structural Engineering and Construction, 5.-7. Dec. 2001, Singapore, Paper No. 1193

[139] Tue, N. W. Kurz, G. König: Ein mechanisches Modell zur Beschreibung des Verbundverhaltens zwischen Stahl und Beton im Gebrauchs- und Bruchzustand. Bautechnik 74 (1997) S.381-394

[140] Twelmeier, H., S. Bauch: Versuche zum Grenzverformungsvermögen von Stahlbetonrahmen. Bauingenieur 55 (1980) S. 409-417

[141] Uzumeri, S. M.,: Strength and Ductility of Cast-In-Place Beam-Column Joints. SP 53-12, ACI Journal, 1977, p. 293-350

[142] Van Mier, J. G. M.: Strain Softening of Concrete under Multiaxial Loading Conditions. Dissertation, TU Eindhoven, 1984

[143] Vecchio F. J., M. P. Collins: Response of Reinforced Concrete to In-Plane Shear and Normal Stresses. Publication No. 82-03, University of Toronto, March 1982

[144] Vecchio F. J., M. P. Collins: The Modified Compression-Field Theory for Reinforced Concrete Elements Subjected to Shear. ACI Journal Title 83-22, March-April 1986

[145] Vecchio F. J.: Disturbed Stress Field Model for Reinforced Concrete: Implementation. Journal of Structural Engineering, January 2001

[146] Walther, R.: Anwendung der Plastizitätstheorie im Stahlbeton- und Spannbetonbau. Beton- und Stahlbetonbau 79 (1984), H. 3, S. 70-74

[147] Windisch, A.: Das Modell der charakteristischen Bruchquerschnitte -Ein Beitrag zur Bemessung der Sonderbereiche von Stahlbetontragwerken. Beton- und Stahlbetonbau 83 (1988), H. 9, S. 251-274

[148] Windisch, A.: Zur Bemessung von Rahmenendknoten. Beton- und Stahlbetonbau 89 (1994) H. 11, S. 299-343

[149] Wischers, G.: Application of Effects of Compressive Loads on Concrete. Betontechnische Berichte Nr. 2 und 3, Düsseldorf, 1978

[150] Wurm, P., F. Daschner: Versuche über Teilflächenbelastung von Normalbeton. DAfStb, Heft 286, 1977

[151] Wurm, P., F. Daschner: Teilflächenbelastung von Normalbeton - Versuche an bewehrten Scheiben. DAfStb, Heft 344, 1983

Anhang: Kennwerte der eingesetzten Baustoffe

Betonrezepturen:

Versuchsserie	Zement	Zuschlag (Körnung [M.-%])	Zementgehalt	W/Z
0	CEM II - B - S - 32,5 R	0/2 mm: 28 2/8 mm: 51 8/16 mm: 21	297 kg/m³	0.75
1	CEM II - B - S - 32,5 R	0/2 mm: 28 2/8 mm: 51 8/16 mm: 21	297 kg/m³	0.75
2	CEM II - B - S - 32,5 R	0/2 mm: 20 2/8 mm: 52 8/16 mm: 28	265 kg/m³	0.75
3	CEM II - B - S - 32,5 R	0/2 mm: 36 2/8 mm: 45 8/16 mm: 19	300 kg/m³	0.72

Betonstahlkennwerte

Versuchsserie 0			
Stahlsorte BSt 500 S	Ø 8 mm	Ø 10 mm	Ø 12 mm
$f_{y,h}$ [MN/m²]	545,3	540,8	522,1
$f_{y,l}$ [MN/m²]	533,3	538,3	517,3
f_u [MN/m²]	617,8	609,0	607,9
f_u / f_y [MN/m²]	1,13	1,13	1,18
E_s [MN/m²]	201094	189723	190569

Versuchsserie 1				
Stahlsorte BSt 500 S	Ø 8 mm	Ø 10 mm	Ø 12 mm	Ø 16 mm
$f_{y,h}$ [MN/m²]	*)	538,4	576,6	539,1
$f_{y,l}$ [MN/m²]	*)	535,8	573,5	538,7
f_u [MN/m²]	582,5	618,1	659,9	628,1
f_u / f_y [MN/m²]	*)	1,15	1,15	1,17
A_5 [%]	%	%	%	%
A_{10} [%]	%	%	%	%
E_s [MN/m²]	181654	196234	193427	200886

*): Die Bügelbewehrung war kaltverformt, $f_{,0,2}$ = 556 [MN/m²]

Versuchsserie 2				
Stahlsorte BSt 500 S	Ø 8 mm	Ø 10 mm	Ø 12 mm	Ø 14 mm
$f_{y,h}$ [MN/m²]	565,7	571,9	521,7	537,6
$f_{y,l}$ [MN/m²]	560,0	564,9	515,8	535,6
f_u [MN/m²]	646,5	639,6	620,4	617,8
f_u / f_y [MN/m²]	1,15	1,13	1,20	1,15
A_5 [%]	21,3	20,0	25,4	24,2
A_{10} [%]	15,3	15,2	17,6	17,4
E_s [MN/m²]	191838	192944	188128	194707

Versuchsserie 3					
Stahlsorte BSt 500 S	Ø 8 mm	Ø 10 mm [1)]	Ø 12 mm	Ø 14 mm (1)	Ø 14mm (2) [2)]
$f_{y,h}$ [MN/m²]	*)	571,9	533,1	523,4	544,3
$f_{y,l}$ [MN/m²]	*)	564,9	528,5	521,1	536,4
f_u [MN/m²]	565,40	639,6	653,3	596,1	671,1
f_u / f_y [MN/m²]	*)	1,13	1,24	1,09	1,25
A_5 [%]	11,3	20,0	25,6	27,7	28,1
A_{10} [%]	7,6	15,2	18,8	19,3	19,2
E_s [MN/m²]	181654	192944	188654	189850	194805

[1)]: Gleiche Bewehrung wie in Versuchsserie 2 *): Die Bügelbewehrung war kaltverformt, $f_{,0,2}$ = 534 [MN/m²]

[2)]: In Versuch 3.5 wurde diese Bewehrung (abweichend von den übrigen Versuchen) verwendet

Betonkennwerte

Versuch	Bauteil	$f_{cm,\,cube}$ [1)] [MN/m²]	$f_{c,\,Versuch}$ [2)] [MN/m²]	$f_{ct,\,sp}$ [3)] [MN/m²]	E_c [3)] [MN/m²]
Versuch 0.1	Stützenteil u. Knoten	25,5	19,4	1,98	%
Versuch 0.2	Stützenteil u. Knoten	24,6	18,6	2,12	%
Versuch 1.1	oberer Stützenteil	32,8	24,9	2,45	30701
	Knotenbereich	28,4	21,6	2,57	28031
Versuch 1.2	oberer Stützenteil	34,9	26,6	2,78	31689
	Knotenbereich	31,1	23,6	2,54	23434
Versuch 1.3	oberer Stützenteil	33,7	25,6	2,93	30802
	Knotenbereich	30,4	23,1	2,61	26752
Versuch 1.4	oberer Stützenteil	32,1	24,4	3,00	29628
	Knotenbereich	27,2	20,7	2,41	23909
Versuch 2.1	oberer Stützenteil	20,5	15,6	1,62	22966
	Knotenbereich	19,0	14,5	1,85	22306
Versuch 2.2	oberer Stützenteil	21,6	16,4	1,92	21779
	Knotenbereich	19,9	15,1	1,89	21391
Versuch 2.3	oberer Stützenteil	24,2	18,4	2,00	22078
	Knotenbereich	21,4	16,3	1,83	23018
Versuch 2.4	oberer Stützenteil	25,1	19,1	2,28	24903
	Knotenbereich	24,1	18,3	2,08	22513
Versuch 2.5	oberer Stützenteil	25,5	19,4	2,47	22997
	Knotenbereich	26,1	19,8	2,24	19484
Versuch 3.1	oberer Stützenteil	22,8	17,3	2,14	24062
	Knotenbereich	19,6	14,9	2,01	22754
Versuch 3.2	oberer Stützenteil	24,0	18,2	2,17	24998
	Knotenbereich	21,3	16,2	2,10	28235
Versuch 3.3	oberer Stützenteil	25,7	19,5	2,02	26459
	Knotenbereich	21,8	16,6	2,27	25959
Versuch 3.4	oberer Stützenteil	25,7	19,5	2,60	27834
	Knotenbereich	22,2	16,9	2,76	26038
Versuch 3.5	oberer Stützenteil	26,6	20,2	2,56	27476
	Knotenbereich	23,3	17,7	2,71	27684

[1]): Würfel mit Seitenlänge 150 mm [2]): nach Gleichung (3.4) [3]): an Zylinder mit ∅ 150 mm und Höhe 300 mm

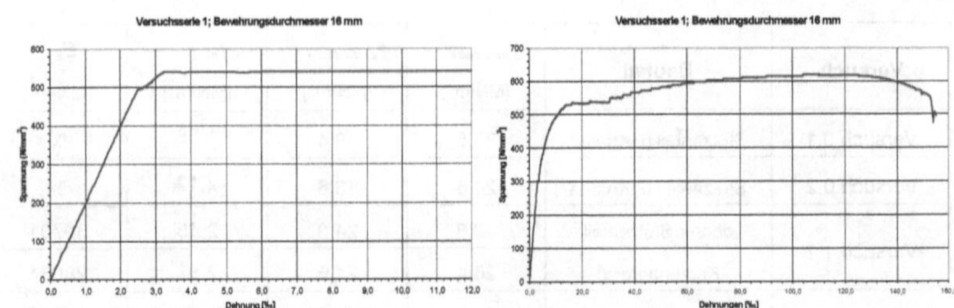

Abbildung A1: **Spannungs-Dehnungs-Linie der oberen Kragarmbewehrung, Versuchserie 1: Links der Ausschnitt bis 12 ‰, rechts die Gesamtdehnung**

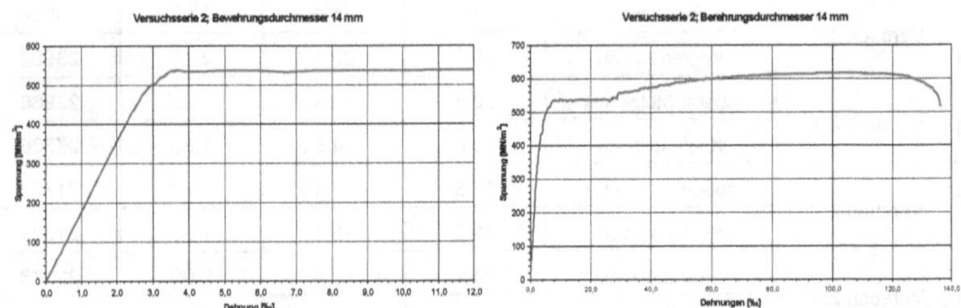

Abbildung A2: **Spannungs-Dehnungs-Linie der oberen Kragarmbewehrung, Versuchserie 2: Links der Ausschnitt bis 12 ‰, rechts die Gesamtdehnung**

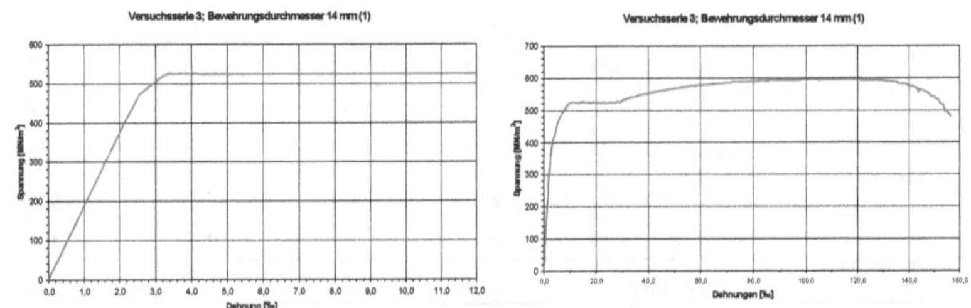

Abbildung A3: **Spannungs-Dehnungs-Linie der oberen Kragarmbewehrung, Versuchserie 3: Links der Ausschnitt bis 12 ‰, rechts die Gesamtdehnung**

Zeitfracht Medien GmbH
Ferdinand-Jühlke-Straße 7
99095 Erfurt, Deutschland
produktsicherheit@kolibri360.de